U0184427

西方服饰与时尚文化：帝国时代

A Cultural History of Dress and Fashion
in the Age of Empire

［美］丹尼斯·艾米·巴克斯特（Denise Amy Baxter） 编
王乃天 译

重庆大学出版社

I 西方服饰与时尚文化：古代

玛丽·哈洛 （Mary Harlow） 编

II 西方服饰与时尚文化：中世纪

莎拉-格蕾丝·海勒 （Sarah-Grace Heller） 编

III 西方服饰与时尚文化：文艺复兴

伊丽莎白·柯里 （Elizabeth Currie） 编

IV 西方服饰与时尚文化：启蒙时代

彼得·麦克尼尔 （Peter McNeil） 编

V 西方服饰与时尚文化：帝国时代

丹尼斯·艾米·巴克斯特 （Denise Amy Baxter） 编

VI 西方服饰与时尚文化：现代

亚历山德拉·帕尔默 （Alexandra Palmer） 编

身体、服饰与文化系列

《巴黎时尚界的日本浪潮》
The Japanese Revolution in Paris Fashion

《时尚的艺术与批评：关于川久保玲、缪西亚·普拉达、瑞克·欧文斯……》
Critical Fashion Practice: *From Westwood to van Beirendonck*

《梦想的装扮：时尚与现代性》
Adorned in Dreams: *Fashion and Modernity*

《男装革命：当代男性时尚的转变》
Menswear Revolution: *The Transformation of Contemporary Men's Fashion*

《时尚的启迪：关键理论家导读》
Thinking Through Fashion: *A Guide to Key Theorists*

《前沿时尚》
Fashion at the Edge: *Spectacle, Modernity, and Deathliness*

《时尚与服饰研究：质性研究方法导论》
Doing Research in Fashion and Dress: *An Introduction to Qualitative Methods*

《波烈、迪奥与夏帕瑞丽：时尚、女性主义与现代性》
Poiret, Dior and Schiaparelli: *Fashion, Femininity and Modernity*

《时尚的格局与变革：走向全新的模式？》
Géopolitique de la mode: *vers de nouveaux modèles?*

《运动鞋：时尚、性别与亚文化》
Sneakers: *Fashion, Gender, and Subculture*

《日本时装设计师：三宅一生、山本耀司和川久保玲的作品及影响》
Japanese Fashion Designers: *The Work and Influence of Issey Miyake, Yohji Yamamoto and Rei Kawakubo*

《面料的隐喻性：关于纺织品的心理学研究》
The Erotic Cloth: *Seduction and Fetishism in Textiles*

即将出版：
《虎跃：现代性中的时尚》
Tigersprung: *Fashion in Modernity*

《视觉的织物：绘画中的服饰与褶皱》
Fabric of Vision: *Dress and Drapery in Painting*

前　言

为了呈现帝国时代的时尚文化史，本书内容将定位于一些特定的主题，包括19世纪的殖民地语境、新兴的现代性范式以及史学视角的时尚和服饰研究等，本卷将对它们作简要概述，并由此界定本书的研究贡献。

作为一部关于服饰与时尚的文化史，即便巴斯尔裙撑和束身衣在彼时（19世纪）各行其道，本书也并不针对西方时装从帝国风格到浪漫主义再到巴斯尔裙撑盛行的各个时期的风格进行阐述。尽管本书所涉及的时代也曾见证服装业规模化生产和高级定制的出现，以及法国巴黎时装联合会（Chambre Syndicale de la Couture Parisienne）的成立，但本书不会特别关注那些变化无常的线条、剪裁或者时尚廓形。一些章节涉及某些特定的阶层、着装的个体以及时尚追随者，但本书讨论的重点并不完全放在这些服装的消费者和使用者上。同时，本书也并不着重关注服装的制造者，无论是设计师还是造衣工人。实际上，本书内容的聚焦之处绝不局限于服装本身。

服装在诸如广告、时尚插画（图 0.1）和美术等视觉领域以及在文学和大众媒体之中的呈现同样非常重要。因此，为了更好地呈现一部服饰与时尚的文化史，本书将通过视觉和物质文化研究的方法来思考在漫长的 19 世纪服装的表现形式和着装模式，在此，对服装认识和呈现被认为是理解这一时期西方文化、历史的首要手段之一。时尚对于理解 19 世纪新兴的现代性也是尤为重要的。

图 0.1 散步日礼服，来自阿克曼的艺术宝库，第 5 卷，第 30 期，6 月 1 日，1811 年，插图 36。Rijksmuseum, Amsterdam.

在艺术的历史语境之中，如何在不复归史料或者回归历史画案例的情况下，再现当代生活的丰碑性，长期以来都是一个极具代表意义的现代性问题。在这种情况下，个体如何在其自身所处的时代获得意义？时尚正是其中一个关键性因素。从语源学来讲，法语中的“时尚（mode）”和“现代（modernité）”这两个词有着内在的联系，根据《牛津英语词典》（*Oxford English Dictionary*），在英语中“现代性”这个词至少在17世纪就已经开始使用，而在法语中它则是19世纪才出现的新词[1]。查尔斯·波德莱尔（Charles Baudelaire）在《现代生活的画家》（*The Painter of Modern Life*）一书中清晰地定义过“时尚”和“现代性”的联系，他（如此）解释：“现代性”是短暂的、无常的、偶然的[2]。对波德莱尔来说，现代在本质上即人为改造，在《化妆品赞颂》（*Praise of Cosmetics*）中，他赞美“梳妆打扮的崇高精神意义”和“人工雕琢的雄伟威严”，并将女性视为这些品质的集大成者[3]：

> 女人本应如此，事实上，当她全身心投入展现这种神奇和超自然现象的时候甚至像是在完成某种使命；女人使我们震撼，让我们着迷；作为被竞相追逐的对象，女人们需要靠装扮自己来获得这种崇拜。因此，她必须竭尽所能地装扮、改变本来朴素真实的自我来更好地吸引注意、征服人心。这些小把戏即便为人周知也无关紧要，只要确保成功，而且这些小把戏的效果总是那么的让人难以抗拒。[4]

换言之，正是因为其具有创造力和人为性，现代女性自觉的自我展现才如此令人称道。因此，只有在这样一种文化背景之下，即人们开始普遍相信自我至少具有同等的代表性且必不可少时，现代性的自我才最能够通过时尚被塑造。从这个意义上来说，沿着波德莱尔的思路，根据他的观念，我们对很多作品，诸如阿希尔·德微理亚（Achille Devéria）描绘时尚的画作都需要重新考量。

虽说阿希尔和他的兄弟欧仁·德微理亚（Eugène Devéria）都曾在每年一度的巴黎沙龙上展出过历史画作品，但欧仁更为出名的经历是其宫廷画师生涯，而阿希尔的名声则是来自平版画创作。阿希尔对社会习俗和时尚特征（无论是当代的还是历史上的）的关注在他的系列作品《一天中的一小时》（*Les Heures du Jour*，1829 年）中显而易见，这是一套描绘姿态优雅的巴黎女子

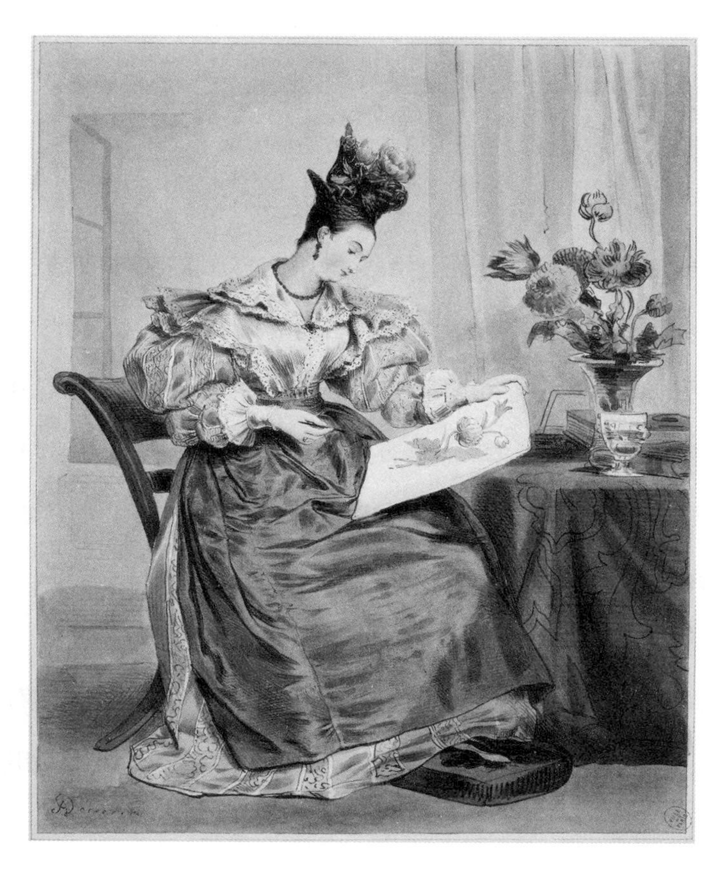

图 0.2　阿希尔·德微理亚,《夜间四点》，出自《一天中的一小时》系列，印刷平版画，1829 年。Photo: DEA Picture Library/Getty Images.

的彩色平版画（图 0.2），共有 18 幅。而这种对习俗和时尚特征的强调在另一套共 125 幅的《历史服饰》（*Les Costume Historiques*，1831—1845 年）中也有所体现，《历史服饰》的焦点在于时尚以及时尚的举止，波德莱尔形容这套画同时表现了“时代的伦理和美学”。[5]

可以说，阿希尔 · 德微理亚的作品最吸引波德莱尔之处就在于精巧的、人为塑造的、独特的个性，以及稍纵即逝感。也就是说，那些时尚性——比如好似与桌上的花瓶相呼应的袖口、条纹的颜色、花纹及头花——经由作者之手在创作中被一一精确再现。《夜晚四点》（*Four o' clock in the evening*）中的巴黎女郎显然就是这样的杰作，这幅画就像一幕短暂的幻象，构图精妙、迷人，具有极强的人为雕琢之感，以至于好似立马要过时。对波德莱尔来说，正是这些看似无用、转瞬即逝的亮点——而非历史画中那些备受推崇的永恒不变的特征——才是最美丽和时髦的。

克里诺林裙撑可能是一个很好的例子，在此，裙撑不仅仅是服装史时间轴上的一个节点，还是一个体现了波德莱尔对现代的理解以及马克思商品概念的场所。克里诺林裙撑脱胎自衬裙和帕尼埃裙撑等其他形式的内衣，这些内衣的作用是撑起外裙裙体使其远离身体，以此来增大裙子的体积。到了 19 世纪中叶，奥古斯特 · 皮尔森（Auguste Person）将由原本层层重叠的布料衬裙改良而来的克里诺林裙撑引入了欧洲，这满足了人们对“大体积”的追求。

这些服装结构在形式和体积规模上的发展以及促使它们发展的相关技术一直吸引着服装史学家的关注[6]。图 0.3a 和图 0.3b 展示了裙撑的金属笼骨架以及骨架上的棉布覆盖物，这些棉布一般用作中间层，夹在金属骨架和外层精纺布之间。然而同样引人关注的是，这种裙撑风格的迅速流行与 19 世纪的

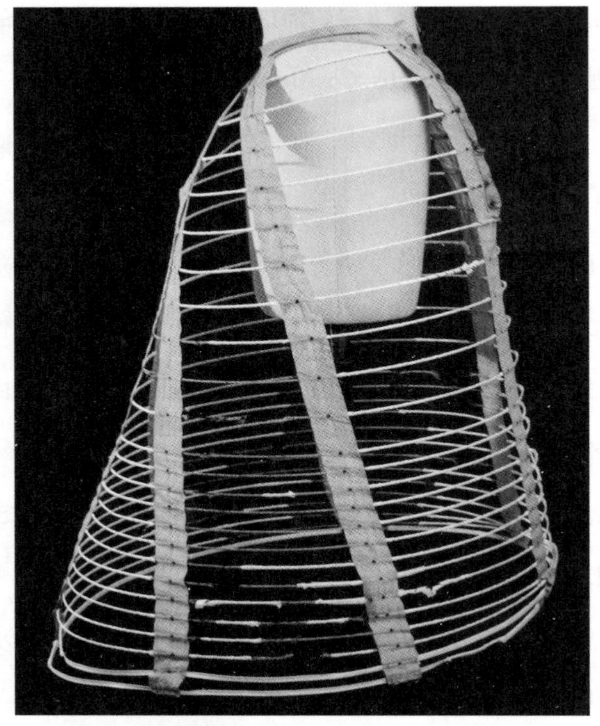

图 0.3a （上）1862 年美国产克里诺林裙撑，金属和棉花制成。The Metropolitan Museum of Art, New York.

图 0.3b （下）1862 年英国产克里诺林裙撑，金属和棉花制成。The Metropolitan Museum of Art, New York.

社会、政治和经济状况之间存在着普遍的自觉联系[7]，瓦尔特·本雅明（Walter Benjamin）对此似乎很感兴趣，尤其是对克里诺林裙撑，以及它与法兰西第二帝国的放纵奢靡和非道德之间的关联。在《拱廊计划》（*Arcades Project*）的概要之中本雅明收集了一些相关分析，如1879年斯图加特的F.Th. 维舍（F.Th.Vischer）曾提出："我们应该把克里诺林裙撑当作是法兰西第二帝国的象征——因为它夸张而虚假，毫无边界又冒失。"[8]女性穿戴克里诺林裙撑仿佛穿上了一件人为雕琢的漂亮盔甲，但是这种服装构造在概念上直接与"交易"联系在了一起，因而也把漂亮女子和妓女联系起来。

这种联系无处不在，这在奥诺雷·杜米埃（Honoré Daumier）的平版画里也有所体现，画中两个身着克里诺林裙撑的女子正进入一辆马车（图0.4）。这个画面反映了那个时代时尚女性的生活经历，一个人怎么能穿着这么庞大臃肿的潮流服饰进入马车那样局促的空间呢？或许，这种诙谐的场面或者说女性在公共场合的窘迫之态就是这张讽刺漫画的灵感来源。然而，如果没有时尚服装与半上流社会（demi-monde）之间的密切联系，图中文字里女人的裙子不是半上衣（demi-jupes）的文字游戏就变得难以理解了，实际上，这种联系又一次重申了人们对于这些女性的认识。时尚的女人就如同时尚的裙子一样也可以作为商品被买卖，两者有诸多近似之处，或者正如瓦尔特·本雅明所指出，在拿破仑三世的时代，"那些妓女（cocotte）才是时尚的典范"。[9]法兰西第二帝国时期，文化逐渐开始回归古典，[10]随着洛可可风格在艺术领域重新复兴（作为对帕尼埃裙撑的重新诠释及发扬产物的克里诺林裙撑就是其中一个案例），这一复兴使得诸多前代被视为不法的事物与法兰西第二帝国政权渐行渐近，在这种情况之下，许多贵妇时而会因时髦的打扮而被误认为是妓女。

图 0.4 《"半上流社会"的女子们，穿的却不是"半上衣"》(*Des dames d' un demi-monde, mais n' ayant pas de demi-jupes*)，《时事》(*Actualités*) 系列，奥诺雷・杜米埃，发表于《喧闹报》（*Le Charivari*），1855 年 5 月 11 日，平版印刷。The Metropolitan Museum of Art, New York.

马克思曾在他对商品的最初定义中解释道："乍看上去，商品这种东西似乎非常显见、微不足道。可经过分析来看它其实非常奇怪，充满了形而上学的微妙和神学般的精妙。"[11] 很明显，克里诺林裙撑所包含的意义远不仅在于它的用途、材料和劳动价值。

正如那些美国和英国产裙撑案例所展示的那样，克里诺林裙撑帝国的疆域远远超出了法兰西第二帝国的疆域。本卷将漫长的 19 世纪定义为帝国时代，而在近代史学中，"帝国时代"这一概念与埃里克・霍布斯鲍姆（Eric Hobsbawm）那本极具影响力的著作《帝国时代》(*The Age of Empire*, 1875—1914 年）密切相关，这是他继《革命时代》(*The Age of Revolution*,

1789—1848 年）和《资本时代》（*The Age of Capital*，1848—1875 年）之后出版的第三卷著作[12]，在此书中霍布斯鲍姆对全球资本主义的帝国统治和更为明确的政治帝国的概念做出了区分。然而在文化史的范畴里，这两个概念之间的重叠纠缠却是不可避免的，因此为了使本书关于帝国时代的服饰与时尚文化史范围的概念更清晰，作者在论述中着眼于西方视角。正如安妮·麦克林托克（Anne McClintock）所指出的："帝国主义并不是发生在其他地方的事情——对西方身份之外的人而言，这是个令人不快的史实。准确地说，帝国主义和种族概念的出现正是西方工业现代性的基本特征"[13]，由于本书对服饰与时尚文化史的思考是在 19 世纪固有的帝国主义语境背景之下，因此本书的作者致力于在研究中运用新兴的"新帝国历史"概念，在此概念下，货物的跨国流通不仅具有经济意义，还为实现或者争夺帝国权力提供了一种手段，即使其并非自觉为之[14]。

本书的 9 位编者通过不同的视角对帝国时代的服饰与时尚文化史进行了审视。在第一章"纺织品"中，菲利普·希卡斯（Philip Sykas）介绍了服装的色彩与印染生产，并阐明了纺织品生产的演变历程。他指出，帝国时代是服装业从手工生产向机器生产转型的一段时期，也是贸易和生产向以帝国为基础的模式转型的时期。希卡斯在帝国主义和阶级野心的背景下诠释了时尚对新奇图案、颜色和织法的追求。在第二章"生产和分销"中，苏珊·西纳（Susan Hiner）主要关注巴黎语境。她认识到，正如马克思所做的那样，在大规模生产和消费主义萌芽时期，商品崇拜助长了生产者、劳动成果和消费者之间的疏离，西纳试图描绘关于时装业"小手工业者"、女裁缝和女售货员的文化史。丹尼斯·艾米·巴克斯特（Denise Amy Baxter）用类似的方式在第四章"信仰”中探讨了宗教服装和仪式服装，同时该章节也涉及礼仪问题，以及服装与道德、华丽服饰和“堕落”女性之间的关系。

在第三章“身体”和第五章“性别和性”中，安妮特·贝克尔（Annette Becker）和阿里尔·博若（Ariel Beaujot）专注于身体和服装之间的关系，这些关系以各种方式隐藏、揭示和塑造着身体和服装本身。在描绘其所称的19世纪“时尚和社会的极端动荡”时，贝克尔着重关注对服装类型的选择，包括羊腿袖、胸甲式紧身上衣和男士马裤（或者说灯笼裤），基于此分析了时尚服装和改革服装之间的对立关系，展示出限制或者夸大身形的服装形式与社会稳定性之间的关系，并与随之带来的身体与社会解放形成对比。博若将贝克尔的关注点从身体形式更明确地扩展到基于精神分析的性别与性之上。遵循朱迪斯·巴特勒（Judith Butler）关于性别和性行为的构造和表现本质的思路，博若主要关注男性西装和女性紧身衣，以此论证性别规范和19世纪因着装而受到挑战的异性恋规范案例。

在第六章“身份地位”中，薇薇安·里士满（Vivienne Richmond）认为，作为当时最强大的皇权国家和工业化中心，英国应该被作为一个具有代表性的案例进行研究。其关注的重点是工人阶级而非高级裁缝，并分析了“服装作为社会分层手段”在英格兰地区的实践，包括特定种类的面料与穷人及服装慈善组织的关联，以及随着服饰进一步规模化生产、时装成本越发下降后对中产阶级及佣人明确区分身份的必然诉求。在里士满看来，到了19世纪末，服装已不再像过去那样是社会阶级区分的可靠标识。

在第七章“民族”中，莎拉·郑（Sarah Cheang）研究了帝国时代通过着装的身体表达民族性和民族差异的手段以及其发展中的“科学”种族主义。

郑的研究并未像19世纪的许多研究一样去概括民族服饰的类型[15]，而是指出在西方帝国主义和奴隶制兴废的历史背景之下，服装在不断变化的种族文化建构中所具有的意义。郑通过一些案例展示了民族性和民族编码是如何经常通过着装进行协商的，比如奴隶服装中的征服意味，又如黑人“花花公子”打扮之中隐含的自我定义。

贾斯汀·扬（Justine De Young）和海蒂·布列维克－正德尔（Heidi Brevik-Zender）分别贡献了第八章“视觉再现”和第九章“文学表现”，扬关注作为欧洲时尚之都的法国，并研究了观察服装的各种媒介体验——涵盖时尚印花、漫画、广告、绘画、摄影以及电影。正德尔则分析了一些自觉的现代文学叙述，在这些文学作品中服饰不仅被用来反映人物性格，而且与社会和经济稳定有重要关系。正德尔并非只关注英国或者法国文学作品，除了简·奥斯汀（Jane Austen）的《诺桑觉寺》（*Northanger Abbey*）、奥诺雷·德·巴尔扎克（Honoré de Balzac）的《高老头》（*Père Goriot*）以及埃米尔·左拉（Émile Zola）的《妇女乐园》（*The Ladies' Paradise*），在案例中他还探讨了西奥多·德莱塞（Theodore Dreiser）的《嘉莉妹妹》（*Sister Carrie*）、成书于1848年的中国文学作品《风月梦》，以及阿根廷作家胡安娜·曼努埃拉·戈里蒂（Juana Manuela Gorriti）的《生活中的绿洲》（*The Oasis in Life*）等作品中服装所具有的表征意义。

目　录

1　第一章　纺织品
40　第二章　生产和分销
75　第三章　身　体
107　第四章　信　仰
134　第五章　性别和性
165　第六章　身份地位
194　第七章　民　族
229　第八章　视觉再现
268　第九章　文学表现
304　原书注释
331　参考文献

第一章　纺织品

菲利普·希卡斯

面料是由制造商根据原材料和生产手段设计出来的，而首先被消费者感知到的是面料的外观和手感，这两者都深深牵涉到穿着背后的经济和文化问题：成本、质量及其意义，所以我们必须从这几个角度入手来理解面料进入市场的背后驱动因素，以及应用于时尚之中的相应反应。在本卷的时间框架（帝国时代）内，我们的主要关注点之一是时尚的新奇性（novelty），在供应端，新奇带来了竞争上的优势，它刺激了时尚变化并加速了消费循环。而在需求端，新奇能为消费者带来愉悦，并为消费者提供一种获得关注的方式以及全新的社会能指。但新奇可能会以一种矛盾的形式表现出来：它可以作为一种工具，通过促进价格昂贵的风格变化来维持时尚精英的地位，同时它也可以作为打破时尚壁垒的代言人，使精英风格走向大众化。新奇性以先推广全新的款式外观，然后促使这些款式外观过时的方式，使得时尚不断发展。在漫长的19世纪，新奇性得到了已被广泛接受的进步哲学观的支持："新"同时意味着改良或先进，因此，这种新奇是现代性的一种反映。

本章将考察1800—1920年的服装面料，在这一时期里，服装面料从手工生产转变到机器生产，同时在欧洲的帝国主义野心之下，东西方贸易模式也发生了转变。如果要对这一时期所有流行的服装面料进行详细介绍和编纂，那将会得到一部冗长的词典，因此，与其对之进行全面考察，不如选择一些要么体现某个时尚时期面貌，要么涉及帝国时代主题的例子。对这些案例的相关分析将有助于理清那些同样能应用于其他案例的面料研究方法及相关资料，还可以使我们沿着其他时尚原材料的内在文化动力来探究新奇性这一概念。在此，本章更为远大的目标是能填补策展人莱斯利·米勒（Lesley Miller）所进行的时尚相关研究的缺陷："历史学家研究时尚时往往把注意力集中在服装的剪裁和风格上，而没有充分关注服装的材料及其成分。"[1]

平纹：真实和象征的现代性

在布料中，平纹布最大程度地实现了一种平衡："平纹布的质朴感源于其结构和外观之间的基本一致。"[2]这些无图案面料通过一些微妙的特性获得了人们的关注：反光、不透明度、纹理和手感（如硬度或柔软性），它们适合沉稳、保守的服装风格，给人一种纯净和结实的感觉，对所谓的粗野风格（vulgarity）进行了反击。尽管如此，这种最朴素的面料还是给区别时尚提供了空间。1801年，女作家简·奥斯汀让妹妹为她和母亲各买一条棕色平纹细棉布长裙，她特别提出:“请买两条棕色的（……），至于是什么棕色由你自己选择，我倒希望它们能有所不同，因为这样我们总能有话可说，可以争论一下哪条更漂亮。”[3]

平纹是图案面料的必要衬托，它使那些图案面料上的图案显得更加规整。虽然平纹实际上主导着时尚，可历史学家的注意力一直集中在图案面料上，但通过后来一些关于平纹的新发现，这一研究趋势被矫正了。诸如瑞典旅行家埃里克・斯维登斯蒂尔纳(Eric Svedenstierna)在1803年访问英国时曾写道，人工漂白给棉织品带来了“令人眼花缭乱的白”，[4]白色的大规模普及成为19世纪头几十年里时尚的一个显著特征，以至于穿着白衣的女性被批评像一群幽灵。无光细棱纹绸（gros de Suez）的出现使平纹布也可以作为新潮的象征，这是一种在1869年缩绒技术出现后流行起来的罗纹绸。[5]为了适应新的时尚造型的需要，罗纹绸的质地变得越发平滑，至于这种料子和缩绒的关系则是后话，但无疑它们都展现了一种现代性。

棉布和南京棉：棉布的归化

18世纪80年代，随着机械纺纱技术的发展，印度棉花进口量锐减，欧洲棉织品开始崭露头角。菲利普・安德烈亚斯・内姆尼奇（Philipp Andreas Nemnich）曾于1799年造访曼彻斯特并对棉纺织业的发展情况进行了总结。[6]机械纺纱技术的发展催生了在不同机器上使用的三种类型的纱线：最耐用、通常用于经纱的水捻纱（每磅只有50绞）；捻得没那么结实的走锭纱（每磅40~200绞）；以及珍妮机纱，这种纱最不结实，只适用于纬纱（支数较高）。

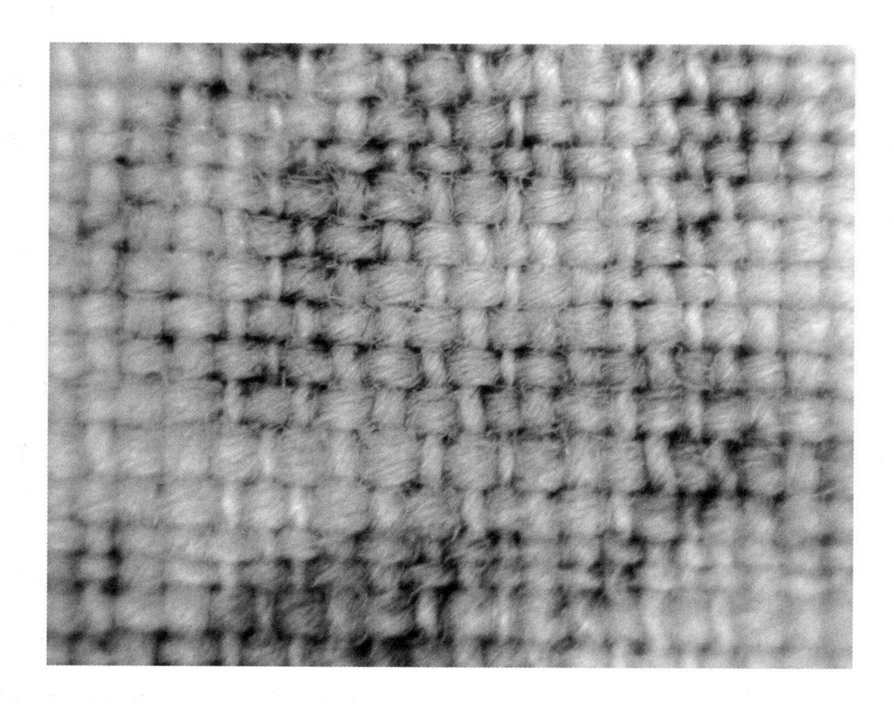

图 1.1 1780 年的一件木板印花棉布礼服背面的显微照片（放大 65 倍）。这显示了典型的“Z 字捻”的水捻印花布光滑的经纱，以及珍妮机以“S 字捻”所捻出的纬纱。Photo: Philip Sykas. ©Royal Ontario Museum.

纱线类型与来自全球不同的棉花采购渠道有关，因为每种棉纱都对棉花的质量有特定的要求：制作水捻纱需要西印度和巴西的中等棉；制作珍妮机纱需要黎凡特（东地中海地区）产的低等棉；走锭纱则是纱线越细，对棉花的质量要求越高，每磅 70 绞以上的纱线需要采用昂贵的乔治亚棉和波旁棉来制作。

束在一起的棉纱在不同的机器上被纺成不同的布料，棉布（calicos）的经纱为水捻纱，纬纱则为珍妮机纱（图 1.1）。内姆尼奇将棉布分成三个等级：普通码宽（实际约 27 英寸）、超细码宽（这是高一些的等级，每码多花 2 便士），以及精制的埃尔码宽（实际约 36 英寸）[7]。对于南京棉（nankeen），他给出了更为精确的细节描述：“捻度用于纬纱，也用于经纱。纬纱的捻度必须比经纱的至少高两个数：例如，如果经纱是32号，纬纱必须是34号。所有的南京棉都是用纱线染色而成的（……），普通的（……）南京棉颜色（浅黄色或麂皮色）不容易褪去，因为这种颜色是由所谓的铁液（……），溶于酸的氧化铁制成的。”[8] 南京棉模仿的是从中国进口的天然黄棉，其得名正与城市名“南京”有关。[9]

机械化纺纱技术的发展使得新的棉布类型在帝国时代开始兴起，尽管这些布料是仿制的早已存在的东方布料。人们为机械化科技成就所反映的现代性感到骄傲，棉布也被推向了时尚的前沿，一位当代评论家称赞这些新机器“毫无疑问是人类艺术之中最美妙的杰作，操作的统一性和确定性使得制造商能够生产出比手工制品更好的产品”，[10] 棉布那平整均匀的外观则展现了正在发展之中的、对机械制造产品的审美，它承载着诚信、廉洁的内涵。更为重要的是，到了19世纪的头十年，机器生产使棉布似乎被归化为一种本土产品，而非舶来的奢侈品。从东方化联想之中解脱出来后，人们终于可以安心地贴身穿着棉布而不会有奢靡腐化的道德之忧了。

垂纹细布：从新奇到出口

索尼娅·阿什莫尔（Sonia Ashmore）曾对普通的细布（muslin）进行过研究，所以此处笔者将专注于一种特殊的布料：垂纹细布（lappet-weave patterned muslin）。[11] 垂纹细布在纺织时采用了一种特殊的花纹制作装置来控制额外的经纱（也称锁缝线）运动，织机上横向、均匀、间隔排列的针把这些经纱织成一个个小型“之”字形结构花纹，产出一种近似于产自达卡的坚达尼布（jamdani）的布料。垂纹细布的商业化可能最早出现于1800年之前的苏格兰。在1794年，苏格兰负责商业推广的官员们曾如此宣传这种当时的高级货:“细布是仿印度产坚达尼布的产品，在质量上和图案式样的整洁性上也一样出色……制造于英国。”[12]一种后来被称为苏格兰轮的槽形图案轮控制着垂纹纺织过程，在垂纹细布的织造过程中，织图案的经纱从一侧移动到另一侧，慢慢织出图形轮廓，不同的图形之间互相垂直；完成图案后可以将其连接线剪掉。由于描摹图案轮上凹槽的装置存在微小的变化，因此图案的后续复制存在轻微的差异，这使得产出的垂纹细布产品有如手工刺绣一般独一无二。[13]

1799年，英国爱丁堡的吉尔克里斯特有限公司（Gilchrist and Co.）曾刊登过一系列广告，其中包括“垂纹细布，我国出现过的最优雅的花式”；1802年伦敦布料商乔治·希尔（George Hill）也曾把“200套从10支到21支的彩色和白色垂纹细布圆领连衣裙”和其他英国产及印度产棉织品放在一起做广告，在19世纪的第二个十年里，英国本土产品与印度进口产品始终在进行商业竞争；1811年伦敦福斯特有限公司（Foster and Co.）还曾刊登广告——“39号坚达尼布，所有稀奇的印度产品特质应有尽有，价格大幅优惠”，可到了1820年，垂纹细布就已经不再是欧洲最时髦的产品了，并且它们开始被反向出口到印度。

一本1822年5月的发货簿可以帮助我们了解19世纪早期垂纹细布的外观，这本发货簿来自一艘驶往孟买的船，船上满载垂纹细布样品（图1.2）。[14]我们很难确切地知道当时的时尚潮流对垂纹细布的追捧究竟是出于这种产品本身的独创性，还是出于它是某种昂贵的东方手工产品的廉价替代品。但是从垂纹细布的广告来看，其宣传重点是“垂纹细布”而非“坚达尼布”，这表明这一

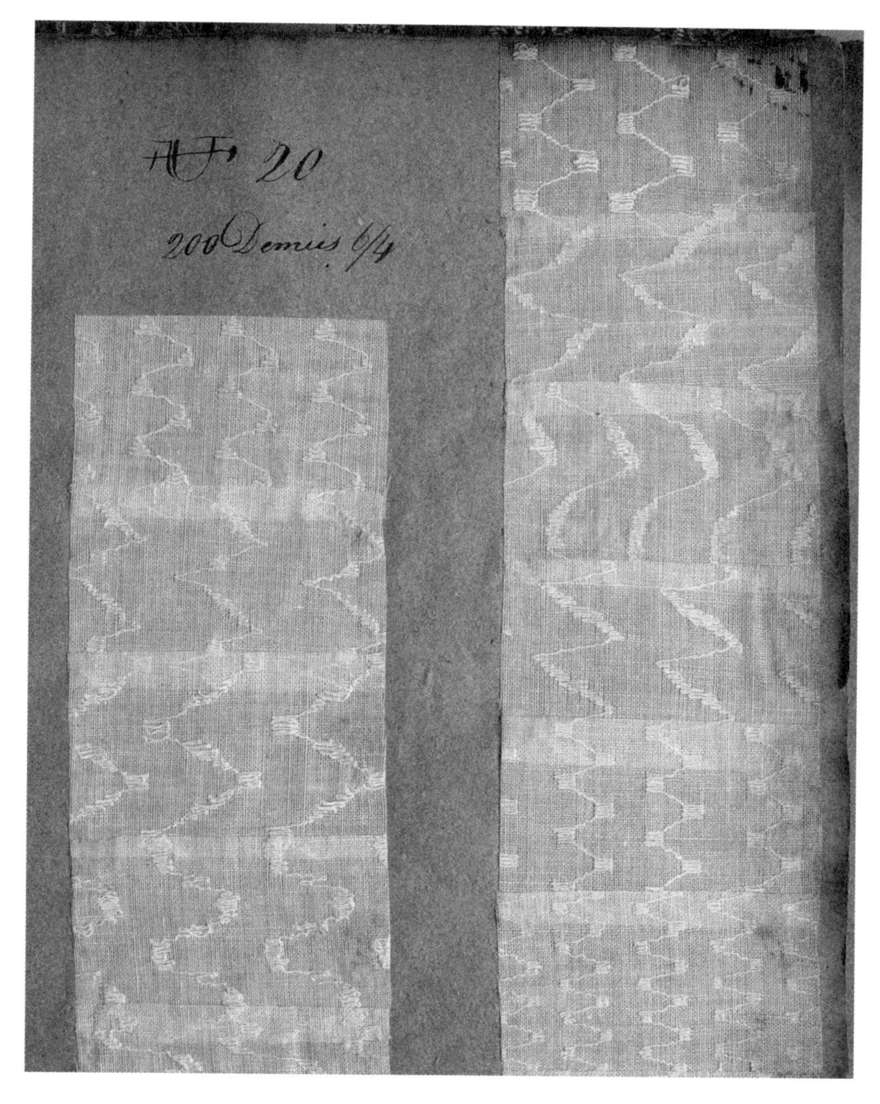

图 1.2　1822 年 5 月出口到孟买的垂纹细布样品的详细资料。Image: Coats plc.

本土产品的吸引力在很大程度上还是来自该产品本身的特质。

垂纹细布不同于一般产品之处在于，这是一种无法标准化生产的机械生产布料，这可能不利于其确立在西方时尚中的地位。到 19 世纪中叶，垂纹细布在南美洲打开了市场，再之后，由于垂纹细布开始用于制作基菲耶头巾（keffiyeh），这种布料又在阿拉伯打开了市场。“垂纹”时尚的余波代表了19世纪欧洲布料的一个典型传播途径，即在欧洲帝国主义的支持下向一个或多个不断扩张的外国市场寻求销路。

瓦伦西亚、甘布龙、德莱因和羊驼呢：混合的传统

伊莎贝拉·杜克罗特（Isabella Ducrot）认为经纱和纬纱的交错编织正像男性和女性的结合。这种观点早在柏拉图的《法律篇》（*Laws*）中就有所体现，柏拉图认为经纱的坚固象征着男性，而纬纱的适应性则象征着女性。[15] 编织大师皮特·柯林伍德（Peter Collingwood）给这些编织元素烙上了生动的形象，他很有创见地把经纱比作女性，这是因为经纱有能“孕育”出各种各样“后代”的特点。[16] 不同元素相互交织是编织的基本特点，而混纺面料的概念也正是来源于此，混纺面料一般会使用单一纤维类型的纯纱线（或者几种不同纤维类型的纱线）而非混合纱线，这使得每种纤维都能保持特性，相比之下，后者（混合纤维）织造出来的产品特性会更加均衡一些。早期混纺面料的发展受到伊斯兰文化的影响，那时候禁止男性穿着纯丝绸面料的衣物，这就催生出了棉背丝绸（mashru），这是一种由棉布和丝绸混合而成的缎纹面料，在外观上这种面料最大限度地保留了丝绸的视觉效果，它的表面由长经纱的丝绸制成，内里靠近身体的一面则是棉布，丝绸只是黏附于其表面。[17] 在英国，有着亚光外观、由丝绸和精纺毛料混合而成的邦巴辛斜纹绸（bombazine）也曾用于制作丧服。不过，关于混纺面料和丧葬文化的联系的实践探索却迟滞不前，直到棉布在时

尚界兴起。

在19世纪的头几十年里，英国潮湿的气候相当不利于棉布时尚的流行，因此把羊毛和棉纤维混合在一起的想法自然而然地产生了，这种做法既可以提升面料的质感，又能使面料更加保暖。从19世纪10—40年代，棉布与丝绸或精纺毛料制成的轻质混合面料得到发展并受到英国制造商们的极大关注。瓦伦西亚布（Valencias）正是其中一个案例。1809年，时尚杂志《阿克曼的宝库》（*Ackermann's Repository*）收录了制作马甲用的丝质条纹瓦伦西亚布[18]，1813年一个从伦敦旅行到织布中心诺威奇的布衣商为这种布料做了广告。[19]“白色管道”（White Conduit Fields）的羊毛织工亨利·库克（Henry Cooke）收到的一份订单更加详细地展现了自1821年起瓦伦西亚布制品需求的不断上升。[20]库克的瓦伦西亚布很可能产自约克郡，因为他有不少约克郡的订单往来。

图上这块样本是一块白色棉纱经纱和奶色毛料纬纱的混纺面料，其中间或点缀着细丝绸条纹（图1.3），制作这种面料时会利用经纱的粗细变化来调整亚光和明亮光感之间的对比。

另外一种精纺混纺布——甘布龙布（Gambroon）似乎是由伦敦布商乔治·福克斯（George Fox）开创的。福克斯在他的混纺面料之中添加了马海毛，早在1812年他就声称这是一种“专利”防雨布料。[21]在1823年，福克斯曾如此打广告：“为了防止其他不良商人用瓦伦西亚布来混充真正的马海毛甘布龙布，产品的背后都会印有‘福克斯专利甘布龙布’……”[22]1828年6月，《绅士时尚杂志》（*Gentleman's Magazine of Fashions*）上刊登了一款“特级专利甘布龙骑马服”搭配“浅黄格子瓦伦西亚背心”，[23]在1831年9月又推荐

图 1.3 1821 年亨利・库克的订购簿上印刷的瓦伦西亚布细节，可以看到其上的棉纱经纱和毛料纬纱。G.P & J. Baker Archives.

了一款“斜纹甘布龙射击服”搭配配套的马甲。[24] 这些参考资料表明，此时的甘布龙布非常受户外男装领域的青睐，尤其是夏季男装。然而，这种面料并不适宜室内场合，19 世纪 30 年代，一位希望轻装出行的艺术家为了去莱茵河旅行，购买了“一个背包［和］一套甘布龙制服”，但是在旅馆里穿着这套衣服让他感到非常尴尬，如果是在伦敦，他可能根本不会考虑这么穿。[25]

福克斯坚持不懈的营销最终招致了《新月刊》(*The New Monthly Magazine*) 的嘲讽，这本杂志将甘布龙布与其他备受吹捧的奇景放在一起：“‘专利打击枪，’(……)‘夹克计步器，’(……)‘全新剪裁的甘布龙射击夹克’，以及‘新概念防水帽’……”[26]这表明甘布龙布的地位已然下降了。但福克斯还是继续推销他的马海毛甘布龙布，并强调这种料子的实用性：“不会附着灰尘和其他污垢，潮湿不会使其发霉或起皱，比普通衣物更防水。”[27]打着新技术发明的旗号吹捧其功能性对于男性来说可能是可以接受的，但时尚通常会回避实用性。由于甘布龙布这种面料确实满足了户外轻便着装的需要，从1834年开始它被广泛生产，其由“单独的棉线和精纺毛线捻合”的经纱和棉线纬纱织成，约翰·詹姆斯（John James）描述它正是在那个时候真正进入市场的。不过，可能“重新登场”的甘布龙布强调的是令人愉悦的、柔和的色彩、花纹，而非实用性。[28]

罗伯特森与约翰·沃克（Ibotson & John Walker）、巴克利兄弟（Buckley Brothers）和弗雷迪·哈里森（Frederick Harrison）根据1839年《设计版权法》（*Design Copyright Act*）注册了一种甘布龙布，其成分是白色棉线和棕色精纺毛线的混合，这是甘布龙布的一种新变化（图1.4）。[29]斯瓦兰档案馆的一本试验册中保存了一些1838年至1839年的印花甘布龙布，这是一些印有不规则的斑驳图案的裤装用料，这批样本也体现了斑点着色的重要性。[30]尽管有着诸多吸引人之处，但其作为廉价服装出口南欧和南美也代表着甘布龙布确实已经逐渐过时了，1854年一名记者在曼彻斯特的仓库里见到了瓦伦西亚和甘布龙夹克，他声称自己是头一次听说这种材料，这也标志着甘布龙布彻底退出了时尚舞台。[31]

19世纪中期，英国最重要的混纺面料要数德莱因毛棉布（delaine）了。这个词不仅是1830年左右引入英国的法国毛花呢（mousseline de laine）的简称，还指法国奢华羊毛产品的一种大众化改良品——一种用低成本棉经纱和

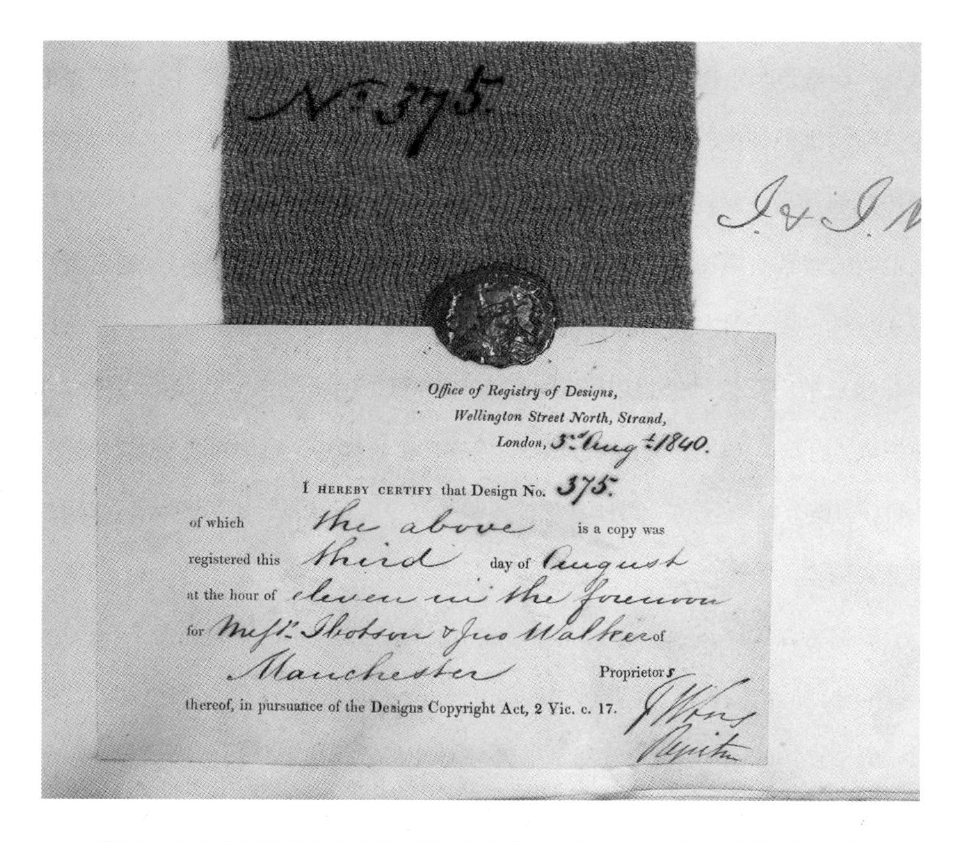

No. 375.

Office of Registry of Designs,
Wellington Street North, Strand,
London, 3rd Aug. 1840.

I HEREBY CERTIFY that Design No. 375.
of which the above is a copy was
registered this third day of August
at the hour of eleven in the forenoon
for Messrs. Ibotson & Jno Walker of
Manchester Proprietors
thereof, in pursuance of the Designs Copyright Act, 2 Vic. c. 17.

图 1.4　1840 年罗伯特森与约翰·沃克注册的甘布龙布，可以看出棉线和精纺毛线捻合的经纱在纬纱间交织而成的杂色。The National Archives BT42/2.

毛料纬纱混纺而成的面料，这种料子结合了兰开夏郡的棉纺技术和约克郡的精纺毛料纺织技术，模拟出了法国原版毛花呢的柔软质地及褶皱、纹理。19世纪 40 年代的蒸汽固色技术解决了植物纤维和动物纤维结合给染色带来的困难，在混纺面料色彩逐渐开始丰富起来的这几十年中，人们是通过手工雕版印刷来调节所需染料的色调的，但这也同样带来了额外的手工劳动成本。1842年前后，约翰·默瑟（John Mercer）开始对羊毛进行氯化处理，这提高了羊毛对染料的接受程度，也让使用机器印花生产德莱因毛棉布得以实现，这种面料因此能够为更广泛的大众所使用。[32] 不仅如此，机器印刷技术也使得面料图案上的重复单元可以越来越小，印刷过程也更为简单。（图 1.5a）

19 世纪 40 年代中期，由巴黎精英们所界定的时尚模式宏大而前卫，与之相伴的是手工彩虹底色面料的复兴（图 1.5b）。这似乎是为了证明手工制成的奢华面料比那些滚筒印花的仿制品更加优越，因此在一小段时间内，面对新技术带来的流平效应，精英们牺牲了他们在着装上一贯的低调，来保持对时尚的霸权。

1836 年，企业家提图斯 · 索尔特（Titus Salt）冒着亏本的风险购买了几捆躺在利物浦仓库里的动物毛发，查尔斯 · 狄更斯（Charles Dickens）把这件事写成了一个传奇故事，他把这个约克郡人描绘成聪明的天才，因为他能够从“一捆捆肮脏的南美货物”中预见一种新面料的诞生。[33] 索尔特可能不是英格兰境内第一个使用羊驼毛的人，但很可能是第一个单独用羊驼毛制作服装的人。[34] 要让羊驼毛纺织能够在羊毛纺织机器上良好运转需要进行很多试验，最初的成品相当粗糙、平平无奇，直到羊驼毛开始与其他纤维混用，这种面料才开始受到消费者青睐。混合了其他纤维的羊驼呢富有光泽、质地轻盈，还有较好的耐用性及防虫的优点。羊驼毛纱线与真丝经纱一起被加工成真丝面料的替代品，或者与棉纱一起被混纺成能够适应多种用途的面料：“女装和轻夏童装（……）的面料如纯棉般凉爽，同时又有着极佳的丝绸纹样的光泽。”[35] 羊驼料大约在 1841 年被商业化，并引入英国，到了 19 世纪 50—60 年代，其名声越来越大，一家女性杂志曾吹嘘说，流行的风潮都因为羊驼而发生了逆转：“前来英国的法国女士总是会带回那么多令人垂涎的、裁成裙子长度的羊驼料。”[36]

图 1.5a　图样书中的一页展示了机器印刷的德莱因毛棉布，1846 年，可能来自大橡树印刷厂（Broad Oak），滚筒印花德莱因是通过美世公司（Mercer）的羊毛氯化工艺制成的。Author’ s collection.

图 1.5b　时尚样板画展示了法国风格的大型方块印花德莱因面料服饰。拉贝尔·昂斯利，1845 年 7 月。Downing Collection at Manchester Metropolitan University.

羊驼呢的流行导致一些不道德的制造商将大量的长绒毛掺杂到真正的羊驼毛中；这种仿羊驼呢一旦被雨水淋湿就会起皱，因此不适合制作受英国消费者欢迎的运动服。[37] 正宗的羊驼呢一定会使用未染过的单一色纯纱来制作以确保不掺假，这种对纯度的追求随后被重新定义为是一种精致品味的体现："羊驼呢始终必须是黑色、灰色、白色或浅黄色，任何其他颜色都不符合要求。"[38] 在此，羊驼呢重复了其他面料的发展路径：通过贸易和技术将舶来材料"归化"，基于对面料平滑性的偏好以及对轻质的追求。在此我们同样看到了单一纤维制品与改良面料概念的关联性，到 19 世纪 60 年代，这一关联引领了混纺面料潮流的转型。

格子和条纹丝绸：另一面

大约在 1804 年，用于织布的提花机被引入法国市场，在 19 世纪，提花机将织造行业从传统手工业转变为现代工业。这种转变、更替是循序渐进的，正如娜塔莉·罗斯坦（Natalie Rothstein）所述，在英国，提花机直到 19 世纪 30 年代才被广泛采纳、使用。[39] 关于提花机对图案面料设计的影响，已有几本研究真丝的书籍进行过论述，[40] 因而在此我们将关注那些被忽视掉的格子和条纹真丝面料。用这些较小众的真丝面料所制作的女装并没有像那些精致的提花布料那样被大量保存下来，但是兰开夏郡希尔顿父子公司（Lancashire firm Hilton and Son）的一份图案存档使我们能够描绘出从 19 世纪 40 年代末到 70 年代初的 25 年间的设计特征。

我们首先挑一些最有特点的纺织材料或织物图案进行介绍。暗色经纱最早见于1851年；四黑四彩的纬纱相间穿插的细条纹栅栏格出现于1853年，并于1855年之后逐渐被淘汰。从1857年到1858年，简单的方格图案成为时尚，随后在1858年到1859年又流行起宽十字条纹图案。到了1859年至1860年，细条纹栅栏格又流行起来，但这次变成了两根纬纱交替的样式。1861年，一种下面衬有亮黄底色的粗条格纹图案开始出现。1863年时尚开始回归到更柔和的效果和更平滑的质地上，1864年横棱绸（gros）开始出现，这是一种精细的、呈现线状图案效果的面料。1866年，宽条纹开始流行，特别是双条纹和三条纹，而到了19世纪60年代末，亚光的格拉卡丝绸（glacé silks）走到时尚的前沿。这些变化表明，格子和条纹的真丝面料并非日常用品，其流行风潮通常最多持续两三年。

在英国，这些花式简单的丝绸基本产自兰开夏郡，而斯皮塔菲尔德市场（Spitalfields）则生产了大部分复杂图案的真丝面料。1860年《英法自由贸易协定》（*the Anglo-French free trade agreement*）签订以后，英国丝绸业陷入危机，当时维多利亚女王和阿尔伯特亲王拍摄了一张合影，合影中维多利亚女王穿着格子荷叶边真丝裙，阿尔伯特亲王则穿着格子马甲，马甲面料上能看到明显的竖条纹经纱，两件衣服都织造于兰开夏郡，这绝非偶然。（图1.6a、b）

这对王室夫妇在行业困难时期以一种杜绝所有法国元素的着装方式表达了对本国手工业的支持。虽然精英阶层一直比较支持真丝产业，但以这样的方式来支持的案例还是比较少见。把法国面料和奢侈、轻佻相联系，并将其与本民族节制的品质对立起来，这是当巴黎时尚主导女性风潮之时，英国和其他国家为抑制消费者的狂热欲望而采用的一种惯常手段。

图 1.6a 维多利亚女王和阿尔伯特亲王穿着兰开夏真丝服装。由约翰·J.E. 梅尔拍摄，1861 年 2 月。©National Portrait Gallery, London.

图 1.6b 绘有荷叶边图案设计的细节以及与季节相对应的真丝面料，1860 年秋。Charles Hilton pattern books. The Museum of Wigan Life, Wigan Council.

蓝色印花和紫色印花：时尚的僵化

尽管印花料子贸易在很大程度是季节性流行的快消生意，但工人阶级用的便宜印花料子还是市场上最主流的品类。“旧布料商”（Old Draper）这个词瞬间就能将人带回19世纪初的零售市场，当时“普通百姓和女仆一般都穿着海军蓝印花料子，上面有白色或黄色的小斑点……”[41] 比这好一点的是耐洗的茜草染色布料，一般用在中产阶级的日常服装里。托马斯·霍伊尔（Thomas Hoyle）和他的儿子们还制造了一种“在光泽度、牢度和实用性方面都优于家庭服装面料”的紫红色料子，这种料子的“紫”后来在英国成为一种风格的代名词。[42]

《设计杂志》（*Journal of Design*）刊登的霍伊尔花样（Hoyle）中融入了红色元素，该杂志形容其为“与常见的梅菲尔德（Mayfield）紫稍显偏离”[1]，这表明人们希望保留紫色印花的时尚变化感（图1.7）。[43] 但是印花布印刷工埃德蒙·波特（Edmund Potter）将紫色印花与那些冷静又谨慎的精英社会群体联系在一起，“这些人保有一种低调而内敛的品味，即使经过一段时间的推移，这种品味也不会显得陈旧或者奢侈；而在高阶社会群体中，这种品味不会让其选择的服装显得乏味和过时”。[44] 19世纪中叶，紫色印花图案的地位开始下降，取代靛蓝印花图案成为仆人的服装选择，颜色和紫色有些类似但不太实用的浅粉色和淡蓝色印花样式则成为中产阶级日常穿着的选择。到了19世纪80年代，就连仆人们也不太穿紫色印花料子了，一位主张仆从的行为举止

[1] 梅菲尔德是18—20世纪伦敦郊区著名的紫色薰衣草田地，曾是维多利亚时代染料产业的重要原料产地。——译注

Selected Patterns for Dress.

CALICO, PRINTED BY THOMAS HOYLE AND SONS.

This graceful design, with its tiny red dots, is a slight departure from the ordinary style of the Mayfield works. We are apt to associate the Hoyle purple with the humbler class of wearers, but the present pattern is such a successful union of quiet grace and liveliness, that it might, we think, be worn by all or any who are not too grand to use a calico print. A ribbon of bright light blue, amber, or cherry colour, at the wearer's neck, would be an harmonious combination.

图 1.7　由托马斯・霍伊尔父子设计的紫色印花，《设计与制造杂志》(*Journal of Design and Manufactures*)，1849 年 11 月，第 108 页。Author' s collection.

现代化的作家通过回忆旧时、唤起共情来声援紫色印花图案:“我们该如何（回归）旧日的老式紫色印花礼服……”[45] 再到 19 世纪 90 年代，紫色印花图案已经成为老年人和“奶奶时代”的标志。不过这仅仅是英国的情况，在美国，紫色印花图案流行了很长一段时间，琼·塞韦拉（Joan Severa）曾引用戈迪（Godey）于1861年3月出版的《淑女》（*Lady' s Book*）一书中对“霍伊尔印花的整齐而多样的设计”进行推荐。[46]在欧陆地区，靛蓝抗蚀印花团仍在使用，并融入了民族服饰复兴中，传教士在19世纪中期还将这种风格带到了南非，在那里，靛蓝印花料子被称为“淑淑（shweshwe）”，直到现在，这种印花料子仍然用于制作裙子、围裙和头巾。

印花衬衣布：隐藏的男性轻浮

有一幅1846年刊登于《阿格梅尼剧院》（*Allgemeine Theaterzeitung*）上的漫画，其内容是一群男子穿着印有花哨图案的衬衫在浴场放松，在这一场景的下面，洗衣女工正把印花衬衫挂在晾衣绳上，标题则是：“为什么衬衫不能有自己的时尚呢？”[47]这些衬衫似乎很是新奇，因为它们引起了漫画家的注意。一段关于阿尔萨斯印花纺织品历史的原始记载表明，多尔弗斯－梅格（Dollfus-Meig）和弗雷尔斯·科克林（Frères Koechlin）于1847年开始印制这种主题衬衫（chemises à sujets），这表明这种印花衬衫已经成为主流时尚。[48]这种样式似乎是从以前的马甲风格转变而来的，马甲自身却变得越来越严肃、保守，原本印于其外层表面的图案越来越往内层移动。

动物和运动题材经常成为印花衬衫图案的主题，这些主题多见于亨利·托马斯·阿尔肯（Henry Thomas Alken）和爱德温·亨利·兰德塞（Edwin Henry Landseer）的作品之中（图1.8）。看起来，男人们想要表达的对于

图 1.8　染色匠笔记中的一页，其中展示了一些运动主题的印花衬衫布料。查尔斯·斯威斯兰，克雷福德，19 世纪 50 年代。Downing Collection at Manchester Metropolitan University.

休闲的兴趣必须隐藏，只有在一些轻松的场合才能显露出来：这正是约翰·卡尔·弗吕格尔（John Carl Flügel）提出的“男性时尚大弃绝”概念的体现。[49]

19 世纪 70 年代，衬衫的图案从运动主题转向了幽默题材，而从下一个十年开始，这些趣味图案风格似乎又越来越多地从男装转向了女装和少儿服饰。与此同时，一些具有象征性的印刷图案开始出现在男性服装的里衬上，这把男性的自我表达又更深一层地隐藏了起来。

或许，只有在亲近的人面前，男性才会把印有女演员或者明星政治家的领带内里露出来（图 1.9）。在这一过程中，我们可以发现一种对服装内外材料的不同态度，在西方文化里，本质（truth）是一种内在的品质，这种隐藏在视野之外的品质代表了个体内在的自我。几个世纪以来，紧贴皮肤穿着的纯白色亚麻内衣一直是本质的象征，但这点在 19 世纪中叶之后二三十年中发生了变化，不仅亚麻布料换成了棉布，内衣本身也开始具有塑形功能，并增加了其他装饰功能。在此，男式印花衬衫可以被视为最早的装饰性内衣：这可能是对“弃绝”的一种隐藏的反叛。

古典摩尔纹：回归自然

早在 19 世纪之前，制作摩尔纹（MOIRÉ）面料（或者叫水波纹料）的成

图 1.9 印有女演员莉莉・朗特里肖像的印花衬布，安东尼奥・桑松的詹姆斯・哈德卡斯尔公司生产，《棉织物的印花》（*The Printing of Cotton Fabrics*，曼彻斯特：阿伯・海伍德父子公司，1887 年），第 1 页。Author’ s collection.

熟技术就已然存在。1660年，塞缪尔·佩皮斯（Samuel Pepys）曾“购买了一些摩尔纹面料来制作晨练马甲”，[50] 19世纪中叶，新技术的发明加上克里诺林裙撑的流行，使得这种面料又一次复兴。制作摩尔纹需要在纬织棱纹布料上印刷。根据古典摩尔纹的制造工艺，制造时首先需要边到边对半折叠布料，使棱纹几乎平行叠放，由于每块布料会有轻微不同，棱纹在一些地方可能会出现交叉错落，这时织造者通常会用手或木模在折叠好的布料上滑动来调整棱纹位置。如此处理好的布料接下来将经过压制工序，压后布料变得扁平，并且在棱纹交错的地方会产生局部位移。之后把压过的折叠布料打开，被压过的棱纹这时候会产生反光效果，在黑暗的背景下能看到明亮的波浪状摇摆线条或者片状图案，并且这些图案在整块布料上是对称的。可以说，古典摩尔纹是一种对材料和工艺都有要求的装饰花样，詹姆斯·特里林（James Trilling）把这种花样视为一种独特的现代主义设计风格；但具有讽刺意味的是，工艺上如此传统的摩尔纹面料却可能是19世纪最为现代新潮的布料之一。[51]

一位名叫托马斯·谢普赛（Thomas Seamer）的齐普赛街布商曾在万国博览会的英国真丝展区展出了古典摩尔纹面料；到1853年，古典摩尔纹面料被用于裙子和马甲，并被刊登在广告上。报纸上的广告显示，古典摩尔纹面料的流行在1858年至1866年达到了顶峰，因为当时这种面料可以在宽大的克里诺林裙撑上充分展现效果。可能是因为先进的轧光技术的发展，英国人似乎引领了这一时尚潮流，1861年的一份报告称，古典摩尔纹曾经是“一个几乎完全由英国制造并使之臻于完美的产品”，不过法国里昂的真丝商将相关技术进行了改良，使本地产品在美观度和价格上都具备竞争力。[52]

古典摩尔纹面料硬挺结实、分量感足以及价格昂贵。这些特点使其很适合一些特殊的场合，就像天鹅绒和重质绸缎一样。古典摩尔纹面料给人一种庄严感，似乎象征着财富，当古典摩尔纹面料被染成白色，它就成了一种绝佳的婚礼服材料。1859年的一部小说中曾有如此描述:“寡妇新娘（……）是不能（使用）传统的白色古典摩尔纹礼服和蕾丝面纱的”；[53] 同样，1862年，在一份伴娘送给新娘的婚礼祝酒词里，作者希望“之前的粉红色薄纱（tarlatanes）能换成白色古典摩尔纹纱，带橙色小花骨朵的桃金娘花圈……”。[54] 古典摩尔纹还经常出现于绘画和摄影作品里，在一张1854年的相片中，弗洛伦斯·南丁格尔（Florence Nightingale）就身穿着古典摩尔纹面料的服饰。[55] 照片里能看到这种“古董”图案风格的对称折痕，这件衣服的宽条纹表明其采用了最高品质的古典摩尔纹面料。与机械化生产的产品不同，古典摩尔纹的轻盈质感更多来自其不可控的部分工序或特质，即工匠的手工作业、布料的天然瑕疵等，这似乎反映了中世纪维多利亚女王时期人们的精神状态：对于工业发展所伴随的破坏性的忧虑，以及回归自然的美好愿望。

从绉纱到中国纱：不断变化的表面价值

丝质绉纱（crape）是博洛尼亚的一种特产，据记录，自16世纪以来这种面料就被广泛运用于丧服装饰品和宗教仪式。17世纪，绉纱在法国被仿制出来，并随着胡格诺派难民教徒的迁徙被带到了英国，但博洛尼亚产的绉纱的品质依然是顶级的，并且直到18世纪，其品质的秘方都始终未被破解。[56] 19世纪关于绉纱的故事要从绉纱的工业化开始。考陶尔德（Courtauld）家族从1827年开始织造绉纱，并从1832年开始引入动力织机。[57] 考陶尔德家族进军绉纱业的时机非常恰当，因为那时中产阶级妇女刚有了穿着丧服的习惯，且随着穿着时间越来越长，丧服样式也变得以时尚服装风格为基础（这就需要不断增加剪裁设计），而且这种服装有着不需要时常改变布料颜色的优势。考陶尔德的成功基于一种模仿传统卷纱工艺的机械技术，这种技术是靠一种能消除纬纱过捻引起的自然卷曲的压花工艺来实现的。[58] 然而到了 19 世纪 80 年代，丧服的使用开始减少，并且在维多利亚女王去世后，英国王室也不再遵循传统丧服的习俗。此后，直到 20 世纪 30 年代，绉纱都是依靠拓展海外市场和帝国市场来提高销量的。

不过幸运的是，考陶尔德家族的这些织造技艺还可以应用于“中国纱（crêpe de chine）”的制造中。中国纱一般进口自中国，这种料子有时也用于制作披肩或帽子装饰。但中国纱裙子的流行似乎始于 1870 年，这可能是随着欧洲人对日本服装越发着迷而开始的，当年 6 月，《女帽设计师》（*The Milliner*）曾报道:“中国纱在伦敦非常流行……（它）由不同品种的同色丝织成，追求一种真正优雅的宁静效果。”[59] 到了 12 月，该杂志又报道:“中国纱绝对是制作晚宴服装的‘顶级’材料，但想保有这种奢华需要一个充实的钱包……”[60]《女王》（*The Queen*）在 1872 年 5 月曾报道:“在晚会上可以看到很多中国纱裙子，杏黄色的、淡绿色的、亮绿色的、珊瑚色的和橙红色的都有，但是很少有整条裙子都是用中国纱的，毕竟单独使用的中国纱太过柔软和贴身了。通常都是将其与真丝或绢网混用，但其很少和绸缎混用。”[61]

考陶尔德家族于 1896 年开始仿织中国纱，这一时期，一些质地柔软的面料开始越来越广泛地为大众接受。从绉纱到中国纱，在对光泽度的不懈追求之下，亚光表面工艺也逐步趋于稳定；[62] 而绉纱这种料子的沉闷、钝拙感——曾经与哀悼关系密切——被重塑为一种审美情趣（图 1.10），其亚光的视觉效果在后来则与浮夸和自负联系到一起。

卡其布：新式平凡

G.W. 阿米蒂奇（G.W.Armitage）将卡其布的起源归于印度一位英国陆军上校和瑞士旅行家约翰·李曼（John Leemann）的一次交谈。上校发现军队需要一种不会缩水、不显尘、不褪色的服装面料，于是李曼把这个问题交

图 1.10 玛丽·康斯坦斯·温德姆（埃尔科夫人）穿着一件可能用丝质绉纱和绸缎制成的裙子，背景是一件日本家具，爱德华·约翰·波因特（Edward John Poynter）的水彩画，1886 年展出。Private Collection.

给了化学家弗雷德里克·艾伯特·盖蒂（Frederick Albert Gatty），这位化学家随后试验出一种氧化铁快染剂并于1884年获得专利，他找到愿意使用这种染料生产产品的斯宾娜有限公司（E.Spinner & Co.），自此，“利曼和盖蒂·法斯特（Leemann & Gatty Fast）卡其布染料品牌”诞生了。[63]阿米蒂奇自己也办有一家名为“阿米蒂奇和里格比（Armitage & Rigby）”的纺织公司，他没有用这种染料给自己的产品染色，但用染过这种色的料子去生产产品，第一批卡其布就是诞生在他位于沃灵顿的罗德尼街的工厂里。最初的卡其布并不耐酸，后人为此进行了进一步的研究，并在之后的1897年研发出用硅酸钠处理的专利技术，这一技术把卡其布的牢固度提高到一个“迄今为止，任何天然或人造染料都无法企及……”[64]的水准。

就在1897年，卡其布被分发给所有派驻海外的英国军队，并在布尔战争中第一次亮相。第一次世界大战的需求使得卡其布的生产量大幅度增加，这让人们深深地记住了这种面料。简·泰南（Jane Tynan）剖析了卡其布是如何体现新的战争方式的，她认为，随着战争方式的改变，迷彩和功能性的要求取代了传统军服仅注重外观的旧观念，[65]卡其布成为士兵的转喻词，并广泛出现于日常语言和文学作品中，它代表了大众对国民士兵的全新认识。曾有一名战时记者为士兵服装不再有着鲜红色和黄铜色的靓丽色彩而感到遗憾，他认为“现在人们所熟悉的卡其色暗示着冰冷的责任、枯燥的训练、单调的例行公事，以及战争中所有乏味的一面，毫无一点浪漫色彩”。[66]凭借独特的外在质感和大地般坚毅的色调，卡其布将人们对伟大战争的记忆构建成对那些广大士兵群体经历的记忆。

华达呢：跨越性别差异

1888年，托马斯·博柏利（Thomas Burberry）为华达呢申请了专利，专利说明中描述这种面料有着分层结构：华达呢由普通或者斜纹亚麻布外层和防水布衬里组成。[67] 但专利中没有说清楚的是，这种面料最为重要的创新可能在于制作面料的纱线中添入了防水的埃及棉——这是在其被织成布料之前。[68] 1898年，博柏利和弗雷德里克·丹尼尔·安温（Frederick Daniel Unwin）一起再一次申请了一项专利，并在他的产品里使用了这种叫作"本色斜纹布（drabbet）"的专利材料：这是一种亚麻布，一般是用未经漂白的亚麻纤维制作而成。这个"用本色斜纹布织造的华达呢"的专利改进意味着从那时起，华达呢就成了防水布料的代名词，[69] 该专利声称华达呢是由纯亚麻布或棉麻混纺物制成的，还对专门用于生产华达呢的一种混合斜纹布进行了描述。这种布料非常有特点，其纬纱由4/2斜纹和3/3斜纹交替编织而成，上面有密集而陡峭的斜纹，斜纹有时会断裂，还有一些图案会重复，这增加了制作这种面料的复杂程度。后来的华达呢保留了这种有特点的陡峭斜纹结构，但斜纹编织得更为规则、整齐。

华达呢具有防风、防水和防刺的功能，在此基础之上，它的轻薄质地使它从一开始就成为一种既适合男性又适合女性的运动服装面料。早在1889年，《康沃尔郡人》（*The Cornishman*）杂志中的一篇文章就曾描写过一个父亲在冬天怂恿女儿陪他去打猎："这位家长说的不是坐在有扶手椅的休息室看一些垃圾小说，而是穿上布短裤（女款）、结实的靴子、整洁的皮革绑腿、博柏利的华达呢裙子和一件夹克……然后出门射击，从而变得越发坚毅、勇敢……"[70]

坎宁顿（Cunnington）指出，女性运动服具有革命性的重要意义："这是一种专门为女士设计的服装……对男士的影响微乎其微。"[71] 虽然那位康沃尔郡的父亲并不关心这些面料本身有多少优点，但作者强调，运动带来健康方面的好处，将使女孩们更适应她们作为准妈妈的女性角色，消解她们潜在的一些激进行为倾向。

20 世纪早期女性户外娱乐活动日益增多，博柏利抓住了这一机会向女性推销华达呢："现在她们在户外活动上花了那么多时间，并且要求完全分享那些曾经被认为男性专属的活动，这样女性对服装的关注就更多了，她们把服装作为一种手段……为锻炼身体机能、让精力充沛提供充分的准备"（图 1.11）。[72] 博柏利的公司有五种不同重量的华达呢产品："热带款、透气款、夏款、秋款和冬款"，其广告称："前三款更轻、更薄，通常更满足女性需要。"[73] 在此，我们获得了一种男女通用、通过其轻薄程度来区分性别的面料，博柏利的华达呢之所以能够成为 20 世纪的标志性面料之一，这在一定程度上可能与这种将技术创新与营销技巧结合起来以跨越性别的能力有关。

衬衫和连衣裙：条纹法则

在 19 世纪早期，由于滚筒印花技术发展，条纹服装的原材料变得更加广泛易得了。在之前机织条纹的工序中，条纹面料的经纱颜色顺序是一开始就决定好的，在不重新安装机器的情况下无法更改花色，滚筒印花技术的出现使得条纹面料的制作以及花色的调整、修改第一次变得如此容易。1806—1808 年，一本出自著名的曼彻斯特雕刻家约瑟夫·洛克特父子（Joseph Lockett &

图 1.11 博柏利的女性体育华达呢服装产品线广告，广告中描绘的都是一些形象积极健康的女性角色。Image courtesy of Manchester Art Gallery.

Son）的花样图册显示，在那一时期，人们对条纹面料的需求非常稳定。[74] 当时制作条纹面料的滚筒又被称为“本戈斯（bengals）”，按照每英尺的纱线数收取使用费——有时候收费可能高达每英尺 50 英镑。德国商人内森·罗斯柴尔德（Nathan Rothschild）在曼彻斯特期间花费重金购买了大量滚筒印花条纹和格子布料，准备将其带回汉堡销售，[75] 据此甚至可以说，这些布料为 19

世纪罗斯柴尔德银行帝国[2]的建立奠定了基础。

条纹和格子图案的设计师对这些布料进行了详细分类，他们毕生都致力于对这些抽象的线条进行精细区分。条纹设计的关键在于两个方面：颜色，条纹覆盖的比例。关于覆盖比例的惯例可能是在 19 世纪后半叶随着布料的性别化发展而来的，到 20 世纪初，一般白底色条纹男士衬衫面料的花色部分占比为 15%~25%：中等重量布料占比为 15%，牛津材料占比为 20%，和风款式则占比更高，因为男士衬衫最重要的是看起来干净，所以需要突出白度。女士条纹服装则要求有至少 1/4 以上的花色部分，外观上要有独特性，要凸显细腻的色彩和轻盈的质感。[76] 两种要求都是为了追求一种视觉上的平衡，而条纹恰恰有这种不扎眼的平衡观感，并且在遵守这些要求的同时，条纹仍然可以保有从柔和到鲜明的个性变化，这给穿着者展现个性提供了诸多可能，使得穿着者在大处遵守着装规范的同时，还可以在小处突出自我风格。

法兰绒布：易燃的时尚

在 19 世纪，对西方家庭而言，在冬日里穿着轻质的棉衣烧火取暖是非常危险的事，因为未经处理的棉质材料高度易燃，一个微小的火花就能让其燃烧。这种风险在 18 世纪就众所周知，但当时棉质材料主要限于辅料使用，如袖口褶边或围裙等，可是到 19 世纪当整套服装都开始用棉质材料制成时，这

[2] 罗斯柴尔德银行为欧洲最古老的银行集团之一，也是 19 世纪英国乃至整个欧洲地区影响力最为巨大的金融集团之一。19 世纪初，创始人梅耶的第三个儿子内森·罗斯柴尔德只身前往伦敦倒卖棉布，彼时罗斯柴尔德家族尚未发迹，还在经营货物贸易。——译注

种风险就变得很高了，并且克里诺林裙撑的流行使火灾事故发生的概率进一步提高，[77]对于无人看管的儿童来说尤其如此。在19世纪中叶，报纸上经常报道“又有人死于火灾”，并提出警告：“随着冬天的来临，每周我们都得处理两三名儿童死于火灾的情况……我们强烈请求家长们，特别是务工的家长们，给孩子们穿上羊毛衣服吧。”[78]人们用化学漂洗的方法来提高服装的阻燃性，一般来说，明矾和硼砂可能是最有效的，但是这些化学制品在磨损后会慢慢失效，所以每次清洗完服装都要重新处理一次。

19世纪90年代，随着法兰绒睡衣的普及，其易燃性的问题再次上升为人们首要关注的话题（图1.12）。法兰绒布（Flannelette）是一种表面有凸起的棉布，精细的绒毛特别易燃，工人阶级常购买的那些编织松散、价格低廉的品种则更易燃。直到1912年，人们发现了一种可商业化的耐洗涤、防火处理方法（Perkin’ s stannic oxide process），曼彻斯特的惠普兄弟和托德公司（Whipp Brothers & Tod）也开始出品一种不易燃的法兰绒布，这种布料时常失火的情况才得以改善。[79]1913年《织物（误记）法》[*Fabrics（Misdescription）Act*]出台，该法案意在保护英国消费者，防止无良商人将经过临时防火处理的法兰绒布作为永久防火型法兰绒布出售。在此我们发现，19世纪的最后几年，社会对面料安全问题的处理转变为一种更为现代的方式——立法规范和法规管理。

橡胶和鲸须：不可持续所致

在漫长的19世纪，一些非纺织性的制造业也经历了扩张和转变：稻草制

图 1.12　达卡·米尔斯法兰绒布，来自雷兰德父子有限公司（Rylands & Sons Ltd），1923 年的曼彻斯特价目表，第 40 页。Manchester Metropolitan University Library.

作的女帽、黑色大理石制作的珠宝、钢制紧身衣等。为数不多、真正意义上的新产品之一是橡胶，这是一种来自帝国种植园的材料。南希·雷克斯福德（Nancy Rexford）概述了橡胶用于防水服装、鞋子和弹性织带生产，萨拉·莱维特（Sarah Levitt）也曾简单介绍过橡胶在雨衣行业的情况。[80] 值得注意的一点是，早期的橡胶制品寿命是不及服装的，在 1885 年，波士顿公司生产的一个橡胶产品商标印记上写着："印在印记空白处的商品生产日期……因为广告上提到该鞋预计可以在生产出来之后使用 18 个月……"[81] 这似乎是人们态度发生重大变化的一个信号：衣服不再被期待比穿着者还要长寿了。

另外一个转变的观念是人们开始担心有人借时尚之名滥杀动物。罗宾·道蒂（Robin Doughty）已经详细论述过羽毛时尚和鸟类保护协会兴起的相关议题。[82] 但奇怪的是，鲸鱼的境遇并没有让人们产生类似的感想，虽然捕鲸的主要目的是获取鲸油和鲸脑，但具有时髦用途的鲸须不仅是捕鲸业的一种副产品，它还给了一些人捕捞特定品种鲸鱼的借口。在格陵兰岛附近发现的露脊鲸（Balena mysticetus）有质量最好的鲸须，这种鲸须通体乌黑，并且极具弹性。[83] 到了 19 世纪 50 年代中期，用于制造克里诺林裙撑的鲸须供不应求，这导致了过度捕捞鲸鱼，鲸须的价格也几乎翻倍。[84] 到了 1866 年，人们开始认识到"两个多世纪以来……英国、荷兰和丹麦的捕鲸者带来的无尽竞争……把这个物种带到了灭绝的边缘"。[85] 露脊鲸种群数量的持续走低导致捕鲸船开始在南大西洋捕杀普通的须鲸，尽管它们的鲸须质量较差，泛着灰白色，还夹杂些许黄棕色。克里诺林裙撑的制作商把这种差一点的鲸须编在一起，做成一条长带子，用黑色的编织绳掩盖其杂色。捕鲸的破坏性并没有像捕鸟一样为大众所知，歌唱的鸟儿们是儿童课程的一部分，可鲸鱼离人们的生活很遥远。

在浪漫主义时代，大自然被西方人看作上天赐予人类的礼物。普莉希拉·韦克菲尔德（Priscilla Wakefield）（1800：4-7）曾说，“我们要赞美上帝的仁慈，他在地球上的每一个角落里都留下了独特的财富……”，并进一步解释：“上帝明智地赋予人类各种各样的倾向和追求，正如每个个体都不尽相同；有些人很早就对航海有一种向往，没有什么危险能够阻止得了这种向往……航海似乎是为了给遥远国家的人们提供一种交流手段，通过这种交流，双方都可以交换遥远地区的多余产品来获益。”[86] 在此，韦克菲尔德同时为自然资源开发和帝国贸易做出辩护。

结 语

在漫长的19世纪，追求新奇成为与时尚相关的材质变革的主要驱动力。的确，那些格纹面料的生产商为维持新奇性提供了持续不竭的动力：“每一个印花工都得具备不断生产新图案的能力……尽管在每年的新图案出现之前就已有数百万种图案出现过了，可每年的图案都必须有新特点，否则它们就卖不出去。”[87] 从定义来说，新奇意味着寿命短暂，新奇的面料只有通过不断更新才能生存，格子真丝面料就在很长一段时间里随着季节的变化不断更新，但新奇的设计并不足以维持紫色印花图案的流行。当某种面料的新奇感在英国本土市场慢慢消退时，人们通常会面向帝国疆域去开拓新的市场，紫色印花和在其之前流行的靛蓝印花图案就是这样；我们也能看到，这种销售策略同样曾运用在垂纹细布、甘布龙布和绉纱丧服上。

服装材料能够体现时代的价值。在印花棉布、南京棉以及混纺面料的例子中，我们不但能看到机械化生产的应用，还能看到机械改造甚至驯化舶来产品的能力，这些新生产品在此代表了一种进步的现代性，也是帝国权力的商业支柱。机械生产和精加工工艺给布料带来了一种全新的表面一致性，一种前所未有的无瑕感，有一段时间，纯净未染的羊驼呢被认为是最完美的料子——它完美、光滑的表面能够凸显庄重和低调的奢华，这又和混纺面料的理念有些抵触。

时装的原材料还可能以不同的方式给那些购买者、制造者和穿着者造成危险。在使用明火和蜡烛的时代，穿着棉质服装可能是个不明智的选择，但这种时尚所承担的风险凸显了支撑它们流行的潜在价值的深度。而随着时代发展，人们的观念似乎也发生了转变：安全不仅仅是个人的问题，也是制造商们的分内责任。在 19 世纪末，对于那些生命因时尚而受到威胁的动物而言，羽毛时尚的泛滥带来了一种觉醒，即人们对自然的态度开始从放任自流转变为萌生了保护意识。

在整个 19 世纪，不同阶层之间的差异和等级区分通过服装面料产生了一种创造性的张力，久负盛名的手工德莱因布在 19 世纪中叶和其机器生产版本之间的竞争正是如此。新产品的实用性在其问世之初总是受到追捧，可随后这种实用性却为时尚所回避。随着卡其布的出现，终于有一种面料成为一种阶级价值观的标志，大地般的颜色仿佛象征着士兵的荣誉，正如那抹厚重的色彩好似来自土地，最终也令人伤感地归于尘土。

面料的性别差异始终是 19 世纪服装时尚研究的考察对象。印花衬衫就是这样一个案例。在这个案例中，印花衬衫被重新性别化设计，以刺激产生新的商业需求；在条纹的案例里我们能看到一种严格的性别规范，即女性外观应具备精致与色彩，而男人外观则应干净、整洁；华达呢的发明不仅使女性能够参与和享受曾经局限于男性的户外休闲活动，还将质地的轻重定义为性别划分的最终定界。

最后，时代的焦虑也体现在奢侈与节制的紧张关系之中，这表现在对待混纺面料及中国纱、亮光与亚光光泽的矛盾心理上。现代性的焦虑同样体现于人们对古典摩尔纹面料自然花样的推崇中，伊莎贝拉·杜克罗特将面料中存在的相互作用的力量与呼吸的节奏变化相比较，“收缩和舒张，聚合与扩散”，这是一种对生命本身的隐喻。[88] 面料体现了西方人在漫长的 19 世纪中的奋斗和期许，它标志着帝国的野心、进步的信念、阶级和性别差异，以及由新奇和新的焦虑带来的变革动力。

第二章 生产和分销

苏珊·西纳

有这样一幅画：旺多姆圆柱（colonne Vendôme）在暮色中的巴黎矗立，金碧辉煌的店铺在夜幕降临后结束营业。一群衣着光鲜的女郎在和平街（rue de la Paix）上悠闲散步，她们中的一些刚从帕昆时装屋（Maison Paquin）一天的工作中解脱出来，帕昆时装屋是美好年代（belle-poque）时期的一家高级时尚商场；画中另外一些女子可能是这家商场的老主顾。印象派画家让·贝劳德（Jean Béraud）以生动的巴黎街景画闻名，他的画笔下曾捕捉了诸多 20 世纪初巴黎高级女装设计师下班时的忙碌景象，当时大约有 9 万名女性在法国时装业工作，其中很多就职于这条街上的时装工作室（图 2.1）。[1] 在这幅画的右边，金色字体的“帕昆”字样挂在珍妮·帕昆（Jeanne Paquin）的店面工作室和陈列室上方，珍妮·帕昆是一位著名设计师，作为一名女性，

图 2.1　让・贝劳德和平街，1907 年。Photo by Fine Art Images/Heritage Images/Getty Images.

她在“设计”这个由男性主导的领域中非常有名望。就在这幅画左侧，远处的明亮窗户下“风格（modes）”这个词出现在后方角落的建筑两旁，它将和平街衬托成巴黎最著名的时尚街道之一，在这里坐落着位于大街 7 号的沃思时装屋（The House of Worth），还有杜塞特（Doucet）、卡地亚（Cartier）的店铺，以及其他豪华建筑。

时尚行业的女性工作者和购物的女顾客缓缓走上街头，一些由男士陪着，一些和其他女性手挽着手，画中几乎每一位女性都拎着一个手提包——这象征着女性开始走入公众视野，也意味着全新的购买力——赏画者往往会被画中数量众多的女性以及她们的服装所代表的阶级多样性触动。画中，有些女子穿着长袍，戴着薄面纱；有些女子在衬衫上系着简单的黑色领带，戴着蕾丝披肩或者精心装饰的帽子，帽子上布满丝带、蝴蝶结和蕾丝；还有一些人则佩戴着点缀了黑色丝带的经典款式的草帽。画中所有这些女性，无论社会地位如何，全都穿戴整齐、精心打扮，她们明显参与到时尚的文化实践之中。

在此，女裁缝（seamstresses）和商店顾客几乎看不出区别，因为时装的生产者同时也是时装的消费者。贝劳德的画作准确地描绘了那一时期这个行业的情形，当时大规模生产与高级定制服装开始结合，大量女性开始从事这些针线工作，长期以来被认为是女性义务的事务成了一份带薪工作。南希·格林（Nancy Green）写道："到19世纪晚期，随着越来越多的女性进入有偿劳动力市场，勤劳的中下层阶级的女性雇员和店主都有了更多的可支配收入，也有了更多需要花钱的购置衣物的需求。"[2] 贝劳德的画作捕捉到了生产者和消费者相遇的节点，时尚在此被大众化为成衣时装（prêt-à-porter），并且很讽刺的是，这就发生在那些高级定制时装屋的门口。

然而，巴黎的女裁缝们并不总是那么引人注目，那些所谓的19世纪"服装革命"也并不是一个简单的过程。从法国大革命到第一次世界大战，时尚及其含义、生产方式、销售手段都因现代性以及随之而来的阶级和性别变化而发生了根本性的转变，并形成了类似今日的时尚结构体系。

当我们讨论时装的生产和销售时，我们指的到底是什么？正如苏珊·凯泽（Susan Kaiser）提醒我们的那样，生产既关乎制作，也关乎实践；所以时装生产活动之中既包括从事服装实体制作和创造的服装工人，也包括从事时装"文化实践"的消费者。[3] 而销售同样也涉及多个方面，其既是实际层面的，也是表象层面的，比如从与货物运输和交付给买家有关的实际活动，到营销、时尚类写作、广告、展示和品牌推广等表象实践。[4] 因此，生产和销售是相互依存的，与消费本身有着密不可分的关系。

时尚是一种文化和社会进程——它是文字上的、视觉上的和想象中的——就如同一件手工艺品一样。在动荡的19世纪中，时尚的社会功能可能是其最为重要的意义，克莱尔·克劳斯顿（Clare Crowston）提到，早在17世纪，时尚就能够赋予不同阶层以权力，她认为："时尚的都市，尤其是巴黎那种文化之都，在这种都市里工作的时尚工作者或者说女店员可能比外省的贵妇人都更为'富有'。"[5]这种观点指向了一些人所说的19世纪时尚革命，正如时尚所反映和再现的性别差异变得越来越根深蒂固一样，阶级区分也因时尚变得越来越不稳定，这导致了文化焦虑的产生，同时也带来了非凡的创新与变革。时装的生产、销售、推广，以及流通网络——如时尚杂志、行为指南和其他营销工具——关系密切，同时也与服装制造和销售的"真实"空间、生产和销售的对象，以及创造和购买这些物品的人息息相关。

巴黎是这些互相依存的时尚活动的无可争议的中心。里贾娜·布拉斯奇克（Regina Blaszczyk）描述19世纪的"巴黎时尚工业综合体"涵盖"服装厂、纺织厂、染色厂，以及无数辅助行业公司——鞋匠、造衣师（dressmaker）、胸衣制造商、袜厂、珠宝商、阳伞店、缎带制造商、羽毛染色厂，等等"。[6]不仅时装设计和制造如此，时尚相关营销和传播手段——包括时装类文章，以及伴随手工缝纫而生的时装图片和花样——也都主要见于巴黎。此外，通过法国时尚刊物的分销，辅以出版物中的时尚插画和描述，巴黎时尚在整个欧洲和美洲广泛地传播开来，比如《女士与时尚日报》（*Le Journal des Dames et des Modes*）、《巴黎风尚》（*Modes de Paris*）等，像《女士与时尚日报》的插图还被美国的《歌迪女士手册》（*Godey's Lady's Book*）和《哈珀》（*Harper's*）以及英国的《美丽合集》（*La Belle Assemble*）和《皇后》（*Queen*）

等杂志盗用，[7]可以说，巴黎就是一个关于时尚商品及其宣传形式的巨大分销中心。

因此，巴黎正是本章所关注的主要对象，它是瓦尔特·本雅明口中的“19世纪的首都”，时装业的中心——也是瓦莱丽·斯蒂尔（Valerie Steele）所坚称的“国际时尚之都”[8]。从女装店经营者（modiste）[1]和制衣师的诱人、华丽的店面背后的工作室到专业技工，从19世纪中叶大型百货公司熙熙攘攘的大厅到孤独的时尚编年史学者们宁静、朴素的研究，19世纪的巴黎确实是一个时装设计、生产、营销和售卖的大熔炉。虽然在逻辑上，本章的地理焦点是巴黎，但真正的主题是阶级和性别，因为时装的生产和销售是通过性别和阶级系统——社会、空间和性——来进行控制和协调的。19世纪时装的面孔还主要体现在那些伟大的高级女装设计师身上，比如1858年发明了高级定制女装的查尔斯·弗雷德里克·沃思（Charles Frederick Worth），作为一位（男性）参与者，他在时尚工作者大军（大多是女性）之中是那么的引人注目。[9]

在19世纪时装的生产和消费之中，性别和阶级都是相当重要的议题：正如我们在贝劳德画作中所见，通过女性客户的着装，女性时尚工作者逐渐有了更多的自主权，并在19世纪末逐渐开始大量加入了劳动者的行列，同时，时装本身在性别上也有显著的差异。在阶级层面上，19世纪的服装工人和小资产阶级商店工人开始能够获取时尚知识，并学会驾驭不断变化的区分标准，即使他们本身就是时尚的生产者。随着越来越多的人掌握了区分时尚的标志和准则，社会地位、阶层的不稳定性变得越发强烈。同样，作为品味的决断者，19世纪的时尚作家大军（主要是女性）为不断扩大的读者群体清晰地书写评

[1] 指制作并贩卖女士服装和帽子的人。——译注

判时尚的代码，每周为不断变化的时尚潮流创作插画的艺术家们也为时尚的复制提供了指导范例，在整个19世纪的时尚进程中，社会流动性和时尚的民主化始终携手并进。[10]

这一章也将讨论一些重要的时尚职业，比如裁缝（tailor）和女裁缝，这些都是时尚基础的核心制造者；本章还将讨论在19世纪自发形成和出现的一些角色，特别是女装店经营者和布料师（calicots），他们都是现代性社会景观中的新晋成员。这些横跨生产和消费领域的角色是时尚系统的核心，这些职业在整个19世纪之中的演变反映着受到现代性影响的时尚产业的结构转变，除此以外，在设计和制作高级时装中举足轻重的高级女装设计师也是19世纪时对原有的家长式行会制度进行重新诠释的重要角色。最后还有美好年代的百货商店女店员（midinettes），“女店员”这个名字就是来源于这些时髦的巴黎服装工作者和售货员中午要离开柜台去吃午饭（midi）。这些都凸显出了19世纪女性工作的转变，并反过来暗示在之后的20世纪里，传统的劳动秩序行将瓦解，这些角色共同展示出整个19世纪的时装生产和销售中的性别差异和阶级分异，并为考察社会结构提供了一个相应的视角。

时尚生产和销售空间的变化也是相当重要的议题。伴随现代性的崛起，从工作室到大商场，时尚制造和消费的模式在这个世纪的进程中发生了巨大的变化。时新服饰用品商店（Magsins de nouveautés）的形态在19世纪20—40年代不断更迭，并最终发展成19世纪后半叶的大型百货公司——这彻底改变了人们的购物方式，并带来了如固定价格、标准化尺寸、邮购和送货上门等在今天看来理所当然的服务创新，[11] 其中一些做法在19世纪上半叶的时新服饰用品商店中就已经存在了。[12] 此外，缝纫机等新技术设备的出现重塑了时装的生产和消费模式，并扩大了时尚的传播空间。在 19 世纪中期，随着印刷技术的发展，广告业也蓬勃发展起来，时尚杂志不仅为变化莫测的时尚潮流提供介绍插图，同时也进行广告植入以借机推广某些时装商店。[13]

19 世纪的时尚通过生产和销售机制，成为一个矛盾的社会竞争场所：高级时尚女装努力维持精英们的阶层差异，而大众化的成衣时装则促进了社会流动。本章将同时关注、考察时装生产和销售的两极：首先从低级裁缝到服装设计师这些从事时装生产的角色入手，尤其关注视觉和文本文化对这些角色的理解和重现方式；其次聚焦时装销售的空间，尤其是百货公司的进化演变以及崛起的时尚媒体是如何对百货公司进行广告宣传和再现的。

时装生产商

在法国，正如欧洲其他地区一样，法律自中世纪以来就约束着人们对服装的设计和剪裁。长期存在的劳动法律是中世纪行会制度的残余，在法律的约束之下，劳动者从事的劳动内容被严格按照性别区分。[14] 服装设计和剪裁是男性的专属工作——这些男裁缝大师技艺精湛，能熟练地处理生布、运用工具，并且创意十足、充满想象力；他们很多都在家里工作，照料妻女的同时还会雇用一些裁缝来处理那些不那么重要、钱赚得也不那么多的简单制造工作。正如沃德尔（Waddell）所说，“灵巧、准确并充满激情地剪裁服饰是裁缝艺术的重要组成部分，当然这也是为什么我们把他们称为‘裁缝（tailler）’，‘tailler’在法语里是‘裁剪’的意思”。[15]1675 年，路易十四批准女裁缝行会为合法组织，这使得女裁缝行会在时尚行业里获得了很大的权利，[16] 在此之前，女性大多只能秘密地从事裁缝工作，一旦被发现，迎接她们的将是罚款以及被没收布料。这种长期的地下工作状态使得很多女裁缝的生活非常困顿，女裁缝也因此时常与卖淫联系在一起。路易十四的法令赋予了她们一定权利，但女制衣师们要真正和那些男裁缝们享受同样的成功和地位还要等到几十年以后。

一方面来说，服装绝对是女裁缝们的业务领域。服装上那种看不见缝隙的缝纫结构和女裁缝们微弱的存在感似乎恰好构成了一种比喻关系，事实也的确如此，因为女裁缝们一般都在家里或者公众视线之外的工作室中工作。另一方面来说，能让人显得精神奕奕、看起来耳目一新的服装又是属于女装店经营者的业务领域，因为她们时常经营着显眼又生意兴隆的服装店。女裁缝和女装店经营者在服装行业的阶层中占据着不同的地位；在18世纪末和19世纪初，女装店经营者的影响力更为巨大，也有着更高的社会认可度。

然而在一些文化想象之中，女裁缝和女装店经营者都是一些道德败坏的女性。她们的工作室经常被描绘成一种放纵的空间，在这里经常纵容、放任着不同性别和阶级的混合，就像1826年莫尼耶（Monnier）的插画中所表现的那样（图2.2），画的中间粗略勾勒出一个穿着典型19世纪初服饰的女裁缝，她明显在盯着画面前方的两个胡闹的男子，旁边一个戴着高帽的男士正在与一名女性交谈——也可能是在交易——女子的身份可以从其衣着和发型轻松判断出来。

图中最右边那个穿粉红色衣服的年轻、娴静的姑娘似乎正在全神贯注地做针线活，她也可能是个情妇吗？工作室和妓院在此出现了一种肉眼可见的近似性，这幅画显示了这两个空间在整个19世纪中不断重复的联系。

虽然女裁缝和女制衣师从事了很大一部分女性服装的设计和制作工作，但

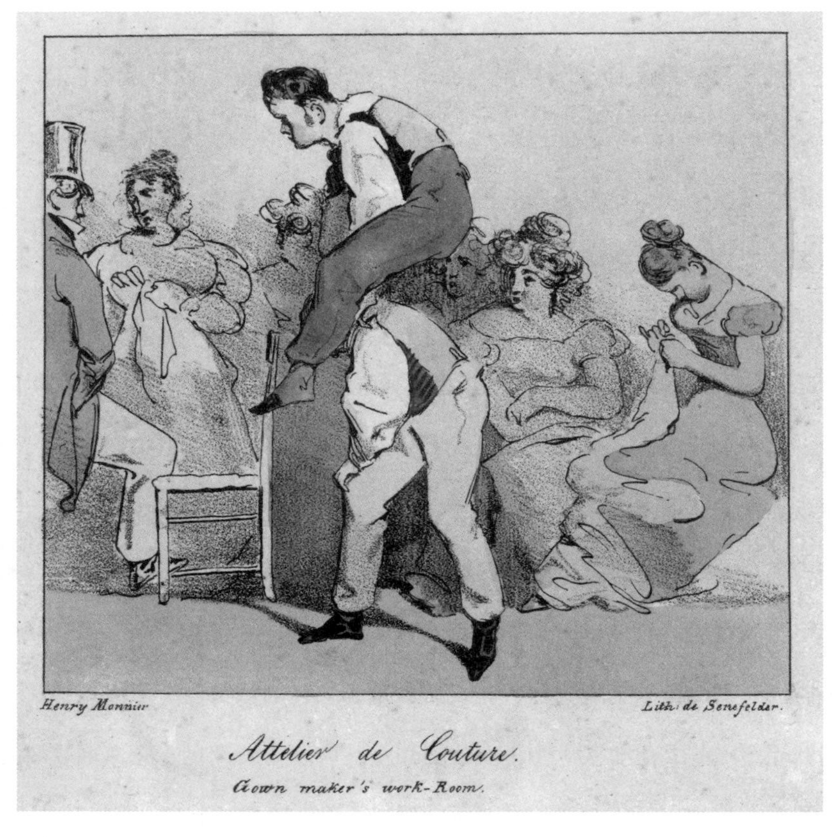

图 2.2 制作长袍的工作室（Atelier de Couture），亨利・莫尼尔，1826 年。

当时在服装这个领域仍然是由男性主导的。从 18 世纪末开始，法国的服装设计、制作受到了英国工业革命的深刻影响，服装的标准化开始于男装，这是走向机械化、规模化生产的第一步。正如格林（Green）所描述的，服装的标准化生产首先出现在 19 世纪 20 年代的美国，当时裁缝们“开始利用他们的空闲时间提前为水手们制作衣服”，之后标准化生产于 19 世纪 30—40 年代传入法国，人们开始在车间批量生产军服。[17] 法国大革命之后，资产阶级价值观的影响力越来越大，促使黑色西装崛起，并且这一所谓的“男性时尚大弃绝”时代一直延续到今天。[18] 女式成衣的出现则相对要晚得多，19 世纪 70 年代才有女式成衣外套出现；不过到 19 世纪末，成衣就已经成为女性服装的标准选择了。

某些女装裁缝在 19 世纪早期成为名人：罗丝·贝尔坦最初是为法国王后玛丽·安托瓦内特提供服务的女装店经营者，后来成为王后的御用女装裁缝，并在法国大革命之后继续为贵族们服务。路易·希波吕特·勒罗伊（Louis Hippolyte Leroy）曾做过拿破仑的宫廷制衣师；维克多琳（Victorine）和帕尔米尔（Palmire）则是奥尔良王朝时期（1830—1838 年）的宫廷制衣师，她们经常出现在各种时尚文章中，这使得这些知名女装裁缝截然不同于那个时代许多默默无闻的女制衣师。[19] 普通的女制衣师和女装店经营者一样，她们需要从学徒开始做起，默默积累名声——维克多琳曾在勒罗伊手下做过学徒，并在后来成为帕尔米尔及其他一些女制衣师的师父。[20] 女裁缝们的手艺和知识以一种几乎完整的谱系结构被传承下来，[21] 学习这些技能的过程中，年轻学徒可以在工作室一步步晋升：从送货女工到小手（petites mains，字面意思是“小手”，指手工匠人）、负责缝补与打磨工艺的低等级工人，最终有可能晋升为副裁缝（seconde）甚至首席裁缝。

在早期的时尚广告形式之中有一种时装娃娃（一种穿戴齐全的时尚玩偶，有的为真人大小），这些娃娃会被送到欧洲各地的贵族客户手里，然后客户们可以根据喜好订购这些玩偶身上的时装款式。随着时尚杂志的激增，这种时装娃娃变得过时了，这时候一些著名制衣师和裁缝的名字开始出现在时尚杂志上，杂志用彩色插图来展示他们的时尚作品，并用文字描述和说明来向狂热的消费者们推介。不仅如此，文学作品也给这些制衣师和裁缝带来了宣传效应，比如在巴尔扎克的小说中，英雄卢西安·德·鲁比普雷身着的服装竟然是由著名裁缝斯托布（Staub）——巴尔扎克自己的御用裁缝——设计的！[22]同样地，尽管彼时沃思在法国乃至整个欧洲及美国的风头都一时无二，但菲利普·佩罗特（Philippe Perrot）提醒我们，“像罗杰夫人、拉菲尔夫人……以及米莱·费利西和劳尔小姐，还有维罗夫人、雷博特夫人和布劳德夫人这些顶级女裁缝们同样也是声名在外的”。[23]在这样一个资产阶级财富不断增长、社会流动性不断增强的文化环境中，目所能见的展示对于确立一个人的社会地位变得越来越重要——拥有一位时尚裁缝可以确保一个人在社交场合里占据优势，类似的细节描写在巴尔扎克的小说《高老头》（1835年）和左拉的小说《拉库雷》（*La Curée*，1871年）中都出现过。

可能正是因为掌握着这种特殊的社会权力，裁缝们经常受到大众媒体的嘲讽，就像霍诺尔·杜米埃（Honoré Daumier）于1835年在漫画中所描绘的那样（图2.3）。据推测，画中这个裁缝的名字可能是“瓦特科曼（Wahaterkermann）”或者“皮鲁曼（Pikprunman）”，这可能是对当时法国最著名的两位裁缝——斯托布和休曼（Humann）的讽刺，这些裁缝的炙手可热启发了路易斯·华特（Louis Huart）于1841年出版的《裁缝的生理学》（*Physiologie du Tailleur*）一书的创作灵感，书中既含有嘲讽热情高涨的服装消费者的意味，又讽刺了为他们提供服务的那些人。回到这幅画，画中的裁缝一只手抓着一捆料子，另一只空着的手则非常大，这可能说明有一双大手方便使用剪刀对他的职业来说是非常重要的。下面的文字说明显示，虽然这个裁缝能够独立裁剪出最时髦的服装，却缺乏中产阶级应有的品味和行为举止，因为他的帽子和靴子跟他浮夸的西装完全不搭。[24]

19世纪中期，随着大型时装商店的不断开设，之前的家长式行会以一

图 2.3 《那个裁缝》(*Le Tailleur*，法语)，霍诺尔·杜米埃绘制，1835 年。©The Trustees of the British Museum.

种变体的形式再次出现，因为19世纪的时装工作室在性别分隔上和早期的行会体系很相似。在19世纪后半叶，男服装设计师或者说高级女装设计师（couturiers）主导了高级时装领域，这些男服装设计师取代了之前处于行业顶端的女造衣师们，他们雇用了大量女裁缝和其他裁缝、工人，根据当时的报道资料，截至1871年，沃思的公司雇用了近1 200名女裁缝和工人。[25]正如左拉于1883年出版的小说《妇女乐园》（*Au Bonheur des Dames*）中描绘的那些男女售货员一样，他们靠着销售提成工作，在等级森严的工作环境中艰难地试图向上爬升。除了这些销售人员，百货公司还会“雇佣数百名女裁缝”，她们“没有任何员工福利，比如免费住宿或医疗什么的”。[26]在谈及高级时装的崛起、19世纪的时装设计者以及塑造时尚的现代性空间这些话题之前，让我们先看看两种特殊的时装工作者，他们是19世纪早期社会和文化环境的产物和典型代表——同时也是我们刚讨论过的裁缝（tailors）及女裁缝（seamstresses）的“近亲”。

女装店经营者与布料师

时尚行业的销售员和其他工作者在那些把稳定等级视为理想的社会群体中激起了一种文化焦虑，因为这些工作者距离时尚很近——而时尚是个能够重塑身份的神奇之物。正如前面那幅杜米埃的漫画所揭示的那样，在帮助崛起中的小资产阶级向上攀爬的同时，时尚工作者自身也是“社会阶级的攀爬者”，在视觉和文本文化之中，19世纪时装工作者的形象呈现出各种各样的象征形式，他们往往既富有魅力又令人反感——这是一个悖论，使得人们不由联想起时尚之罪，以及时尚与奢侈和贪婪一直以来的联系。

女装店经营者出现于18世纪末，此时长期以来受到法律限制的女裁缝行会终于获得了能和男性裁缝行会分庭抗礼的一席之地，也有了一定程度的自主权力。[27] 女裁缝从事裁缝工作的范围得以不断扩大，社会地位也不断提升。这促使其他的时尚工作者也开始蠢蠢欲动并尝试在自己的领域进行拓展，尤其是作为服装师先驱者的时尚商人（marchandes de modes），她们“从中世纪布商行会的阴影中走了出来，并迅速在商业地位和名声上盖过了女裁缝”。[28] 时尚商人的生意一开始是通过合理地运用蕾丝点缀、服装搭配和其他配饰来把这些女裁缝们的产品调整出整套时髦的穿搭组合出售，到了1776年，这些时尚商人在法国获得了合法地位，并且能够“制造女装而不再仅仅是装饰它们了”，这使得时尚商人开始能够掌控时尚的潮流，地位和知名度也因此提高了。[29] 决定服饰面料、版型、配饰等要素的权力从客户身上转移到了设计师/造型师的身上——比如沃思，以及后来被称为“时尚独裁者”的嘉柏丽尔·香奈儿（Gabrielle Chanel）——这些为著名（贵族）客户服务的明星设计师因此被赋予了权力，传统的权力关系在此发生了改变，并最终为19世纪后期高级女装设计师的出现奠定了基础。

尽管这个群体中也曾出现过罗丝·贝尔坦这样的名人，但关于时尚商人的发展谱系仍然存在诸多疑问，这在某种程度上反映了人们对这个形象在19世纪演变为女装店经营者或收缩经营范围变成女帽制造商的持续困惑。詹妮弗·琼斯(Jennifer Jones)评论道:“时尚商人出身的混乱不清能说明一些问题，这可能意味着，那些19世纪最为出众的时尚女商人是崛起于法规的缝隙之中的。”[30] 出身、地位和所从事工作的模糊性导致了围绕19世纪后期女装店经营者概念的更普遍的不确定性，并为其创造了一个充满想象力的神话空间。[31]

一开始女装店经营者和时尚商人一样，在时尚产业之中不甚显眼。但女装店经营者在服装制作上一直与时俱进，除了保留部分封建时期的奢华风格，在服装创作上她们还结合了新的时尚潮流，使得作品在真正意义上体现了时尚之中“新旧兼收”的矛盾机制。女装店经营者在消费者和生产者之间形成了一层联结，她们紧紧跟随着时尚潮流并同时进行推广，就像这幅 19 世纪 20 年代的流行画里展示的一样，画里几个穿着时尚、体态风骚的服装师一边剪裁着衣服，一边做着生意。（图 2.4）

女装店经营者的相关元素在这幅画中大量出现：写着店主名字“弗洛尔”

图 2.4 《时装商人》（*La Marchande de Modes*），J.J. 沙隆（J.J.Chalon），1822 年。

的标牌；一摞一摞的帽盒（cartons），这些都暗示着奢侈的消费；两个坐着的女装店经营者头戴用羽毛、花朵、蕾丝等装饰的头饰，系着传统的黑围裙，身后的墙上挂满装饰华丽的女帽（bonnet）。在画面的右下角，忙着干活的服装师膝盖上放着的是一个马罗泰（marotte）——或者叫头模，这是一种用于制作帽子的工具，这个马罗泰光秃着头，还涂着口红，诡异、狡猾的目光似乎在模仿旁边那位戴着顶帽的绅士。画中这位绅士透过目镜仔细端详的对象似乎并不是身旁女伴喜爱的精致女帽，而是正在忙着做生意的漂亮的女装店经营者。与消费相关的情色在这个复杂的凝视网络之中展现出来，实际上，购物和性早已成为时尚视觉词汇的一部分，尤其是女装店经营者，身为劳动者或者销售员，她们经常需要抛头露脸，这种可见性使得这个群体更容易被人们将之与妓女联系在一起。

如图 2.4 所示，服装师的工作室兼有商店的功能，这使得工作空间和市场空间有一种互换关系，服装师也因此被置于多重身份、空间和功能之中，如此一来，这种阈限增加了其被神话的可能性。罗奇（Roche）进一步发掘了服装师的历史使命，他指出，服装师使得时尚这个概念越发成了介于新趋势和旧品味之间的复杂舞蹈，是一种“人为的胜利”，[32] 并且正如这幅 19 世纪 30 年代的漫画所展现的那样（图 2.5），时尚也同样是一种销售艺术。

弗雷德里克·布绍（Frédéric Bouchot）笔下的这位时尚商人正穿戴着她的商品——围巾、不协调的布料、大小不合适的手套、帽子、包等，每件商品上都挂着一个价格标签。通过这种方式，这位女性时尚商人确实展现了成衣消费产品的丰富性，却也着实与优雅无甚相干。她所展现出的完全是一个商品化了的形象，而这种文化滑坡也成为 19 世纪女装店经营者和其他女性时尚工作

图 2.5 《时装商人》，弗雷德里克·布绍，1815—1850 年。Courtesy of The Lewis Walpole Library, Yale University.

者的一个代表性特征。

在整个 19 世纪，女装店经营者的形象都充满了一种道德上的含混：这个角色身上一方面隐含着对工作女性私生活混乱的文化恐惧，另一方面带有对其创造美丽的神奇能力的迷恋，服装师的职业工具——帽针、头模、帽子和礼帽盒——这些元素被多次用来讽刺、挑战社会和性别秩序为其指定的角色。到19世纪末，女装店经营者又成为印象派绘画中用来喻指卖淫女和生活困苦的女性工作者的一个常用形象。[33]20世纪初和之后的几十年里，工作于巴黎的时装工作室的那些女性时尚工作者们的职业源头也可以追溯到18世纪末和19世纪的女装店经营者——这些人的形象始终在天真无邪与风骚老练、专业熟练与独身不嫁、全心侍婚与投身工作等概念之间游离不定。

女装店经营者的出现和神话标志着僵化已久的旧时尚向富有流动性的现代性的转变，这些人无疑是熟练掌握生产和销售技艺并且高度性别化的时尚工作者，而这一时期的另外一个角色——布料师则是女装店经营者的异性对应。布料师出现于19世纪初的法国，作为底层的时尚产品销售员，他们早已出现在文学作品和漫画之中，是时常诱惑女性的、失败的、“阶级攀爬者”的形象。当服装师已然处于服装行业地位的高点时，布料师只能算是裁缝的“穷亲戚”。

布料师是布料商的助手，在布料店从事销售工作而非服装制作工作。一般来说，布料商会将针头线脑和一码一码的布料卖给客户，客户再将未经裁剪的布料交给裁缝或者制衣师进行设计和制作咨询。随着设计师地位的提升以及百货公司的崛起，这个多环节的服装置办过程发生了巨大的变化，很多“中间商”被排除掉了。

女装店经营者在19世纪的法国社会里被妖魔化为一群为了获得潜在的（通过时尚）提升社会等级的机会而作风放荡、随意的女性，在这一点上，布料师也有些类似之处。布料师同样展现了19世纪法国社会的阶级焦虑，因为在其形象之中交织着男性（商业）流动性和女性（消费）欲望。在18世纪，即使是男裁缝还在为女性做衣服的时候，他们也已经被人们认为很“娘娘腔”了，这种观念可以说是男性关于接受其他男性对自己妻子、女儿的注视和触碰的一种应对机制，或者说一种“文化镇压”，“一种特殊的亲密感，一种弥漫的情色意味在这些商店中飘动，因为裁缝可以注视并触摸顾客的身体”。[34]

围绕布料师的视觉文化将这种女性化推到了极端。图中布料师着装浮夸，烫着卷曲的头发，梳着自恋的小胡子并身着定制的外套，鞋子上夸张的马刺暗示着其和皇家军团的关系（实际上是假的）。这些人经常被嘲讽，因为他们不但工作总是出差错，还经常引诱女性又时常失败。（图 2.6）

图 2.6　布料师正在“履行职能”，1826—1830 年。Bibliothèque nationale de France.

图片标题中所“履行”的笨拙的“职能”又叫“展卖”，即在商店外面摆上布料以展示可以从店里面买到的商品。在人行道出现之前，商店工作人员习惯将商品陈列在店铺橱窗中与视线齐平的位置。图上这个布料师并不是个老练的引诱者，他靴子上的马刺勾住了女服务员的裙子，撩起的裙子暴露出这名女服务的下半身，这和“展卖”形成了双关。尽管可能是粗心大意，但这位炫耀着军人般的英武但其实又很娘娘腔的布料师仍然有可能威胁年轻女子的德行（哪怕是对劳动阶级的女子），并会因此制造混乱。[35] 这位布料师漫不经心地打着哈欠，拙劣地假装自己是一名骑士，这显示他其实不过是个骗子。

19 世纪头几十年的布料师正是因在布料店的柜台上大量出售的布料而得名，他们直接接触女性客户，为了促销他们装扮浮夸，这使得他们有一种虚荣而自负的形象。在布料师最终演化为百货公司的售货员后，这些人还是时不时地被称作“布料师”，他们在杂耍剧和杂志里经常被讽刺，这不仅因为其工作性质，还源于他们有着逢场作戏、引诱女性客户的坏名声。对布料师的解读应该同女装店经营者一道，因为这两种角色同样都可能与情色交易有着密切的关系。同女装店经营者一样，在大众想象中，布料师的形象也时常与崛起的商人群体和不受约束的性行为混为一谈，就像 19 世纪 80 年代左拉笔下最著名的两部小说《家常事》（*Pot-Bouill*）和《妇女乐园》（*Au Bonheur des Dames*）的重要角色奥克塔夫·穆雷所体现的那样。左拉这些著作详细描述了 19 世纪中叶从精品店和花哨的小商品店再到百货公司的商场转型，尤其是其中的乐蓬马歇百货，小说对这座百货商场建立和扩展的过程的描绘，至今仍是对这个时尚转型时期的历史考察中最为详尽的图景之一。[36]

高级定制时装的发明

在时尚设计师与高级定制时装（haute couture）崛起的过程中，“查尔斯·弗雷德里克·沃思”绝对是最常被提及的名字。尽管在他之前肯定已经有一些其他的著名设计师或者裁缝存在了，可真正能和他相提并论的设计师（无论男女）要到19世纪下半叶才出现，并且在所有这些人中沃思仍然是最有影响力和最知名的。这可能是因为他与法兰西第二帝国宫廷的关系密切，这使得他有机会打开其他欧洲国家宫廷的大门，而他的英国血统则使他能够打入英语系国家的市场，并最终吸引那些富有的美国“大游客”。沃思被认为是时装之父，他引领了诸多时尚领域的创新。虽然从定义上讲，高级定制时装是一门追求时尚创造、充满差异和独特性的精英生意，但沃思的很多创新与大众文化和百货公司有关。

1845年沃思就从英格兰本土移民到巴黎，所以从根上来说他是个巴黎布料师。最开始他在加吉林·奥比吉纺织公司（Gagelin and Opigez）工作，这家公司的招牌产品是披肩布，在这里沃思遇到了他的缪斯——未来的妻子玛丽·韦尔内（Marie Vernet），她当时是一名为顾客展示外套和披肩的女装模特。[37]如图2.7所示，这幅时尚插画上前方的衣盒上印着“加吉林”的字样，加吉林·奥比吉纺织公司这类服装商店是最早开始量化生产女装的店铺，它们对产品并不追求完全精确的合身尺寸，还提供服装修改服务，而且顾客在店里等等就能取，沃思的发迹正是始于这家公司。到了19世纪50年代早期，他已经是加吉林·奥比吉纺织公司服装制作部门的核心人物，并发起了如安妮·霍兰德（Anne Hollander）所称的“激进服装改革”，此时距离女式成衣

图 2.7 时尚插画，“苏珊娜、冈萨尔夫、玛古丽特、芬蒂、齐尔达”，《女士日报》（*Journal des Demoiselles*），1859 年 5 月。©Victoria and Albert Museum, London.

服装正式形成的 19 世纪末期还有一段时间。[38]1857—1858 年，沃思与瑞典裁缝奥托·博伯格（Otto Bobergh）在巴黎和平街合作，开始做起了自己的生意。凭着在加吉林·奥比吉纺织公司积累下来的布商人脉以及对面料、颜色和设计的独到理解，沃思开启了一种全新的生意模式：他“为客户提供一切——包括构思、面料、细节，以及成品”。[39]

和之前的罗丝·贝尔坦一样，沃思不只是个裁缝，他还是一个形象塑造者，通过推销自己的个人品味和创造力，他把自己打造为 19 世纪中后期最顶级的时尚潮流引领者。当时任驻法维也纳外交官的妻子、性格古怪的巴黎社交名媛波琳·德·梅特涅公主（Princess Pauline de Metternich）成为他的客户后，沃思迎来了人生的重要转折点，这位名媛把他引荐给了欧仁妮皇后

(Empress Eugénie)。波琳公主和欧仁妮皇后随后将不少欧洲宫廷中的女性以及后来希望在欧洲贵族圈中确立地位的富有美国实业家的妻子们都介绍给了他。

沃思非常喜欢服装史，并且对各种面料知识相当熟悉，这对其设计产生了深远影响。在服装设计中，他充分利用了各种新面料，诸如飘逸的薄纱以及里昂丝绸工厂生产的有图案的丝绸，这些面料可以用于制作覆盖在宽大的克里诺林裙撑上的波浪状荷叶边褶裙。在他的设计理念中，早期君主统治时期那种宏伟、奢华的风格被着重体现，这恰如其分地表达出拿破仑第二帝国[2]的价值取向。[40] 沃思华丽的宫廷设计在19世纪五六十年代那巨大的克里诺林裙撑上闪闪发亮，展现着那些穿着它们的女士的富有、精致，同时也体现了整个王朝的宏伟壮丽。尽管弗兰兹-克萨维尔·温特哈尔特（Franz-Xaver Winterhalter）的画作《被侍女服侍着的欧仁妮皇后》（*The Empress Eugénie by Her Ladies in Waiting*，1855年）创作于1858年沃思的店铺开业之前，但这幅画作所展现的服装风格和审美使沃思名声大振，在此，两位杰出的艺术家服务于同一位尊贵的客户(欧仁妮皇后)，并从中大为受益。(图2.8)

具有讽刺意味的是，在那些透明的薄纱、柔和的丝绸、天鹅绒一样的缎带和蛛丝般的蕾丝花边——这些质地脆弱的料子是19世纪女性气质的理想元素在服装中的反映，如白皙、柔滑的皮肤，流畅的线条，以及精致——之下，隐藏着的却是支撑这些面料的钢铁笼子。虽然用“鲸须、藤条和充气的印度橡胶管”制作裙撑的技术已经很成熟，但“由覆盖布料的钢弹簧”制成的克里

[2] 拿破仑三世时期成立了法兰西第二帝国，这一时期流行的主权回归宫廷使得新古典主义再次焕发出新生机，并伴随着工业革命及资本主义的发展形成了独特的时尚风格。
——译注

图 2.8 《被侍女服侍着的欧仁妮皇后》插图，弗兰兹 – 克萨维尔 · 温特哈尔特，1855 年。Photo by Buyenlarge/Getty Images.

诺林裙撑能够“为 19 世纪中期的巨大裙摆提供最轻的支撑”。[41] 克里诺林裙撑的巨大尺寸使得穿着它们的女性经常被讽刺，即使这些裙撑支撑着里昂和其他一些地方的相关产业，养活了大量劳动者。这幅 1859 年的漫画《克里诺曼尼》（*la Crinonomanie*）描绘了一辆马车的内部，其中可以看到克里诺林裙撑的夸张尺寸，并且暗示裙子的轻微摇摆可能会让女士露出娇嫩的脚或脚踝；当然，这张图画也揭示了这种宽大蓬松效果背后的结构机制，可以看到“笼子”已经从两位女士的荷叶边裙下露了出来。（图 2.9）

女士们似乎对自己过于臃肿的衣服视若无睹，而中间那位女士平静的表情似乎掩盖了她穿着这样一件衣服坐在公共交通工具上的困难。[42] 图上没有提及的是，很多死于失火的女性正是因为其宽大臃肿的裙子无意间碰到了火苗或者

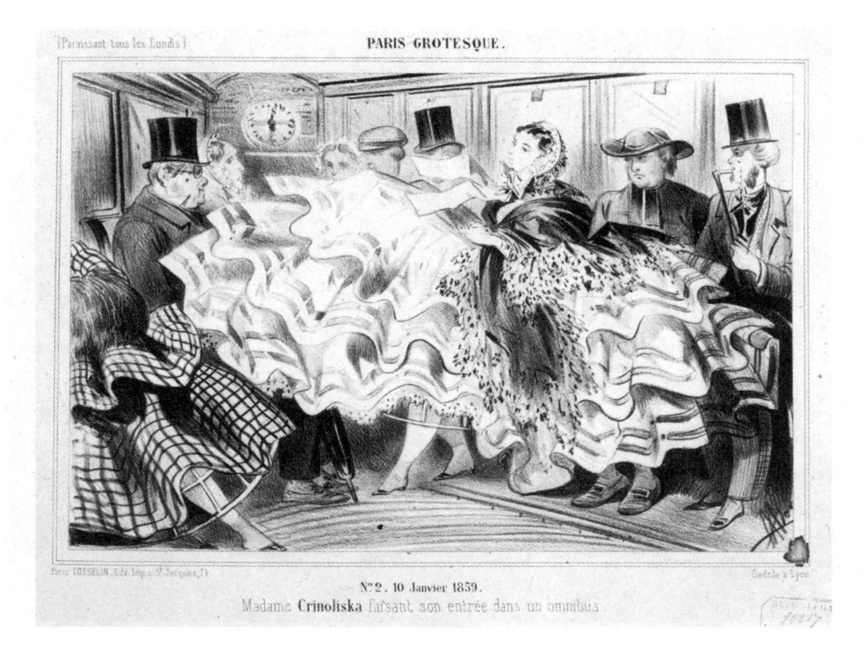

图 2.9　1859 年的巴黎百态。©Musée Carnavalet/Roger-Viollet/TopFoto.

燃着的蜡烛，由于没法自己处理，身上着火的女士会赶紧站起来，而火焰接触到“克里诺林裙撑下的空气”会越烧越旺。[43]

一般认为，沃思在 19 世纪六七十年代改变了女性的服饰轮廓，首先是对钟形克里诺林裙撑的重新塑造，其次则是发明了巴斯尔裙撑（图 2.10）。但更为重要的是，他对时尚行业的深刻理解、对时尚周期的利用，以及他与贵族的关系和国际声誉，给了他争取富有、引领潮流的高端客户的底气，让他成为当时最知名的时装设计师。

在沃思的两个儿子的领导下，沃思时装屋这个品牌得以延续到 20 世纪，这不仅得益于沃思在创造力方面的声誉以及他与欧美国家富裕阶层的关系，还与他的商业推广模式有关。沃思［后来是他儿子让 - 菲利普（Jean-Philippe）］

图 2.10 《哈珀集市》，A. 山度士，1892 年，第 25 卷，第 1 期，15 号。Photo: Steven Taylor, private collection.

设计好的服装由员工制作出来，由模特在展示厅中展示，然后女装店经营者和造衣师会购买这些样品并在自己的工作室和店铺中进行复制。沃思的设计还会通过时尚插画来传播，有很多插画是沃思委托安东尼·桑多兹（Antoine Sandoz）创作的，这些插画随时尚杂志在全球发行。通过这种方式，沃思设计的样式很容易被复制并进行销售。在沃思设计的服装样式中许多部分是可替换的，制衣师可以混合搭配不同的元素来创造新的设计。

很多家庭早就通过时尚杂志来获取服装样式，可以说，缝纫样式和时尚刊物的历史紧密相连。凯文·塞利格曼（Kevin Seligman）认为时尚样式最早就是在18世纪末快速发展的法国时尚刊物上展示并通过邮寄来买卖的。[44] 19世纪的很多时尚杂志，包括创办于1833年的《少女杂志》（*Journal des Demoiselles*），都向年轻女性提供道德准则和时尚潮流指导并刊登相应服装样式，这样读者就可以自己购买布料或者找服装师（如果她们不会自己在家做的话）来制作巴黎街头正时兴的服装款式。沃思正是利用了这种状况——他没有抵制自己的设计被传播和复制，而是欣然接受。

沃思积极投身于时尚产业化，尽管他还是努力塑造着自己作为高级艺术家的身份——沃思为单独的客户设计单独的服装。从展厅里的现场模特、新系列的造型展示、早期时装秀、现场裁剪、成批生产的服装部件——如袖子和胸衣这种可以替换的部件——到服装样式和样衣的制作与分销，沃思的事业已经与成衣，或者更广泛一点说，与时尚产业化紧密联系在了一起，尽管他自身与和成衣产业完全背道而驰的高级时装关联紧密。如佩罗特所指出的，最初正是迅速发展的成衣行业激发了沃思的现代进步创举，比如“从制造商处直接购买，销售布料，然后制作一批样衣”。[45] 沃思的创新实际上揭示了服装设计师的工作在结构上与百货公司的相似之处，百货公司并非在19世纪50年代中期突然出现的，而是从19世纪头几十年的专卖店慢慢演变而来的。

时尚空间

早期的公共购物场所，如因本雅明对19世纪巴黎的经典描绘而闻名于世的“拱廊”，开始将消费行为从“宫廷式消费的封闭模式”转变为一种充满景观和流动性的资本主义模式，罗莎琳德·威廉姆斯（Rosalind Williams）称之为“大众消费的梦幻世界”。[46]

“这些拱廊是奢侈品交易的中心”，时新服饰用品商店（magasins de nouveautés）最早出现于波旁王朝复辟时期（1814—1830年），并在七月王朝时期（1830—1848年）蓬勃发展，这主要是因为纺织业的发展和商品种类的增加，于是商店开始“在屋内”存放货品。[47]另外一个早期的消费空间是成立于1802年的圣殿市场（Temple Market），其功能是给巴黎那些四处闲逛的小“太妹”们提供一个固定的场所（大概是想让她们不要再在街上乱晃）；其对“资产阶级服饰的销售”也做出了贡献，尽管只是比较基础的贡献（图2.11）。[48]

商人们在圣殿市场向工薪阶层的消费者们出售二手服饰成衣。虽然圣殿市场一直存续到20世纪，但随着百货公司的复兴和崛起以及新的成衣行业不断发展，最终导致圣殿市场的消失。[49]其他类型的二手服装市场在19世纪中期之前也已存在，一些二手服装商还会“囤积造衣师和裁缝不需要了的服饰部件样品”，[50]更早在18世纪晚期，那些如同技艺高超的造型师和裁缝的女装店经

图 2.11 圣殿市场。Photo: Steven Taylor, private collection.

营者就开始把那些服饰部件——“衬裙、镶边、缎带、褶边、荷叶边和紧身胸衣”——搭配成整套服装来出售了。[51]

在当时，许多被认为来自 20 世纪中叶百货公司的商业创新实际上已经在圣殿市场的不少店铺中有所实践，这些店铺由最初的布料商和毛料商的铺子演变而来。商人们增加了现成的商品进行多样化经营，他们会在门上布置精致的陈列来吸引顾客，并在商品上张贴固定的、可见的价格标签。其中一家纺织品商店“美丽女园丁（La Belle Jardiniere)”于 1824 年在圣殿市场建立，这家通过“同时裁剪几层布”使布料切割流程化，从而实践了一种早期的大规模生产形式；同时，人们可以在货品上找到固定的价格标签——这点被认为是百货公司的一个重大商业创举。[52]

然而，百货公司最伟大的却也是最简单的创新之处在于消除了大量中间商，“产品和顾客”因此集中到同一个巨大的屋檐下。[53] 同时，对规模、速度和消费环境的注重使得一系列商业实践转变为可能，百货公司创造了冲动购物和休闲购物的概念，大批新的购物者开始涌入其中。在百货公司，退货是可行的，信用消费也是可行的，同时还提供成衣；百货公司会通过提成来激励销售人员；季节性促销和定期优惠开始出现；商品全部明码标价；任何阶层的人都可以进入商场并立马将商品买到手；买到的商品可送货到家，也可以邮寄。如图 2.12 所示，和平百货公司（Grands Magasins de la Paix）的广告海报清楚展现了这家百货公司的巨大规模，也显示出“时新”的概念是如何适用于“大商场（grand magasin）”的——这个词（grand magasin）在大楼周边以黑

图 2.12 《和平百货公司》，朱尔斯·切莱特，1875 年。Bibliothèque nationale de France.

色大字的形式出现了好几次。

海报上，挂着和平百货公司名字的马车在街道上经过，往城市各处运送着货物，而其他车辆，可能是出租车，在外面排队等待和接载购物者：流动和循环充斥着整个场景。人行道上人潮涌动，人们熙熙攘攘地挤进百货公司，有人张望着巨大的玻璃橱窗里的等身尺寸的模特。庞大的结构与四处走动的微小人影的对比强调着建筑规模的巨大，对于商品的文字描述也充分展现了货物的丰富多样。透过巨大的窗户，我们可以辨认出里面各式各样的商品：蕾丝和丝线、围巾和领带、西装、布料、刺绣、棉制品和亚麻制品，以及婚礼用的篮子等。巨大的建筑甚至延伸到了画面之外，观者看不到商场的另一侧，不难让人遐想海报场景之外商场的无限延伸，这也毫无疑问地体现了商场中的商品何其丰富多样。

大众化——无论是商品本身还是空间的准入——是一系列结构关系变化的结果，其中一个矛盾点就是因“奥斯曼化”[3]而开放的城市空间。奥斯曼男爵（Baron Haussmann）对巴黎街道和建筑的改造带来了区域的士绅化，可在某些方面也造成了相反的效果，因为奥斯曼化同时也吸纳了更多低收入人群进入大都会的购物中心，这些人因此获得了更多的社会优势。蒸汽机的发明将更多的游客和商品带入了城市空间，公共汽车的出现使得人们可以在城市中快速穿梭，购物开始不局限于近距离的邻里空间之中。百货公司可以向各个社会阶层推销他们的商品，并以打折的方式销售时尚，同时还能够从巴黎

[3] 第二帝国时期拿破仑三世任命了奥斯曼男爵主持推进巴黎的改造工程，这次长达 17 年的改造对巴黎的城市风貌产生了极为深远的影响，并奠定了时至今日巴黎的现代化城市雏形。——译注

外的工厂大批量购买商品，然后利用渠道快速周转。巴黎百货公司（Parisian department store）以及后来的其他百货公司都是这种规模发展的产物：其空间本身比以前任何一家时装商店都宏伟得多，用来吸引人们观赏，便于人群流动。在奥斯曼男爵的推动下，巴黎街道和人行道被拓宽，玻璃窗因此与广告牌、商品目录、报纸和时尚杂志上的广告并驾齐驱，成了一种重要的宣传工具。同时，空间的扩大促进了商品规模和顾客数量的增加——商场可以展示大量商品，可以容纳成群的购物者，而且由于商品规模和购物者数量的巨大体量，商场运营的边际成本可以保持在较低的水平，但要真正发挥“大商场”的大规模商业模式潜能（这需要大量客户来维持高周转），在商场之外定期进行宣传、打广告变得至关重要。

时尚的虚拟市场

19 世纪插图时尚杂志以指数级的速度扩张着，尤其在 19 世纪后半叶，其功能几乎相当于一家虚拟的百货公司——一个用于商品展示、打广告和虚拟消费的场所。在这里，时尚作家们讲述和传播着品味知识，他们中的许多人经常通过匿名测评推广来增加他们的威望和读者对其的熟知度。作为重要的品味奠基者，这些专栏作家培训着女性的消费行为，引导她们学会享誉世界的法式优雅，并借此树立一些时装店、工作室和商店的声誉。这些人实实在在地将时尚营销和推广给大众，他们对时尚系统的创建有着突出的贡献。

流行杂志《少女》（*Journal des Demoiselles*，1833—1996 年）创办的头二十年里，珍妮·杰奎琳·福奎奥·普西（Jeanne Jacqueline Fouqueau de

Pussy）一直担任这一杂志的主编和时尚记者，并签约了自己的专栏。[54] 她在一个固定专栏中化名为时髦的、受人尊敬的巴黎“小资”德米塞勒，向其外省读者介绍法国首都的最新潮流和店铺，专栏所介绍的时尚内容其品味水准远超出了普通资产阶级的认知范畴，巴黎与外省遥远的距离也让读者们难以直接买到这些东西。通过这种专栏的方式，她的时尚品味在整个法国流传开来，这份杂志的每一期都包含一个服装的样式，如此外省读者可以自己制作这些服装。同样地，广受欢迎、发行国际的图片杂志《家庭日记》（*La Mode illustrée: Journal de la famille*，1860—1937 年）的主编和时尚作家艾梅琳·雷蒙德（Emmeline Raymond）也在其名为“描述礼服”的专栏中宣传推广一些时装店、其他商店和设计师，她的那些描述性文字间往往还辅以色彩丰富的插图，如图 2.13 所示，图片里展现的是一家生产时装的商店的场景。

拉博因夫人（Mes demoiselles Rabouin）于巴黎香榭丽大街 67 号创办了《雷蒙德的服装指南》（*Raymond' s description of the outfits*），该杂志会刊登对服装图片的文字描述，并由工作室和时装店进行认证。这本杂志的广泛流行表明读者对服装布料、形状、衬裙和装饰细节等知识的需求：那些没有住在巴黎或负担不起拉博因夫人服务的读者可以将这些描述转述给当地女裁缝，然后由女裁缝根据描述来仿制类似的服装。与 19 世纪的许多时尚记者一样，《雷蒙德的服装指南》成功地向资产阶级推销了时尚，资产阶级渴望获得优雅的文化资本，同时又希望保持良好的道德品格和家庭关系。这样来看，这些时尚作家是时尚潮流的仲裁者，也是精明的消费创造者。

图 2.13 《时尚画报》，1865 年 8 月 13 日，星期日，第 33 期，260-261 页。Archives & Special Collections Library, Vassar College.

结　语

在“美好年代”以及 20 世纪初，成衣制造得到迅速发展，大批女工涌入巴黎的时装店工作。和前辈沃思一样，香奈儿继承了时尚“独裁者”的衣钵，却开创了一种截然不同的风格，其最突出的特点是拒绝使用束身胸衣，并大量采用针织面料和男装元素。[55] 按照现在大家熟悉的方式来说，香奈儿一开始是一位普通女帽商，并在其漫长的职业生涯中慢慢上升，并最终两次登上时尚之巅，成为 20 世纪优雅风度的代表性人物。

19 世纪时尚生产和销售的剧烈革命——缝纫机的发明、女性进入劳动者行列、成衣时装大发展、现代交通取得重大进步、百货公司出现，以及通过各种途径进行传播的信息和商品——从根本上改变了 19 世纪中期由早些时候的贵族宫廷服饰演变而来的精英高级时装世界。时尚的大众化将在 20 世纪完全实现，这带来了更为广泛的时尚体验和更加低廉的购物花销，但也延续了许多早期小手工业者所经历的不公。时至今天，极为亲民的时尚产业为欲求不满的消费者们大量生产着各种各样的服装，而这一状况实际可以追根溯源到 19 世纪。消费者与生产者之间的遥远距离，以及马克思在 19 世纪欧美帝国主义鼎盛时期所指出的商品拜物教在今天孟加拉国等国家的血汗工厂之中依然存在，[56] 今时今日，绘制那些“小手工业者”人微言轻的文化历史图景依然是充满挑战的任务，恰如彼时彼刻一般。

第三章　身　体

安妮特·贝克尔

> 一个精心打扮的女人实在是一种“美妙又可怕”的存在。想想她为打扮所做的辛勤努力、所花费的时间，以及围绕着她的各种服装配饰之繁多——包括数量、种类和样式。想一想她的束腰上有多少根鲸须；一大堆闪闪发光的饰针围绕着、武装着她；数不清的孔钩紧紧勾连在一起，它们塑造着形体，给身体注入力量，赋予这些身上穿满了不可名状之物的女人们以美丽……[1]

1869 年，乔治·艾灵顿（George Ellington）出版了《纽约女人》（*The Women of New York*）一书，书的内容是关于纽约这座“罪恶之城”对女性思想和身体的操纵和重建。在书中，那些女人的衣服与身体融为一体，服装替代了她们自己的骨头和眼睛等，“人格也被诡计和欺诈腐蚀”。[3] 她们的胸膛中填充的不是血肉，而是棉花和马毛，塞满羊毛的袖子则替代了手臂。这些时髦的女人们毫无自然人的属性，成了一个个为罪恶和堕落而精心设计的迷人陷阱。书中“详尽而真实地描述了一个女人是如何装扮自我的”，夸张地描绘、展示了19世纪的时尚或时尚的女性身体的处理方式。[3]

许多时尚理论家将服装和身体与塑造它们的社会群体的价值观和信仰联系起来。乔安妮·恩特威斯尔（Joanne Entwistle）认为，身体是特定时间与地点的产物，其存在反映了周遭某种环境的理念和文化规范。[4] 在《透过服饰》（*Seeing Through Clothes*）一书中，霍兰德将身体推到了历史研究的前沿，她认为不同的身体如同艺术的不同风格，是内在形成的[5]，并且时尚的躯体也能反映一个时代的衣着风格，哪怕在衣不蔽体的状态下也是如此。尽管那些过往历史之中的身体早已不复存在，但通过研究现存的文学、视觉和物质资料，我们依然可以对19世纪时尚的具身体验有更为实际的理解。

19世纪时尚的文化背景使得自然与教化话语之间的竞争交汇、结合于身体之上，这在女性身上体现得尤为尖锐，因为女性的行为和衣着被视为礼仪的支柱。高度结构化的女性服装往往会以一种很极端的方式被女性穿着在身，身体因此被迫进入一种被教化和约束的模式之中。有时这种对自然身体的约束被视为道德的外在标志，是对未经开发、未曾开化和不守规矩的胜利，还有一些人则认为这是一种转瞬即逝之美，其时尚形式正是当代社会的标志。正如波德莱尔的著名论述，美“对于教化原始、自然的人性来说是必须的”，因此必然要经由教化来改造自然，[6]“所以，时尚应该被视为浮于人类大脑中的那些经由自然生活积累下来的天然、原生又让人讨厌的零碎玩意之上的理想品味的一种症候，是自然的一种崇高进化，或者更确切地说，是不断地反复尝试的革新性进步”。[7]对波德莱尔来说，被教化而受控的身体是美丽而充满气质的，尽管这种教化一再遭到那些视自然身体为完美形态的反时尚运动者的攻击。反时尚的改革者们不断试图回归自然状态——崇尚健康活跃的身体，拥抱古典艺术，又或者回归古典服饰——这些人将服装作为一种解放身体的手段，认为通过改变服装，身体将变得更加自由以服务于更为崇高的功能。

在这一章中，笔者将通过讨论19世纪的服装与身体发生相互作用的方式来阐释当代关于美、道德及健康等的观念。论述将从18世纪末、19世纪初的新共和政府时期的时尚开始，在这一时期，社会环境和时尚变革都极为动荡。本章还将讨论羊腿袖（leg o’ mutton sleeves）、克里诺林裙撑以及“胸甲紧身胸衣”——大众在记忆里熟知的种种时尚元素都尝试对身体进行控制——与此同时也将探索与流行风格并行不悖的各种另类时尚以及革新。在本章的结尾，笔者还将考察新女性（New Woman）以及19世纪诸多改革服装理念的逐渐崛起。

展示革命性的时尚

18世纪末到19世纪初，时尚与政治在欧美地区都发生了剧烈的变化。革命席卷了整个法国，政治斗争的涟漪波及整个欧洲大陆。新诞生的政治体制创造了新的权力结构，这导致长期以来存在的原有的社会等级制度受到了质疑、挑战和颠覆。伴随这种政治剧变而来的是服饰的激进变化，厚重的长裙与结构固定的廓形和旧政权与专制政府关联密切，于是法国公民在古典服装风格上进行了革新以体现他们的新面貌。在新生的帝国风格[1]中，女性服饰包括半透明的白棉布连衣裙搭配简约的夹克以及紧贴头皮的发型，而男性服饰则包括修长的马裤和暗色窄外套。[8]除了不断出现的法国民族元素或者极简古典风格的细节以外，这些服装那比较朴素的面料和简约的装饰也传达了一种对新宪法的响应，使人联想到古希腊雅典民主时期的种种视觉元素。[9]

同时，在新的时尚潮流之下，内衣对身体的限制也相应地减少了。在18世纪早期的服装风格里，尤其是正式场合的服装以及宫廷着装之中会使用专门的内衣或者带有支撑的紧身胸衣来固定躯干，使身体一直保持挺直状态。一般有硬质钢条插在这些内衣或紧身胸衣前端的中心，穿着者保持一个上半身僵硬直立的姿势，如果要做俯身的动作，那就只能靠弯曲臀部来完成。虽然在不太正式的场合里穿宽松的内衣并非禁忌，但女性通常仍将穿着这种带支撑的内衣视为必要。到了18世纪后半叶，反对这些限制性内衣的言论认为，人体应该维持一种更“自然”的审美形态和身体姿态，随着革命时尚的兴起，以往身体僵硬的风格逐渐走向消亡。[10]

对于帝国风格的时装来说，理论上那些塑形和限制躯干用的内衣全都是多余的。此时，短身内衣、无骨紧身胸衣以及用来支撑胸部的早期胸罩使得柔软蜿蜒、更加对称的身体曲线取代了18世纪那种死板僵硬的身体线条。这些新款式突出人体的垂直观感，使人联想到窄直的古典柱体，而非前革命时尚的那种夸张的腰臀比。对于那些身材苗条的人来说，帝国风格时装那合体的紧身衣贴合着身体曲线，尽可能给纯粹的时尚展示以更少的遮挡。[11]而身材丰满的女

[1] 帝国风格是拿破仑帝国的官方艺术风格，这种风格非常强调帝权象征。——译注

性有另外两种选择：要么挤进又长又窄的紧身胸衣里，要么通过减肥来获得贴合时尚的身材。

伴随新国家和新政府的出现而诞生的帝国风格还突出穿着者在生育方面的身体特征和新生活方式。女性身体的长而直的线条被高耸而丰满的胸部分隔开来，有时还会配上假胸垫，低领口使得胸部几乎被挤到了衣服外面，进一步突出了这种半裸露的风格，[12] 通过暴露身体、凸显胸部，这些时装美化了女性生育后的身体。而男性则穿着腰部窄而简洁的紧身马裤以强调他们的活力和男子气概。如果一名男性身体的某些特定部位不够壮实，束腰系带、衬垫或创新的剪裁手法就能起到填充小腿或收紧腰部的修饰、美化作用。

帝国风格的服装面料极为透明，样式宽松、暴露，随之也带来了许多前所未有的关乎仪容是否得体的问题。要体现苗条的时尚身材意味着穿着者只能穿轻薄简单的内衣，以免套上外衣后腰部、臀部和腿部出现臃肿。这样一来，当内里穿着的衣服层数减少后，半透明面料制作的衬裙就可能直接贴在身体上并暴露出身体的轮廓、曲线，这就使得一种新型衣服进入了女性的衣橱：潘托雷长裤（pantalette)。这种长及小腿、裆部分开的双腿式内衣让女性可以穿着轻薄的衣服而不会吸引一些不合适的目光。

虽然说潘托雷长裤使女性能够穿上透明、轻薄的服装，但穿着者也需要额外穿戴其他配饰来保暖，比如时尚插画中经常出现的披肩，以及用来遮住裸露胸部的薄罩衣，这些配饰的流行也反过来促进了轻薄服饰的普及。苏珊·希纳（Susan Hiner）在研究中特别关注了既能遮体、保暖又能吸引他人关注身体的克什米尔披肩，[13] 这种披肩能给裸露的四肢、裹着纱巾的躯干和暴露的胸脯提供温暖，还可以给穿着者带来端庄的气质。然而，这些配饰却进一步推动了轻薄服饰的流行，人们的注意力因此更加被吸引到裸露的胳膊和曲线毕露的躯干上。

后来讨论时尚的文章经常将这些轻薄风格与道德标准低下联系在一起，关于帝国时尚下流无礼的说法也因此一直存在。举例来说，早期的服装史学家错误地解读了这种风格，认为女性会将薄纱弄湿来制造透明、贴身的效果，然而实际上这种说法并没有相关的文献作支撑。在时至今日的时尚研究里，艺术品、时装插画和服装实物使我们能够对彼时风格形式的想象及其实际穿着情况之间的差异有更为准确的理解。

这张 1806 年的时装插画（图 3.1）不一定能代表当时法国街头的日常时尚，但展现出了一种情况，即这类帝国风格的服饰虽然广受关注，却很少真的有人会穿它。图片里的这个女子穿着一条精致的白色缎子连衣裙，裙子让女子的身体呈现出圆柱状的轮廓曲线，在她的胸前有一个低垂的褶边大领口，裙子的一个袖子似乎要从她的肩上滑落下来，一条轻薄的横布带裹住了一半的胸部，看起来几乎不太能支撑住胸部的重量。女子的一条腿优雅地向前伸着，打破了裙子的垂直线条，一双小小的鞋子从裙摆下面探出来。礼服式领口、袖子和下摆的装饰让人想起古典建筑柱头上装饰柱头的棘叶和饰片。

与此类似，男性的服装和身体轮廓反映出一种高贵的古典特征（图 3.2），画面中，浅黄色的马裤和模仿大理石般肌肉纹理的古典风格长袜呼应着古希腊 - 罗马的雕塑风格。[14] 这些合体的服饰塑造了一种身体意识，这点在时尚图片中人物的姿势上有所反映。图片里的男子站立着，一只手插在裤子的前口袋里，这让人很容易注意到他富有男子汉气概的男性特质。在诸如此类的时尚插画中，相对简单的整体穿搭使人的注意力更加集中到人物的线条轮廓上。

图 3.1　巴黎人的服装，1806 年，法国。Private collection.

图 3.2 身着（中国）南京服装、打着绑腿的男子，《女性与时尚》(*Journal des Dames et des Modes*，1803 年 5 月 30 日)。Rijksmuseum, Amsterdam.

帝国风格的时尚身体不再是物质财富赋予的装饰和身份的象征，而是代表了一种政治理想，是对自然的身体形态的一种信奉。这些服装的灵感来自古典雕塑——高腰、宽松的垂褶服装和柱状的线条造型——它们呼应了当代人对回归所谓古代政治理想的兴趣。艾琳·里贝罗（Aileen Ribeiro）认为这些时装是改革服装；它们并非从持续变化的时尚体系中逐步发展而来，却将一种以知识分子精英思想为基础的理想带到了时装相关话语的最前沿。[15]

羊腿袖

19 世纪的头几十年，随着社会政治环境逐渐稳定，时尚以及时尚所塑造的身体又回到了似曾相识的旧模式上。很多贵族政府改革为共和体制并采用了更为资本主义化的政治构架，社会等级制度被重新建立起来。自由的革命风格又开始让位于受约束的传统风格，服饰从 19 世纪早期的轻薄、透明又逐渐变得正式起来，腰围紧凑而固定、面料越来越厚重，裙子和衣袖也开始不贴合身体。

这种新的社会保守主义给女性带来了一种限制性的、压抑的道德责任。彼时的观念认为女性对衣服的选择体现了其道德水准，女性是良好品行的典范。内衣没有系紧的女子被认为是“放纵”的，因为这种不当的穿着方式既反映着也助长着她们的道德败坏。[16] 此时的流行服饰被视为坚定的精神和正直的人格的一部分，通过迫使身体保持竖直而僵硬的姿态，这些服装又一次将女性的形体轮廓和行为举止塑造成符合当时社会理想的状态，这也代表着女性的身体和思想前所未有地受控。

19 世纪的流行时尚不仅仅是对于革命前风格的回归，还强调两性角色以及两性身体的差异（图 3.3）。虽然男女时装的基本轮廓有诸多相似之处，但对身体的控制有所不同。男装展现出更加现代的合身特征，相对变化不大的西装贴近身体且便于活动[17]——尽管如此我们还是注意到，硬质衣领、紧领结和把裤腿拉近身体的马镫都分别约束着男性身体的各个部位。相比之下，女性服装则以近乎卡通人物的结构比例向外膨胀，[18] 女装的腰线从胸部下降到腰部，裙体开始向外膨胀，通过强调女性的第二性征，这些服装使女性的身形发生了巨大变化。

体积巨大的羊腿袖在肩膀处向外突出，在上臂周围膨出一圈空间，手肘到前臂处则是收紧的。虽然说一般比较硬质、结实的面料就能够塑造出羊腿袖的形状，但一些比较极端的款式会采用额外的支撑，例如把钢丝圈、马毛粘在轻质服装面料上，或者像这件制作于 1830—1840 年的英国长袍一样，在袖子里面放置填充了羽毛的垫子（图 3.4），袖子里这些支撑使手臂远离躯干，如果没有这些东西，那么袖子的大体积可能就没法保持了——不难想象，穿着这类服装会有多么的行动不便。

羊腿袖这类宽大的袖子的最大特征是其肩部设计。高耸的船形领口和紧束的腰部将整个躯干塑造出明显的倒三角感，从肩部延伸而下的突出的斜线与腰部的腰带搭扣结合在一起，和礼服上的图案一起突显出由紧肩和束腰塑造出的三角形身形；肩部向下被推低，腋窝的位置也随之向前、向下改动，有时候甚至低于胸线。低且宽的束腰进一步强化了这种三角形身形，要让衣服贴合身体并维持这样一个钻石般的身体形态，身体需要一直保持在非常僵硬的状态下。这种服装风格在 19 世纪 40 年代非常流行，肥大的袖筒、僵硬的躯干似乎展

图 3.3　羊腿袖 45（1832 年 10 月）。Rijksmuseum, Amsterdam.

图 3.4 日常服装中的羊腿袖（1830—1840 年），英国。©Victoria and Albert Museum, London.

现着理想的女性顺从的状态，这在当时被认为是女性该有的天性。[19]

著名经济学家和社会历史学家索尔斯坦·凡勃伦（Thorstein Veblen）于 19 世纪与 20 世纪之交出版的《有闲阶级论》（*Theory of the Leisure Class*）一书从这些时尚的限制性中获得了启发。[20] 凡勃伦将该时期的炫耀消费和穷奢极欲视作几个世纪以来阶级分化的产物，他认为女性的这些限制性时尚以及她们从事的那些经济上缺乏生产属性的工作实际上都是一种刻意展示，而她们丈夫的财富支撑着这种休闲生活方式的展示。“对于那些地位尊贵的女性来说，生产性劳动显然会对其身份产生某种意义上的贬损，所以这些服装在设计之时就特别注重让观者（通常实际上是不存在的）觉察到这些穿着者既不能从事生产性劳动，同时也没有从事生产性劳动的习惯。”[21] 在凡勃伦看来，时尚就是一种上流社会用来展示和庆祝自己所拥有的充裕闲暇与财富的一种奢侈工具。

虽然斜落的肩线和羊腿袖禁锢了这些“优雅女性”的身形，这样的轮廓却也突出了身体中备受关注的一个部分：脸部。随着科学对于心理学的日益关注、城市化的不断发展以及人们在城市环境中与陌生人的交往接触日益频繁，各种道德规范也越来越严格，着装打扮对于个体恰当地表现自我变得至关重要。虽然面相学——通过观察面部和身体特征来判断个体性格这种做法可能有些问题——常常是种族主义议题的延续以及歧视区别于标准的白人中产阶级的那些人群的手段，但它也进一步巩固了一种主流观点，即情感是属于女性的领域，女性的思想和身体天生就更容易受到她们易于紧张的神经和更加强烈的敏感性的控制。[22]

克里诺林裙撑

随着 19 世纪服装的持续发展与变革，女性的时尚变得更加结构化，身体的形状与自然状态越发相去甚远。羊腿袖的体积逐渐缩小，但反过来裙子越来越呈现蓬起的状态，从 19 世纪 30 年代开始，衬裙的层数越来越多，外裙裙体与腿部的距离不断增大，女性下半身的负担越发沉重了。随着裙子的体积增大，19 世纪 40 年代裁缝们开始在衬裙上粘上马毛使材料变硬，从而尽量减少制作服装所需面料的数量和重量。

虽然这些衬裙可能穿起来很是美丽，但它们也带来了许多与健康和卫生有关的问题。女性们经常抱怨腿部的布料让她们无法适应环境温度，因为衬裙让穿着者夏天感到闷热，冬天却又不够保暖。此外，衬裙面料的重量完全靠臀部支撑，这会让穿着者感觉沉重而不适，而且衬裙内里较长的那些层会拖在地上"清扫楼梯、街道和十字路口"，[23] 经常沾满了城市街道上的灰尘和杂物碎屑。

然而，时尚很少屈服于那些穿着者的抱怨，相反，时尚总是努力扩展边界，直到遭遇不可避免的改变。时尚历史学家和策展人哈罗德·科达（Harold Koda）讲道："在许多历史实例中，服装的细节都是向着越发夸张来演变的，并将一直演变到其不可控制乃至自我崩溃。可以说，使时尚风格消亡的唯一机制就是达到身体可承受其干预的极限。"[24] 衬裙离谱的设计并没有使其时尚外形被迫发生改变，反而还激发了创新，层层叠叠的衬裙被一种创新品取代：克里诺林裙撑。这种裙撑于 19 世纪 50 年代出现，布料粘贴在轻质弹簧钢圈上，形状像盔裙一样，它替代了衬裙的作用。薄钢圈减轻了衬裙层的重量，也意味着衬裙下端在地上扫来扫去的情况少了很多。除此以外，有弹性的钢圈易折易弯，也更便于穿戴者活动，许多女性觉得这种裙撑"穿起来轻便、令人愉快"，并表示她们"不再需要厚重的衬裙了"。[25] 工厂大量生产这种裙撑，很快克里诺林裙撑风靡整个欧洲，并被各个阶层的女性广泛接受。

不幸的是，克里诺林裙撑虽然把女性从一层层笨重的衬裙中解放出来，却又带来了无数新问题。[26] 在以前衬裙普及的时候，虽然女性的裙子（尤其是在正式场合）尺寸已经非常巨大，但其总体积还是受限于重量。而现在有了轻巧、坚固的钢架，内衬只需要薄薄几层，这使得外层的裙体可以被撑到以前难以想象的巨大体积。穿戴着这样一个笨重而精致的结构优雅地移动身体简直是一种挑战，而在社交场合进行活动（例如，保持优雅的坐姿，或者上下车厢）充其量只能说非常麻烦，还有更坏的情况可能出现，比如非常尴尬的场面，以及安全性问题。

《新月刊》的“舞会着装”专栏中描绘了一些和这种钟形裙撑相关的真实事件以及一些想象中的情况。这幅画（图 3.5）前景之中的两个人物展示出要维持这种廓形所需要穿戴的滑稽的内层装扮，画面里一个女人穿着紧身胸衣和衬裙，臀部很不自然地突出来，这可能暗示她也穿着克里诺林裙撑，又或者当时关于理想的女性美的想象是如此根深蒂固，以至于一个明明没有穿克里诺林裙撑的女性仍然被认为穿了的。另一个女子正在把克里诺林裙撑从中间女子的头顶往下套放，这让穿戴克里诺林裙“笼”体现出一种新的暗喻。画面左边还有一个女子，她那巨大的裙子几乎占据了画面的 1/3，裙子包围着她穿着紧身胸衣的躯干，感觉几乎要把她的整个身体给吞噬掉。一条软管从她的裙下蜿蜒而出并连接在风箱上，另一个人正用连接的风箱给她的裙子充气。这些极端的女性时尚创造出一个幽闭、密封且令人不适的空间。

相关的讽刺漫画也经常和流行时尚一同出现在刊物上——内容经常是对克

图 3.5 《新月刊》（1857 年 12 月）：282。University of North Texas Library, Special Collections.

里诺林裙撑以及那些穿着它们的女性的嘲讽（图 3.6）。这些漫画对时尚女装持异议的原因有很多，比如这幅漫画就表达了因克里诺林裙撑而造成的两性空间缺失以及微妙的社交互动失利。然而，克里诺林裙撑对女性身体的空间重构还可能导致比单纯的社交挫败更严重的后果，在 19 世纪新兴而拥挤的工业化语境之中，各个阶层的女性都接受了这种大众化时尚，时常有女性的衣裙被机器缠住或者因为膨大的大裙子碰到明火引起燃烧而被活活烧死的真实案例。不仅危害着穿着者自己，克里诺林裙撑的巨大体积还导致其在穿着时经常会翻倒、缠在一起并牵连无辜的路人，一些验尸官的报告曾特别对克里诺林裙撑造

图 3.6 《带女士吃饭最安全的方式》（*The Safest Way of Taking a Lady Down to Dinner*），《哈珀周刊》（*Harper' s Weekly*），1864 年 12 月 24 日：832。University of North Texas Library, Special Collections.

成的安全和健康威胁进行谴责。[27]因此，这些讽刺内容展现出一种更加严重的隐忧，并把这种膨胀的女性身体形态作为一种身体和道德上的警示。

布鲁默装

尽管克里诺林裙撑及其配套的大蓬裙广受欢迎，但反对的声音也不绝于耳，这些反对者认为这种时髦的裙子是一种霸权。从宗教组织到妇女选举权运动再到健康主义分子，改革者们认为，在受变化莫测的时尚影响的女性身上体现了社会的种种弊病。许多改革者抵制“从巴黎来的那些进口的、荒谬的、伤人自尊的、可笑的时装”，他们希望女性能从时装所带来的种种困境中解脱出来。[28]到19世纪上半叶，作为那些压迫性时尚风格的替代品，二分式女性服装开始流行，比如在一些私人医疗机构中，以及乌托邦式的奥奈达至善论者（Oenida Perfectionist）团体等边缘宗教团体中[29]。

几十年来，不同背景的改革者们一直在实践着各种类型的着装，到19世纪50年代，一些健康以及政治改革者们的着装模式和身体交互方式开始引起了广泛的关注，禁酒团体、妇女选举权机构和水疗法组织的相关出版物鼓励它们的女性追随者穿“土耳其式庞塔龙长裤和短裙，并根据穿着者的喜好来搭配上衣”。[30]这些改革团体鼓吹他们的二分式服装优于传统连体时装，因为它们卫生、干净、利于身体健康，也更有利于女性履行道德规范。

1851年，大众媒体创造了一个新词“布鲁默裤（bloomers）”，它让著名的美国妇女选举权活动家、服装改革家阿米莉亚·詹克斯·布鲁默（Amelia Jenks Bloomer）的名字为人所铭记。虽然布鲁默并不是第一个穿二分式服装的女性，但她和其他一些女权主义者们在19世纪50年代的大部分时间里都谴责传统时装，还时常因此登上头条新闻。布鲁默在其主办的禁欲主题报纸《百合花》（*The Lily*）中强调，流行的女性时尚使得女性“如同把衣服拖在泥泞之中一般负担沉重”，那些鲸须制成的紧身胸衣让女性连呼吸空间都变得非常局促。[31] 布鲁默用这些相对不那么激烈的措辞表述、推广着改革服装，她把服装改革表述为一个关于身体舒适度的问题，而非一种政治性抗议。[32]

然而，并不是所有的女权运动者都以如此温和的态度对待服装改革。与布鲁默同时代的莉迪亚·赛耶尔·哈斯布鲁克（Lydia Sayer Hasbrouck）将时尚服装描述为一种对女性身心的物质冲击，她在布鲁默之前就开始推崇并一直坚持改革风格服饰，直到1910年去世。哈斯布鲁克曾批评布鲁默对服装改革事业缺乏奉献精神，她认为时装插画中的女性“面孔呆板，身体畸形”，坚持女性要穿着更加实用的服装，让身体能够自由运动，并积极投身于一些原本仅为男性敞开大门的领域。[33]

妇女权利和卫生改革问题经常共同体现于服装改革之中。虽然哈斯布鲁克与激进女权运动的联系非常紧密，但她所受的正规教育来自一所水疗院。这种新式改革医疗的水疗中心和寄宿公寓的综合体提供特定的另类着装、饮食和生活方式，使男女的身体都能受益。[34] 像《水疗法》（*The Water-Cure Journal*）这样的杂志还推广各种各样的疗法并定期刊登有关改革服装的文章，宣传重点是其宗教、道德和健康方面的益处，该杂志的一位匿名作家将时尚等同于“一个践踏自然法则的暴君，他玷污了上帝的形象，甚至摧毁了无辜的男人、女人和儿童的健康、幸福和生命”。[35] 水疗法的实践者们摒弃限制重重的时尚服装，让身体按照本来的方式自由地展示和活动，他们认为他们自己是在展示一种美德。[36]

这些改革刊物还通过描述男女时尚服装和改革服装之间的差异来论述这些另类服装对健康的益处。这种对比是以生物学术语和以身体为中心的话语为基础的，改革主义者的目标是“治愈”时尚的“疾病”，[37] 对这些改革主义者来说，人造的时尚身体歪曲了健康和道德的本意，而自然的“革新”的身体则是健康和美德的体现。1851 年，《水疗法》刊登了布鲁默的一幅肖像画，在她身旁的是一个看起来形容糟糕的法国风格的时尚模特（图 3.7）。

画面上的布鲁默看起来非常真实，她的身体和服装构建比例准确，还有合理的阴影渲染，显得非常立体。相比之下，这位时尚模特的身材看起来较为失真，三角结构的躯干摇摇晃晃地立在一条大圆筒裙子之间，显得扁平而卡通化。对于这一人物躯干的“解剖学观点”释放出了一条令人担忧的信息：紧束的系带会限制肺部、肋骨和脊柱，让它们变形，由内而外地对身体造成损伤。

虽然早期这些激进的服装改革者的观点并没有引发广泛的社会性变革，但改革服装及其更为自然的身体交互的确激发了时尚服饰在形式上的一些微妙变化。许多改革者还关注男性健康与服饰，并将注意力放在用于制造男性时尚的一些有害材料上——比如帽子中的水银以及制作接触皮肤的服装时经常使用的有毒染料。[38] 约翰 · 哈维 · 凯洛格(John Harvey Kellogg)和古斯塔夫 · 杰格博士（Dr.Gustav Jaeger）等开发了一套意义深远的健康生活体系，这套体系之中包括一些新式饮食方案，还推广使用未经染色的羊毛内衣。不过，公众并没有全盘采用这些改革主义范式，与流行时尚中结构突出、样式夸张的服装相比，这些非主流的服装并不被公众认为是适合女性身材的。在霍兰德看来，反时尚、反文化的服装——改革服装就是其中之一——与流行服装之间的关系

96 THE WATER-CURE JOURNAL.

No. 1. THE AMERICAN COSTUME.

No. 2 THE FRENCH COSTUME.

The American and French Fashions Contrasted.

We herewith present our readers with engraved views of the prevailing European and [proposed] American Fashions.

No. 1 represents Mrs. AMELIA BLOOMER, of Seneca Falls, N. Y. It was engraved from a Daguerreotype for the *Cayuga Chief*, an excellent newspaper published in Auburn, N. Y., and kindly loaned to us by Mr. THURLOW W. BROWN, the gentlemanly proprietor.

No. 2 was copied by our own Engraver, from the *Illustrated London News*, and is an *exact* copy of the original, without variation; and is a perfect representation of the FRENCH FASHIONS, as worn in July last. We submit the two styles side by side, for the consideration of AMERICAN WOMEN.

NO. 3.—A NATURAL WAIST.

We also append, as an accompaniment, the anatomical views of a *natural* waist and an *artificial* or tight-laced waist, corresponding with Numbers 1 and 2 of the larger figures.

To us these views convey an unanswerable argument, and will need no farther comment.

In future numbers we shall present other styles of the AMERICAN COSTUME, with patterns and appropriate descriptions accompanying them.

We should add in this connection, that the friends of Mrs. Bloomer do not regard the above as a *good* likeness of that lady; but as it conveys a *general* idea of the new costume, we consider it well adapted to our present purpose.

NO. 4.—A TIGHT-LACED WAIST.

图 3.7 “美国和法国时尚的对比”，《水疗法》杂志（10 月刊，1851 年）：96。Courtesy of Boston Medical Library in the Francis A. Countway Library of Medicine.

很复杂，那些不以时髦示人的衣服如果不符合当时的审美观念，那它们最终也不会被接纳，即使这些服装非常富有思想内涵，但其也只有通过外在的吸引力才能让大众广为接受。除此以外，对于反时尚的服装来说，尽管它们的风格与时尚服装相抵触，但还是常常会包含一些时尚元素。反时尚的服装实际上代表的“并非真正的革命，而是一种进化”，并且未来的新时尚恰恰将从那些反时尚的风格之中隐隐浮现。[39] 然而很遗憾，对布鲁默、哈斯布鲁克以及 19 世纪中叶的水疗法从业者们来说，二分式女性服装还要过很久才会真正成为潮流。

紧身胸衣

也许，19 世纪的时尚中被讨论最多的元素——紧身胸衣——是服装对女性身体控制的最佳体现。紧身胸衣的使用在那一时期西方的各个阶层中都很普遍，许多 19 世纪的出版物上都指出穿着紧身胸衣在道德上的必要性。学者瓦莱丽·斯蒂尔（Valerie Steele）和利·萨默斯（Leigh Summers）曾多次发表相关历史的文章，他们认为人们将紧身胸衣当作造成无数健康问题的酷刑工具的这一普遍说法被夸大了，同时，紧身胸衣在文化上的重要性却没有得到足够重视。[40] 因此在本节中，笔者将探讨 19 世纪后半叶服饰控制躯干的发展历程，以及当代与紧身胸衣有关的道德问题。

虽然为限制躯干而设计的结构化内衣并不是什么新鲜产物，但 19 世纪后半叶的紧身胸衣对身体的控制格外引人注目。在以前，类似的内衣仅仅为身体提供一些支撑，并帮助穿着者的身体呈现一个恰当的时尚姿态，但 19 世纪的紧身胸衣是通过固定的廓形而非贴合身体来强有力地与身体结合的。这种胸衣不仅将穿着者身体的肌肉线条塑造得更为平滑，或者让胸部看起来更挺拔且身体保持竖直状态，还以整圈支撑物强有力地围绕和束缚着躯干，不放任身体呈现自然的圆润体态。

紧身胸衣的结构和形状改变了整个 19 世纪人们看待身体的方式。[41] 在 19

世纪上半叶的大多数时候，紧身胸衣是将鲸鱼的鲸须缝入硬帆布或亚麻布中制成的，而随着鲸须供应量的减少和价格的上涨，钢材料开始作为鲸须的替代品来使用。紧身胸衣的长度在整个 19 世纪也在持续变化，这反映出时尚对腰线的标准在不断改变。高腰风潮时期的紧身胸衣不需要承担给臀部塑形的职责，而那些流行于 19 世纪后半叶的服装样式则需要一件长长的胸衣来塑造理想的身体轮廓。

公主线型连衣裙（princess-line）创造了一种从肩膀到脚部无缝衔接的新女装款式（图 3.8），在此之前，女性服装一般是上下分开的紧身上衣和裙体。这种新款式在腰部中间没有断开，平坦的腹部线条和外展的臀部设计为巨大的巴斯尔裙撑制造了一种视觉上的衬托，随着服装腰线的下降，裙子的主体也移到了身体后方。这种服装款式上的紧身胸衣位置进一步向下延伸到上臀处，因此比起早期的短款紧身胸衣，此时的紧身胸衣对身体有了更多的控制，它能够使被包裹其中的身形更加匀称、符合审美，其较长的尺寸可以在使人保持挺胸姿势的同时挤压人的肋骨和腰部，还能够调节腰臀比。人们称其为“铁甲紧身胸衣”，因为它的名字和特点让人想起了这个词的法语含义：全副盔甲中上半身的金属胸甲。

技术的创新促成了更大程度的限制。1868 年，埃德温 · 伊佐德（Edwin Izod）申请的专利之中描绘了一种创新的蒸汽模塑技术，其大致过程是在一个躯干模型上先将面料定型，然后利用蒸汽把淀粉和胶的混合物固定在面料上，从而创造出一种形似贝壳的紧身衣。[42] 这种紧身胸衣的广告语是“无与伦比地精确适应最优秀身材的每一处曲线和肌肉的起伏”，暗示这件衣服能够适应任何的身形。[43] 伊佐德的技术听起来制作条件相当苛刻，但用相应的替代方法制

图 3.8　绸缎和割绒的日常服装，约 1878 年。美国北得克萨斯州大学，得克萨斯时装收藏，亚伯拉罕・J. 阿什夫人的礼物。Photo: Laurie Ruth Photography.

造出来的内衣同样能够提供足够的硬度从而最大限度地控制身形，如把金属线、皮革、钢材、木材、线绳、毛毡和马毛等材料组合在一起，这样也能制作出紧密缝合的紧身胸衣。不过，使用这些材料制成的内衣并不比伊佐德的蒸汽成型版本宽松、舒适多少。不仅如此，金属孔替代了缝合孔，其广泛应用使内衣系带能够被绑得更紧，让这些依附于服装的紧身胸衣日益对立于未经塑形的身体。

女性与紧身胸衣之间的关系是复杂而矛盾的，因为它反映了关于女性身体的充满冲突的道德观念。有一种极端的说法，紧身胸衣是一种禁忌，因为它与虚荣、显见的性暗示和亚健康相关。然而，紧身胸衣的缺失会让身体变得不受约束，这又是道德败坏的标志，所以在一些女性刊物上紧身胸衣及其穿着形式与束身程度总是引起人们的广泛讨论[44]。对小孩子而言，身体是否需要被训练和塑造成一种文明的形式？或者说，内衣的作用仅仅是为身体提供支撑吗？对大一点的女孩来说，她们的母亲往往都知悉紧身胸衣的必要性，因为这可以使她们的女儿变得更有性吸引力，从而吸引求婚者，可这些塑造了道德与谦逊品质的服装也同时起到了惩罚的作用。[45]女性的身体始终在自然和非自然、性感和端庄之间摇摆不定，这种矛盾的立场显示出对于女性、女性性别以及女性身体那悬而未决又复杂难解的对待方式。

审美服装

虽然铁甲紧身胸衣和公主线型裙塑造出来的身形轮廓广为流行，但审美服装运动（Aesthetic Dress movement）以提倡更为自然、更少限制的女性形体审美来对抗这种潮流。不同于很多其他的改革服装，审美服装运动中诞生的服装很接近主流时尚，所以穿着者在公共场合不会引起太多的负面关注。不过审美服装，或者叫艺术服装，其在构造与对身体的处理方式上和一般的时尚范式还是有所不同，审美服装的衣袖自肩部线条连接而下，并与身体关节相适应，以便穿着者自由活动，其衣袖也不像一般时尚款式那样低而紧。此外，审美服装的长袍有着紧身式的上半身，这使得穿着者不需要为了达到理想的身形轮廓而再穿戴紧身胸衣或用别的什么方法来约束身体。下半身裙体的其他支撑——像巴斯尔或克里诺林裙撑——对审美服装来说也是多余的，取而代之的是宽大的裙子填满了腰部以下的空间，呼应着时尚轮廓要求的同时，也让身体的自然轮廓和活动状态得以显现。

这些审美服装从中世纪的服饰中汲取了外观和内涵上的灵感，它们青睐自然和运动的而非僵硬的身体形态，并将穿着者的形体塑造成时尚插画之中的模样。审美服饰中的裙装有时候会使用宽松的垂坠布料围绕身体，穿着者的腰围会比穿着紧身胸衣的状态时要粗一些，因为对审美服装的实践者而言，紧身胸衣的约束性与他们的开明看待女性身体的观点背道而驰；反之，那种无拘无束的女性形态被他们视为一种美丽、生动的艺术品。[46]

这种改革服装的风潮最早始于英国上流社会的艺术家圈子。像伦敦时尚自由公司（Liberty of London）这样的服装公司会为这个口味挑剔但颇具影响力的群体提供服装，这些服装所采用的一般是一些柔软、奢华的布料。在很多名人如奥斯卡·王尔德（Oscar Wilde）和女演员埃伦·特里（Ellen Terry）的照片里，在詹姆斯·麦克尼尔·惠斯勒（James McNeill Whistler）和前拉斐尔兄弟会成员的画作中，以及在奥布里·比尔兹利（Aubrey Beardsley）创作的插画中，这些采纳新式服装的时尚形象都曾大量出现。简·莫里斯(Jane Morris）是前拉斐尔兄弟会的重要人物，也是经常在这些人的艺术作品中出现的模特，她是当时审美着装理念的一个很好的体现。在这张 1865 年的照片（图

3.9）中，莫里斯穿了一件无结构的宽大服装，可以看出，其轮廓并不需要限制性内衣来支撑。由于躯干没有受到僵硬的紧身胸衣的限制，她可以很容易地摆出一个富有表现力的造型。在她的腰间还能看到不少没有束紧的布料，这与当时紧身胸衣风潮和裙装盔甲般的形体典范截然不同。

审美服装的基本原则来自自然主义话语。在前拉斐尔兄弟会的绘画作品之

图 3.9 《简·莫里斯的肖像》(*Portrait of Jane Morris*)，约翰·罗伯特·帕森斯（英国），底片，1865 年 7 月，印刷于 1900 年。The J. Paul Getty Museum, Los Angeles.

中有诸多身处户外环境的人物，这些人物的服装都与大自然中的有机色彩和线条匹配。英国作家、插画家以及审美服装的拥护者玛丽·伊莱扎·霍维斯（Mary Eliza Haweis）很赞同这种绘画理念，她认为无论在哪种艺术之中，“自然本性都绝不应该被破坏，而应该被保护”。[47] 同时她也期望服装能够顺从于身体的线条和动作，并表示“我们也许可以省去服装上一半以上的复杂而重叠的褶皱、鲸须胸衣支架，可以不用蜷缩着脚趾、固定手臂以及忍受许多其他痛苦，让自己看起来更像一个真正的人，而非一个炫耀服装的木偶”。[48]

审美服装虽然出现在艺术作品之中，但并没有进入大多数人的日常生活——也许正是因为其与艺术的这种联系，审美服装被视为一种类似戏服而非适合日常生活的服装风格。[49] 此外，由于那些描绘审美风格的艺术作品通常被人们视为颓废和极端的，所以审美时尚也越发被看作非自然和离经叛道的，就像时常穿着它们的文艺人士一样可能在道德品行上模棱两可、暧昧不清。[50] 不过，一些审美服装之中的元素被纳入了主流时尚，比如当时革命性的茶袍就具有很多审美服装的外观和结构特征。茶袍在19世纪末越发流行起来，在午后的私人社交活动中以及在私人空间（如家里）穿茶袍通常被视为一种时髦的“赤裸”的表达。

新女性

19世纪末，巴黎仍然是世界时尚的绝对中心，但随着美国印刷媒体的扩张和女性杂志的不断出现，一种独特的美国时尚风格开始逐渐发展起来。在法国，时尚主要还是由上流社会女性或者至少是由那些有能力把自己打扮成社会精英的人的着装方式来定义的，此时法国的时尚还处于从主导时尚几十年的结构化服饰、紧身胸衣和雕像般的身形中缓慢脱离出来的过程之中。[51] 而在美国，各种改革运动以及相关的改革服装已经变得越来越为人熟知，并慢慢渗透到流行时尚中，时尚服装的风格开始倾向于展示更自然的身体，这与医疗改革、女权运动和审美着装所倡导的理念非常接近。

19 世纪晚期的新女性运动代表着一次广泛而重要的观念转向，这场运动使得世人对女性身体的看法从 19 世纪那种大多数时候对身体具有限制性的时尚理念转而趋向于呈现活动的身体的观念。作为女权主义的产物，自 19 世纪 50 年代的妇女参政运动以来，新女性形象在欧美文学和艺术领域就广为流行。如亨利·詹姆斯（Henry James）的小说中就塑造了一批极为独立的女性角色，这些女性角色对自己的生活和命运的掌控力是前所未有的。查尔斯·达娜·吉布森（Charles Dana Gibson）的画作《吉布森女孩》（*Gibson Girls*）进一步证明了在这一时期新女性形象广受关注，画中的女性年轻、健康，有着明亮的眼睛和活跃的身姿。她们的形象是性自主的，衣着与个性处处充满活力。新女性服饰那简约的装饰和简单的廓形缩小了男女身形之间的差异，同时也在时尚和改革服装的界限之间游走。

虽然新女性服装还是需要穿着一些基础内衣来打底，但这些内衣的结构不是特别复杂，身体也可以较自由地活动。除了长裙，典型的吉布森女郎风格还会穿仿男式女装衬衫，这种衬衫源自改革服装，其样式和制作方式都模仿着男士衬衫。这些简约的服装给女性塑造出健康、自然的腰线，用扎绳式胸衣以及肩带来替代传统的无肩带硬质内衣，此风格在之后变得大为流行，以至于一些眼光敏锐的商人们也开始在传统胸衣上采用这种肩带设计。

这些相对简约的服装结构所塑造出的身体轮廓被视为新审美的一部分。匀称的身体、优美的比例、对于节制朴素观念的体现以及“与心灵和谐的身体禀赋”等一道创造了一种古典风格模特般的美感。[52] 但这种审美并不追求帝国风格式的柱状纤细体形，而是提倡自然的身体状态以及轻度运动，使身体保持“曲线平滑的一点点丰满，如此而已”。[53] 虽然窄过臀围和胸围的腰线彼时还被视为一种理想的身形，但 19 世纪早期那种激进的身形比例已经不再是唯一一种被认为标准的身体轮廓。

运动服装，尤其是打高尔夫和骑自行车用的服装，开始在出版物中越来越常见，这进一步阐释了女性身体作为运动主体的一种转变。一些运动服装比如女骑行装在整个 19 世纪的时尚插画上常可见到。然而，这些服装一般也都是流行时尚的剪裁廓形，并且大多数不是用来在公共社交场合穿的，其他体育相关服装的应用也出现在 19 世纪后半叶的一些关于私人体育场所的记载中，特别是在女子学院中。但这些服装同样不会用于公共场合，其用途也很有限。

到了 19 世纪与 20 世纪之交，新兴体育活动服装的激增使不少杂志的时尚版面内容丰富了不少，相关广告占据了大量篇幅。这幅吉布森创作于 1895 年的插画（图 3.10）展现了瓦萨学院的打扮中性的女学生和耶鲁大学的男学生进行比赛的一个想象场景。在插画里，这些作布鲁默装打扮的瓦萨女孩们正在积极向前推进，似乎要冲出画面，动态的身体曲线让衣服形成重重褶皱。除了画面中左边这个女孩的外套勾勒出了其胸部曲线和窄腰围，其他女孩在身形和装扮上与那些耶鲁男孩们几乎没有太大的区别。

虽然男性化、运动化的女装开始丰富起来，相应的女性形象也时常出现在美国的视觉文化之中，但这一趋势并未造成一种全方位的服装范式的转变。正

图 3.10 《即将到来的比赛：耶鲁对瓦萨》（*The Coming Game: Yale vs.Vassar*），1895 年，吉布森。Private collection.

如流行文本中各种图片中所显示的那样，自行车文化的出现带来了更大的人口流动性，使得独自出游成为可能，并且通过穿着那些相对去结构化的服装，人们得以参加更多的体育活动。不过帕特里夏·华纳·坎贝尔（Patricia Warner Campbell）认为，尽管骑行服经常会在女性杂志的广告和正文版面上占据显著位置，但它们并不像学者们之前想象的那样属于人们日常普遍穿着的服饰类型，也并没有广受欢迎。[54] 种种观念的出现表明相关社会规范的确发生了重大转变，尽管在 19 世纪末 20 世纪初，与女性骑自行车相关的所谓"自由、自主"更多的还是一种象征而非现实。

单靠自行车可能还无法把女性的身体从变幻无常的时尚之手中解放出来，但是，女性受教育程度的逐步提升以及阿米莉亚·詹克斯·布鲁默和其服装改革同行们所倡导理想的复苏都和 19 世纪末的这些改革息息相关。坎贝尔指出，女子学院和教育环境中的性别间的互动有助于女性逐渐接纳改革服装。[55]

在 19 世纪 90 年代，越来越多的上流社会女性以及少数因获得了奖学金而得以继续求学的女性开始追求中学后教育，这些女性通过与男性竞争来维护其独立自主的地位，在她们身上，新女性的理想被展现出来。虽然在大学校园中主流时尚还是占据主导地位，但是在这里改革服装和运动服也比在其他地方更为普遍。服装改革者希望教育使女性不再被时尚奴役，获得真正的自由，并以更有意义的方式服务于社会。

然而，关于新女性的崛起并非毫无争议，推崇积极运动和赋权于女性给某些人带来的不适之间存在着抵触。虽然各种流行文章都强烈推荐女性参与规律的运动锻炼，但一个能够展现出训练痕迹的女性身体还是被社会观念认为既不够女性化也不美观，当女性运动服装渗透到视觉文化之中后，其“男性化”特征以及由此带来的身体流动性也让不少人感到不舒服。从当代服装的许多特征可以看出，女性的身份角色和较少限制身体的时尚服装之间的冲突是显而易见的；服装在被简化的同时仍然保留着结构化，虽然其更加方便运动，但身体仍然是受其控制的。

结　语

从 18 世纪晚期到 19 世纪末，时尚本身以及时尚与身体的关系都表现出一种自然与非自然间的张力。这个百年时尚始于和法国大革命相关联的激进、纯粹风格，身体在此被给予了前所未有的自然形状。那些面料轻薄、呈现柱状身形的长裙暴露出身体的线条，突出了胸部的曲线，这从服装的角度诠释了当代人对古典美学和民主理想的兴趣。

之后，回归熟悉的形式与面料的19世纪三四十年代的时尚变得更加结构化。创新的内衣被设计出来用于支撑体积庞大的裙子和羊腿袖，通过结构化的样式、夸张的风格以及用来约束和重塑身体的紧身内衣等手段，前所未有的控制被施加于身体之上。这种身体上的控制同时等同于道德上的控制，时尚在此既被视为社会稳定的指标，又为这种稳定贡献力量。

与这些结构化的、人为控制的身体轮廓相对应的是无数次的改革运动，它们创造了诸多不同的风格。改革服装通过重量的转移将腿从沉重、宽大的裙子中解放出来，而经由重新设计的内衣则塑造出更为自然的身形。到19世纪后半叶，健康改革者们开发出便于在公共场合使用的运动服装。与此同时，其他新式服装的簇拥者——穿着审美服装的水疗法从业者和艺术团体等——虽然在此时也曾短暂地受到公众的欢迎，但他们的这些服装经过了几十年的时间才在更为主流的时尚之中真正得以证明自我。

到了19世纪末，久战不休的改革服装与主流时尚终于行将合流，但这些理想的服装与女性时尚的真正融合要待到几十年之后了，包括为躯干解放、抬高裙角，以及二分式服装的诞生做出努力的人在内，这些19世纪的服装改革者们为20世纪20年代女性身体的真正解放做出了卓越的贡献。

第四章　信　仰

丹尼斯·艾米·巴克斯特

现代性时代的宗教服饰

虽然所有的服装和装饰形式都会与某些特定的信仰体系有关联，但宗教服饰尤其会自觉、明确地展现或者掩盖其与特定宗教组织、宗教制度和宗教实践之间的联系。[1] 在这类着装中我们能明显地辨认出一些特征，因为它们就像军徽一样易于辨认。宗教服装不仅会把穿着者与一般社会群体区分开来，还能传达出教派对于性别、等级以及宗教秩序等从属关系的理解。从许多角度来说，我们往往认为宗教服装是陈旧过时、一成不变的，尤其是宗教领袖们，他们似乎一直穿着这些服饰，直到今天依然如此。然而即便是那些古老的宗教，包括罗马天主教在内，它们的服装也都在随着历史和文化背景的变迁而改变，[2] 哪怕罗马领和教士服的起源都能够追溯到遥远的 12 世纪。正如萨利·德怀尔·麦克纳提（Sally Dwyer McNulty）所描述的："……19 世纪 50 年代，牧师在教堂之外穿长袍或者在社区里散步还是不太常见的现象，到 20 世纪 30 年代就成了再普通不过的，再到 20 世纪 70 年代早期这又变得甚为古怪了。"[3] 事实上，法国大革命余波之后的文化语境、美国的地理背景、新兴宗教以及宗教运动等种种因素，全都在宗教服装中有所体现。

18 世纪末可能是天主教的低谷期。以法国为例，启蒙思想的兴起与天主教的詹森派、耶稣会之间的纷争，早先没收教会土地、反教权运动，以及伴随法国大革命出现的去基督运动等都有所关联，在大革命中有近 3 000 名神父因此丧生。[4] 在"恐怖时期"，参加弥撒及在神学院内接受宗教继续教育的人数大大减少，伴随着法国军队的不断推进，日常的宗教仪式被扰乱，教会大量物资也受到损失，到了拿破仑政权之后的复辟时期，罗马天主教的服饰风格已经开始适应君主政体。另外值得一提的是，19 世纪天主教的一大标志是对圣母的供奉，1854 年圣灵感孕成为其教条，再加上几个重要的圣母显灵事件，这使得法国民众泛起对圣母的广泛崇拜。[5] 可以从新的玛利亚教条对服饰的规定及其细节看出对圣母玛利亚的虔诚信仰。威廉·约瑟夫·查米纳特（William Joseph Chaminade）于 1817 年创立了玛利亚学会，这些玛利亚主义者在右手上戴着一枚金戒指，以此作为"他们与神后联结"的标志。[6] 玛利亚兄弟团（The Little Brothers of Mary）或者说玛利亚会会员们身穿圣母会创始人马塞林·查帕纳特（Marcellin Champagnat）所称的"玛利亚制服"，这种制服由礼服外套和帽子组成，颜色全都是象征圣母玛利亚的蓝色。威廉·J.F. 基南（William J.F.Keenan）曾记录，查米纳特手捧这些服装，庄严地指示兄弟团成员"尊重他们的宗教服装，因为这是他们的神圣母亲，天堂的女王授予的礼物”，并且“向他的‘新兵’灌输这样一种信念，即他们神圣的圣母玛利亚制服将为他们提供特别的保护，让他们能够抵御精神和肉体上的危险”。7

这种在服装上对玛利亚主义的忠诚也延伸到了女性信仰以及美国的文化背景之中。1847 年，在庇护九世（Pius IX）[1] 宣布无玷圣母玛利亚为美国的守护神之后，美国普罗维登斯修女们将自己的教会重新命名为“圣母无垢圣心修女会（Immaculate Heart of Mary）”，并将此前的黑色服装改为蓝色以突出对圣母的忠诚。8 不过，美国的情况与正值天主教复兴的欧洲大不相同，美国圣母无垢圣心修女会的仆人们在一无所知运动[2] 的鼎盛时期开始穿新的蓝色服装，也是在这个时期，先天论者和一些特别反对罗马天主教的秘密团体大行其道，在美国处处可见的反天主教迫害使得一些宗教男女开始穿着普适的规范服装。不过，在美国内战期间，传统的女性宗教服饰得益于医疗兵（无论是联邦军还是邦联军医疗兵）身份而经历了一次公共形象的转变，由于这些宗教信徒的身份非常容易通过服饰辨认，天主教教徒的公众形象因此从“怪胎”转变成了“慈善布施的天使”。9

许多本地宗教运动也在 19 世纪中叶的美国发展起来，包括一神论者、基督复临论者（七日复临论者）、耶和华见证会和摩门教（耶稣基督后期圣徒教会）

[1] 庇护九世（1792—1878 年），本名若望・玛利亚・马斯塔伊 - 费雷提，意大利籍天主教教皇，领导教廷 32 年，是历史上在位时间最长的教皇，也是最后一任兼任世俗君主的教皇。他采取的措施对 19 世纪中期—20 世纪中期的天主教会有深远影响。——译注

[2] 一无所知运动是 19 世纪 40—50 年代在美国由本土人发动的一场政治运动，发起运动的群体因成员奉命在问到行动时要回答“我一无所知”，故名“一无所知”，起初是反天主教移民的秘密社团，群体以真正的爱国者自居，坚持新教的价值和信仰。——译注

等，它们与着装的关系各有不同，在是否外显其宗教信仰或者遵守时尚着装规范等问题上也都不一样。对摩门教教徒来说，虽然创始人约瑟夫·史密斯（Joseph Smith）给其追随者树立了不着奢侈、华丽服饰的典范，但是摩门教其实并不禁止奢侈消费，他们也不使用外显的标识，后期在圣徒者（Latter-day Saints）启动仪式中穿戴的特殊内衣是唯一一种与其信仰关联密切的服装部件，但内衣显然是不为外人所见的。[10] 不过，在 19 世纪教外人士对摩门教服饰的记载中有一件相对比较特别的服装，它被称为布鲁默灯笼裤——因布鲁默而得名——或者叫德撒律服，[11] 本书第三章更为详细地介绍了这种改革服装的形式，这种服装通常有一条没有箍圈的宽下摆女裙，长度短到可以露出下面内层的两条裤腿。[12] 对摩门教教徒而言，他们更为典型的特征是无论男女都会穿着时兴的潮流服装，这可以理解为是为了遵循“存于世上但不从属世俗”的教会信条，并为教义中基督的千禧年做准备。并且，随着对属天婚姻（celestial marriage）以及一夫多妻制的争议在 19 世纪 50 年代逐渐扩大，摩门教教徒可能和罗马天主教教徒一样有充分的理由回避对衣着可辨性的追求。[13]

可辨的服饰

服装的易读性问题总是令人充满焦虑。在之前的时代，禁奢令规定了服装的颜色、面料以及类型，这些规定包含了各种各样的意图，有一些旨在规范道德准则以及社会行为，比如 1720 年颁布的英国《棉布法》（*Calico Act*）则是为了促使消费者能选择购买有利于国家经济发展的纺织品。然而，还有一些法规的目的是制定一些指导性的准则，根据这些准则人们可以从个人的衣着来确定其社会地位，例如在伊丽莎白时代，对于帽子上佩戴的丝巾就有社会等级的限制。禁奢令编订了一套清晰易读的服装标识系统，在这一系统内，个体试图通过服装表现自身地位比实际所处社会地位“高”是一种违法行为。因此，禁奢令可以说是一种用来巩固社会地位、扼杀自我塑造以及平息可能被篡夺权力的恐惧的工具。可无论这些手段是否成功，到了19世纪，禁奢令都几乎已经完全被社会遗忘了，大革命之后的法国甚至直接宣布“着装自由”。[14] 与此同时，国家及城市之间的人口迁徙使得陌生人间的接触越发频繁，像阶级这样的关键性社会身份开始缺乏一种易于理解的符号系统来被人识别，与之并行的还有新的生产和分销方式——这些方式使时尚服装能够越发被数量日益扩大的人口接触到。在这样的背景下，各种出版物开始替代法律的规章制度发挥作用，其中包括面相学小手册、类型学书籍［如《克丽丝》(*Cris*)，一本生理指南］、礼仪指南，以及插图越来越多的大众报刊等。[15]

佩罗特从资产阶级的塑造这一角度解释了这种现象，他认为：

> 资产阶级的服饰取代了繁复的贵族服饰，但在表面的统一性之下，这些服饰创造出了多层意义，诸多有待精心培育的细微差异和特性孕育于这些意义之中。“区别”正是在这些意义层次之间被发展出来，这是服装话语与实践中的一种新的重要价值，它将成为这一区别体系中的一个基本要素，这一体系持续自我改进着，因为复制和抄袭始终威胁着其独有性。“区别”从根本上说是资产阶级的、典型反大众的，它取代了旧范式里的“优雅”和“美丽气质（bel air)”，改变了优雅和礼仪的定义，使得早期传承下来的关于风格、意义和得体的学问变得更加复杂。[16]

瑞士作家约翰·卡斯帕·拉瓦特（Johann Caspar Lavater）提出并推广了一种相术系统，这种系统可以通过对面相的研究来解释一个人的内在。其四卷本著作《相术片段》（*zur Beförderung der menschenkentnis und Menschenliebe*）于1775—1778年首次出版，随后被翻译成了法文版和英文版，并于19世纪在欧洲其他国家和美国又出版了其他版本以及袖珍本。[17]现在，这批著作的早期版本可以说都是珍贵藏品，在其四开本卷里包含出自古代大师和当代艺术家之手的高质量图画，如此一来，面相学成了一种鉴赏力的实践，在应用过程中实践者的眼力不断得到锻炼。[18]后来出版的《相术片段》袖珍本更加具体地呈现了这个过程，袖珍本携带方便又现成可用，这意味着一个人可能会像随身携带地图一样带着这本手册，以便需要时参考。尽管听起来有些不大可信，但现存的19世纪的该书副本中存在的大量下画线和旁注证明读者确实在书里发现了不少实用之处。然而在广受欢迎之外，面相学也经常受到谴责，对此，该书的1818年版本中曾如此辩护：

> 最常见的事莫过于听到有人谴责研究面相学，说它被研究出来是为了误导人们对彼此的判断，他们觉得面相学不可能被归为一门科学；然而无论是在哪个社会阶层，都没有比通过面部表情来形成判断更普遍运用的方法了。[19]

尽管那些充满歧视思想、行为可怕的“优生学家”（主张改良人种者）不在这次关于面相学的讨论范围之中，但很显然，人们对于面孔与身体可辨认性的需求得到了满足且被合理化了。在一段时间内，拉瓦特一直“相信面相学是一门可以帮助人们了解真理并彼此相爱的科学”，其实践正是基于个体差异的存在，无论是面相上的还是身体上的。[20]

对于19世纪那些混迹都市的探索者来说，面相学和生理学之间的区别变得模糊不清，各种类型的社会指南都在不断地对拉瓦特的理论进行补充。19世纪的这些指南最早有路易斯－塞巴斯蒂安·梅塞尔（Louis-Sébastien Mercier）的作品以及包括《克丽丝》在内的一些相关著作，其内容大多关注女性的社会身份，诸如女店员（grisette）、妓女（cocotte）或交际花（lorette）等。[21]

如欧内斯特·德斯普雷兹（Ernest Desprez）的《巴黎，百年生活》（*Paris, Ou Le Livre Des Cent-Et-Un*，1832年）、朱尔斯·雅宁（Jules Janin）的《法国人自画像》（*Les français peints par eux-mêmes*，1840年）或者路易斯·华特（Louis Huart）的《女店员的面相》（*Physiologie de la Grisette*，1841年，图4.1）等这些指南文本进一步丰富了对于人物穿着和外貌等物理特征的解析。[22] 这类指南的隐含修辞往往是一种伪科学审美化的、基于商品销售目的的概念，在这之中，礼仪成为一种新的道德准则，而人们也据此对服装规范做出相应评判。

在这一时期还有这样一个案例，这个案例表明人们对衣物可辨性的信仰已经达到了一种极端的程度。精神病学家休·韦尔奇·戴蒙德博士（Dr. Hugh Welch Diamond）是伦敦摄影协会的创始成员，他的主要拍摄对象是萨里县精神病院的女病人，他个人曾在该院担任近十年女性患者部门的主管。在戴蒙德看来，他的这些照片有两个主要疗效：第一，只要患者认为照片准确反映了自己的状况，疗效就将自然而然产生；第二，照片还可以记录病人的情况，以便为以后的诊断提供指导。

为了方便之后的诊断治疗，约翰·康诺利（John Conolly）在其 1858 年的著作《精神错乱的面相》（*The Physiognomy of Insanity*）中录入了这些

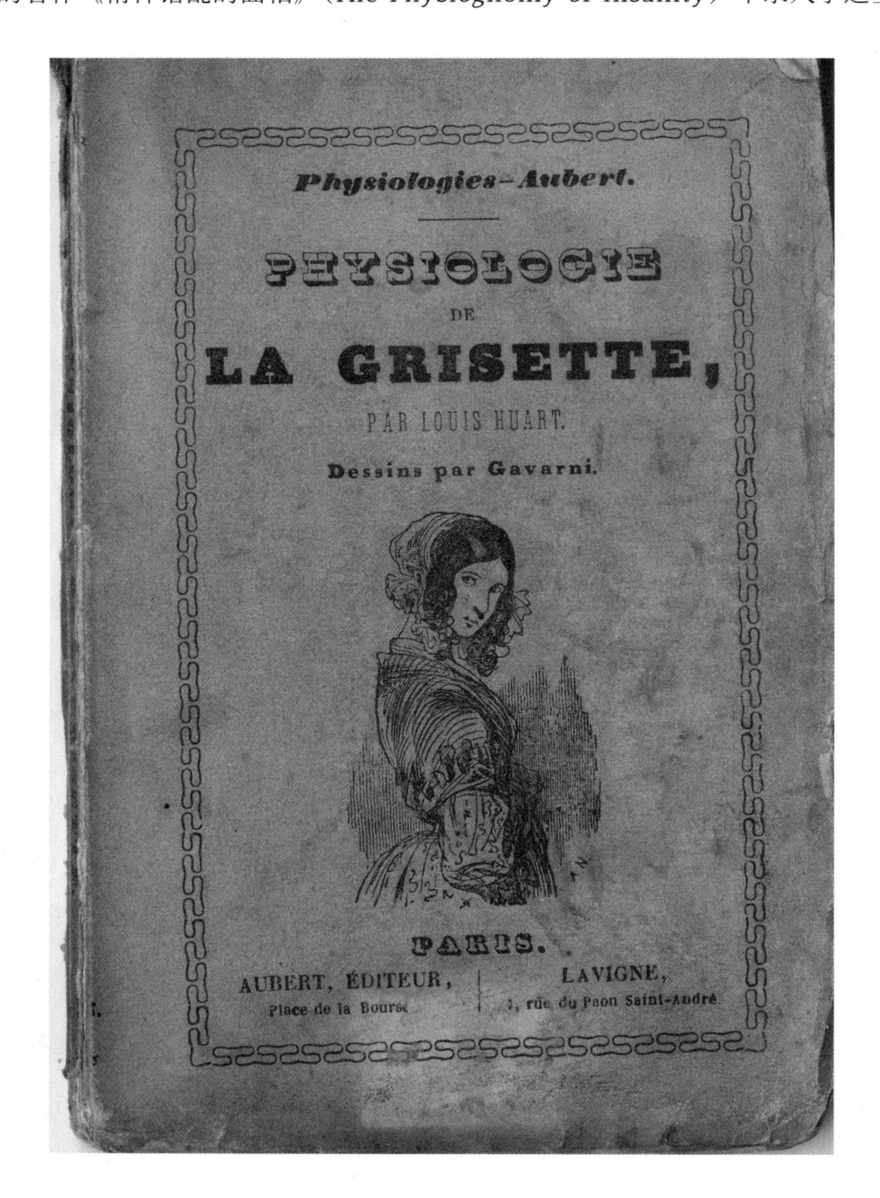

图 4.1　保罗·加瓦尔尼（Paul Gavarni），路易斯·华特的《女店员的面相》封面（巴黎：奥伯特出版社，1841 年）。Author' s collection.

照片。[23] 这部书除了用版画照片展现特定的病情如“自杀性忧郁”或者“忧郁转移躁狂”等，还以治疗前、治疗后或治疗中的阶段性形式来记录一些病例（图4.2）。在这幅描绘检查产褥期躁狂症四个阶段状况的图片里，有一个突出的特点是身处疾病治愈的不同阶段的患者状况的区别几乎完全依靠不同的服装来体现。[24] 这幅图中患者的面部表情和手的位置看起来一直在相同的状态，构图风格和一组关于巴纳德博士家中领养的孤儿的肖像很类似。那幅肖像里的孩子们据说是被遗弃的，他们穿着很显然修补过的破旧衣服，与环境格格不入的衣

图 4.2 “四个阶段的产褥期躁狂症”，《医学时代与公报》（*The Medical Times and Gazette*），1858 年。Wellcome Library, London.

着打扮表明他们应该是这个都市社会环境的新进成员。不过不要太在意照片上的文字叙述，因为照片真实的前后拍摄时间间隔可能只是孩子们洗个澡和换件衣服的时间。[25]

婚礼与葬礼，或者说结婚、下葬与购物

在西方，道德这种现代观念产生于犹太教-基督教的传统之中，正如之后对于全能上帝的审判一样，其存在的基础是基于个体对世界上其他人的判断的关注。很多行为手册中的内容并未旗帜鲜明地反对传统的宗教教义，但其中所传达出的种种道德限制、约束如同讲道坛颁布的道义一般颇具影响力。[26] 现代道德不同于以往时代的不仅是其性质，还有辨别他人以及自身品质的过程。由于缺乏相关禁奢令来规范、约束对服装的使用，加上教会的影响力逐渐减弱，人们对恰当的服装自我展示产生了更大程度的焦虑，在时尚的引领之下，道德规范也逐渐变得散乱而商业化。在围绕着 19 世纪意义最为深刻的两种社会仪式——婚礼和葬礼发展起来的相关行业里，这一点在由时尚驱动的、日益商业化的规范着装或者说道德着装的发展上体现得尤为明显。根据传统，婚礼和葬礼这两种仪式都具有家族、宗教和法理上的意义，相应的着装习惯也在当地习俗、教会和当地法律的共同影响之下运行甚久。然而正是在这一时期，制造并满足这两种仪式相关需求的工业也发展起来，恰当的消费与展示在许多方面取代了原有的法律或者道德义务。

婚 礼

玛丽·德·蒙特夫女士，在我回答您迷人的问题之前，请接受我们衷心和愉快的祝贺。您说是《最新时尚》(*La Dernière mode*)让您拥有心目中的婚纱，而我们的杂志之所以能获得成功，大部分不也应该归功于您和您那群优雅的朋友们吗？我们从来没有接到过比设计您想要的婚纱更让人愉快的工作了。它是这样的，我简单描述一下：白色缎子婚纱，光滑的褶裥荷叶边；上面有均匀散布的白色斑点；白色缎子束腰巾上面有类似裙子上的荷叶边的装饰（束腰巾上有一个蝴蝶结及一个襟翼，这件束腰外套会很迷人的）；一列橙色花朵样图案顺着腰环绕，点缀着一整圈腰部，前侧的图案比较长，背后的图案则比较短，光滑薄纱制成的拉夫领（ruff）上镶有橘黄色的小花环。

当您读到这里，发现某些细节与我们杂志的时尚专栏所描绘的未来风格有点不同时，千万不要认为它不够时髦。正如我们之前在专栏里讲到过的，婚纱是在最后才会发生变化的服装类型；它们要保持一些既定的样式，因为在婚礼上表现得过度时尚——尤其是像您这样住在离巴黎很远的地方——会显得有些不合时宜。[27]

以上内容是象征主义诗人圣潘·马勒梅（Stéphane Mallarmé）在1874年12月20日出版的《最新时尚》（*La Dernière Mode*）上针对部分读者来信里关于新娘着装的质疑的回复。这本杂志比较特别，它是由马勒梅本人自筹资金出版的，他伪装成布雷班特的厨师、时尚评论家萨坦小姐等，以各种各样的作者身份来发表文章。当中最引人注目的观点莫过于其将婚纱——白色婚纱——视为一种有重大意义的时尚表现形式，在马勒梅看来，婚纱的设计应参考最新的时尚款式，听取时尚专家们的意见，并平衡好得体与时尚之间的棘手关系。

和现在一样，新娘婚纱在当时是西方婚礼服装中最为重要的一套，随着时代的进步，其款式也随着时尚的发展而变化。在这一过程中，婚纱的颜色慢慢固定为白色，一般来说，婚纱是女人最高级的一套衣服，经常还会在婚礼之后被重新修改以便日常继续使用。[28] 公众们一直对王室婚礼的点点滴滴非常着迷，随着科学技术的不断进步（摄影技术的诞生），人们得以迅速而准确地知悉 1840 年 2 月 10 日维多利亚女王（Queen Victoria）和阿尔伯特亲王（Prince Albert of Saxe Coburg and Gotha）那场婚礼上的相关服装细节（图 4.3）。

女王的婚纱是用斯皮塔菲尔德真丝缎制成的，白色连衣裙上嵌有霍尼顿蕾丝薄纱，并点缀着橙花，这身礼服树立了一个为人津津乐道的服饰典范，[29] 婚礼第二天《泰晤士报》（*The Times*）就发布了一篇报道对婚礼的“橘花花环”进行评论，《镜报》（*The Mirror*）则在 2 月 16 日发表了一篇配有插图的详细报道，指出“浓白色缎子”、橘花，以及霍尼顿蕾丝薄纱的确切位置。乔治・海特（George Hayter）为婚礼当天创作的画后来由版画师亨利・格雷夫斯（Henry Graves）雕刻出来，并在版画里补充了关于其他婚礼参与者的细节。[30]

彼时摄影技术于这场婚礼的前一年即 1839 年刚刚出现，所以这次婚礼现场并没有照片留存。不过 1854 年摄影师罗杰・芬顿（Roger Fenton）拍下了维多利亚女王和她穿着礼服的丈夫的双人合影，照片上女王身着的礼服以及礼服上的花环、薄纱都是 14 年前结婚时的样式，那时女王还不是八个孩子的母亲。此外，众所周知，女王也曾在一些重要的活动中，比如为她的孩子洗礼时穿过经她自己重新设计的新娘婚纱，留下的相关图像后来成为公众的服装参考样板。[31]

王室的婚礼服饰一直是公众关注的焦点，但维多利亚女王不仅仅是在位的

图 4.3　描绘大不列颠维多利亚女王和阿尔伯特亲王婚礼的版画，伦敦圣詹姆斯宫，1840 年 2 月 10 日。Photo: Guildhall Library & Art Gallery/Heritage Images/Getty Images.

君主，还是一位媒体明星。埃里克·霍布斯鲍姆（Eric Hobsbawm）所说的“发明的传统”在此似乎恰如其分，他将“发明的传统”定义为“一套由公开或默许接受的规则所支配的、具有仪式感或象征性的行为，这些行为试图通过重复来灌输某些特定价值观和行为规范，并自然而然地暗喻与过去的一种连续性关系。”[32] 虽然婚礼这种将两个个体和两个家庭结合在一起的仪式显然不是发明于19世纪，但婚礼产业以及相关的那些由商业行为推动的感人的礼仪规范是在这一时期出现的，在这种情况之下，人们经常需要一些外部参考资料来指导婚礼的礼仪规范，礼仪手册也应运而生。例如，1852年的《求爱与婚礼指导：完整的婚礼形式指南》（*Etiquette of Courtship and Matrimony*）上指出，“无论是否佩戴礼帽，新娘都应该戴上面纱”，还说明了如何选取合适的礼物、新郎作为求婚者如若被新娘父母拒绝该如何反应等。更有甚者，像1890年的《爱、求爱和婚姻之谜》（*Mystery of Love, Courtship, and Marriage Explained*）中有一章还分析了“一位女士应该如何引导她的情人向她求婚”。[33]

这位美国新娘（图4.4）身上穿着的婚纱展示了她巧妙的设计构思，不知道她是否参考过维多利亚女王的婚纱细节。除了礼仪文本、图文并茂的报刊和时尚插画以外，这位新娘在策划婚礼的时候可能也受到了迅速发展的婚礼周边产业的影响，在这一时期，与嫁娶相关的元素越来越多，诸如嫁妆、服装以及最为重要的结婚礼物等，礼物在此时被认为要能够清楚地展示出赠予者的身份。越来越多号称不可或缺的产品出现在既关乎时尚也关乎得体的婚礼传统中。[34]

图 4.4　19 世纪 40 年代的美国婚纱，来自史蒂文・波特菲尔德的收藏，由得克萨斯时尚系列提供。Photo: Laurie Ruth Photography.

葬　礼

葬礼行业与婚礼行业并行相联，并且由于葬礼上越来越多的细节要求和越发广泛的时尚元素的出现，其花销以及与之相关联的新兴产业规模可能要超过婚礼。[35]

丧服的穿着历史已经有几个世纪了，而随着印刷刊物和商业文化的出现，对于丧服时尚性的公开展示在19世纪变得越来越流行。[36]此时丧服的面料、颜色和配饰还是遵循哀悼礼节的传统，但其剪裁已经开始紧跟最新潮流，正如1809年阿克曼（Ackermann）的插图（图4.5）中所描绘的帝国袍（Empire gown）。画面中一位母亲姿态优雅地端详着一只哀悼瓶，只有年幼的女儿满脸失落，她在为被丢在地上、够不着的洋娃娃而“哀悼”。

王室丧服的范式和不少独立设计的服装样式都会在一些杂志以及礼仪手

图4.5　丧服，《阿克曼的艺术、文学、商业宝库，制造业、时尚与政治》(*Ackermann's Repository of Arts, Literature, Commerce, Manufactures, Fashion and Politics*)，第1卷第2册，1809年9月。Author's collection.

册上刊登——这恰与婚纱非常相似——对美国和欧洲国家的民众而言，这些展示所带来的对复杂的得体礼仪与悼念方式的焦虑也是相似的。在这当中，着装的时机、时序是最受民众关注的，女性经常写信给时尚编辑来确认一些具体的服装穿着规范——比如何时穿着黑纱以及具体要穿多长时间等。[37] 在美国，时常提及丧葬服饰内容的相关杂志包括《哈珀》、《时尚世界》（*World of Fashion*）、《淑女橱柜》（*Ladies Cabinet*）和《戈迪的女子手册》（*Godey's Lady's Book*）等，举例来说，1899—1900 年发行的《哈珀》几乎每期都有丧服的相关内容。[38]

图 4.6　伦敦大众丧服店的一则插图广告。W.C. 杰伊，摄政大街 247-251 号，伦敦，《历史画报》；伦敦出版社，1850 年。注意此处广告中提到其“即刻响应”客户需求的服务能力。Author's collection.

不幸的是，对这一时期的消费者而言，各种建议实在太过泛滥了，这甚至导致了一些矛盾的现象。[39] 卢·泰勒（Lou Taylor）指出，“在维多利亚时代，做死亡相关生意的商人和企业家日子过得相当不错”，[40] 在像杰伊家（Jay’s）这样的丧葬杂货铺里不仅能买到丧服，还能买到珠宝首饰，以及带黑边的悼念信封和信纸、纪念丝带和纪念羊毛刺绣等其他女性产品[41]，另外，维多利亚女王悼念阿尔伯特亲王时所树立的着装典范也给这种现象带来了不小的助推作用。虽然男性也有相应丧服，但相关细节和细分的种类远不如女性丧服那样丰富，在此，女性承担着通过哀悼来体现礼节之职，正如泰勒敏锐地洞见到的：“女性被当作一件展示品来显示她家庭的全部经济实力、体面与和谐，虽然她们大多数是自愿的，甚至是迫不及待的。”[42]

礼仪和伟大的“男性弃绝”

> 大约在那个时候（18 世纪末）发生了这样一件事，其在整个服装史上都可以说是最引人注目的事件之一，我们至今都还生活在其影响之下，而且其所引起的关注远未达到其应得的程度：男性放弃了追求更明亮、更令人愉悦、更精致以及更为多样的服装样式的权利，并将这些权利完全留予女性，男性衣着的剪裁变为一种关于朴素和禁欲主义的艺术。从服装的角度来说，这绝对应该被视为一种美妙之举，自此，男性服饰开始专注于追求功能性。[43]

弗吕格尔在其 1930 年的著作《服装心理学》（*The Psychology of Clothes*）

中提出了“男性时尚大弃绝（great masculine renunciation）”的概念，用来描述“发生于18世纪末的男性服装装饰的突然减少”。[44] 但此时弗吕格尔并未表示男性服装不再具有差别性，实际上，回顾1864年的时尚杂志（图4.7），我们能看到各种样式的男士帽子、外套和纯色长裤以及格纹和条纹布料样式。画面中的男人们正优雅地展示着身姿，然而，相比同期法国版画中的女性时装（图4.8），绅士们的装扮显然还是比较单调的。

在“弃绝时尚”的时代，男装无论在款式上、剪裁上还是面料上，其种类都大为减少。[45] 随之而来的是，大众对男装的关注几乎完全集中于一种道德标准上，这种标准是建立在服装完美无瑕的基础上的，即“虽然干净整洁的外观

图4.7　英国时尚图片，1864年。©Victoria and Albert Museum, London.

图 4.8 1855—1886 年的法国时尚图片。The Metropolitan Museum of Art, New York.

不一定就代表着生活富足、闲暇充裕，但相比之下，不合适的亚麻布料、皱巴巴的西装，以及溅满污渍的大衣在很大程度上标志着一个人生活贫穷、工作劳累”。[46] 所以，在这样的服装机制下，女性身体比男性身体更具有象征意义，其基于性别的差异而非阶级的区别变得越来越重要，可读的女性身体开始承担起道德上和资本上的相应义务。

在讨论但丁·加布里埃尔·罗塞蒂（Dante Gabriel Rossetti）于19世纪50年代创作的一幅绘画作品《伊丽莎白·西达尔》（*Elizabeth Siddal*）时，黛博拉·切瑞（Deborah Cherry）和格里塞尔达·波洛克（Griselda Pollock）曾认为，“这些画作在重新定义女性形象和可视性差异的意识形态过程中意义重大，它们将‘女人’当成一个明确的视觉形象——为了被看到而被看到——作为被取代和压抑的男性话语中的一个能指而存在”。[47] 对于切瑞和波洛克来说，女性形象及其相关一些问题，和作为某种形象的女性这两者之间有着重大的区别。阿比盖尔·索洛蒙·戈多（Abigail Solomon Godeau）后来在视觉文化领域描绘了一种与弗吕格尔类似的“弃绝”的概念，她认为在19世纪，女性的“裸体展示”取代了历史画作中形象活跃、英勇以及偶尔裸体的男性身体，那些关于男性身体的历史画之前通过一些相关理论框架成为其所代表的（男权）机制的象征。[48] 值得注意的是，虽然切瑞、波洛克和索洛蒙·戈多的论点都是基于精英以及大众视觉文化之中的女性呈现，但19世纪50年代那些衣着时髦的女性本身也同样可以作为一种表达方式而被视为女性呈现的一个类型，[49] 因为根据索尔斯坦·凡勃伦（Thorstein Veblen）的经典说法，女性本身就是炫耀性消费的现场。[50] 时尚女性的轮廓婀娜多变，层层叠叠的衬裙、克里诺林裙撑、围裙和塑身衣（trains）以及紧身胸衣，种种女性服饰将女性身体塑造成相对固定的状态，并在此过程中清晰地反衬活动的男性气质，展示具有观看性的女性气质。[51] 概因如此，时尚女性经常被定义为“不自由的仆人”或者“精致的奴隶”，[52] 简而言之，女性在视觉上的可读性是必不可少的。虽然女性在本质上确实能够作为财富的象征，然而，与物质太过接近却可能让女性本身被谬视为待售的商品。

堕落的女性，风雅女与华丽服饰

> 就把她们当作一班年轻女孩，论外表的优雅美丽，社会上的任何群体都比不上她们。靠着惠顾者的供养，她们得以衣着华丽，她们有着雍容的举止，再加上一点淡妆，显得相当迷人又有魅力。有时她们安静地走在街上，看起来谦虚而低调。同时，也没有什么特别的标志能把她们和上层社会的女士区别开来。[53]

妓女的形象……是一种客观体现而非主观想象……作为一个销售者，妓女模仿着商品，并且接受了物质的诱惑：妓女们的身体待价而沽这一事实本身就具有一种吸引力。[54]

威廉·泰特（William Tait）在1840年的一篇文章中描述了一类美丽、端庄、衣着品味良好的妓女群体，他称之为“风雅女（femmes galantes）”，这一发现引起了《抹大拉主义：爱丁堡地区的卖淫行为发生范围、成因及影响》（*Magdalenism: An Inquiry into its Extent, Causes and Consequences of Prostitution in Edinburgh*）一书的作者以及其他许多人的极大焦虑。从英裔美国人的立法禁止到法国的设规管辖，尽管各个地区的法律和公共卫生系统对卖淫——或者叫“社会大罪恶（Great Social Evil）”的反应各不相同，但对于卖淫是一个普遍存在的问题并且需要以某种方式解决的观点是一致的。[55] 卖淫问题被认定是关乎道德、经济和社会稳定的，在人们看来，“无论是在稳定的社会环境之中还是在革命环境里，女性的道德都决定着整个社会的道德”，[56] 而妓女作为社会角色中的一个类型，被认为是一种对社会公共安全的威胁，这种威胁既包括梅毒等疾病在生理层面上的传染性，也包括社会观念上的恶性蔓延，因为妓女本身与商品概念的关系密切。正如霍利斯·克莱森（Hollis Clayson）所指出的，虽然对卖淫的社会性关注由来已久，但对女性类型、个体特点和外在形象的执着追求以及外表方面的道德性要求在很大程度上是伴随百货商店和服装批量生产的兴起而出现的。[57] 妓女与时尚之间有两种特别令人不安的关系（图 4.9），第一，由于服装和时尚观念通过时尚图片和杂志等渠道越来越广泛地被传播、普及，贤良淑德的女子和那些物欲横流的女人穿的服装开始越发趋同；第二，时尚，或者说对靓丽服饰的渴求，可能会潜在地吸引那些本来品行端正的女性自甘堕落。

泰特并不是难以区分妓女和其他时尚女性的唯一一人。1857 年，威廉·阿

图 4.9 “午夜市场”，亨利·梅休（Henry Mayhew）的《伦敦工人和伦敦穷人》（*London Labour and the London Poor*），卷 4，“那些不愿工作的人”（伦敦：格里芬，博恩公司；1862 年）。Courtesy of University of North Texas Libraries, Special Collections.

克顿（William Acton）在其著作中提到了一个“为数众多”的妓女群体，他对这一群体的描述是“文静、衣着得体、遵守秩序且通常举止优雅”。[58]1864年，奥古斯特·安德烈（Auguste Andrieux）也在刊登于讽刺漫画杂志《嘈杂》（*Le Charivari*）的一幅漫画中提出了这样一个问题：“乍一看，贵妇人和妓女之间有什么区别？她们的衣着近似，也同样会去林中漫步，并且同样是与绅士做伴。”[59]亚历山大-让-巴普蒂斯特·帕郎-杜克泰莱（Alexandre-Jean-Baptiste Parent-Duchâtelet）在其关于巴黎卖淫问题的深入研究中用了大量篇幅来探讨这个问题：“我们能否，以及是否应该强迫妓女穿上有区别的服饰？”文章最后得出结论，认为虽然这样做的确可取，但实际上执行起来困难重重。[60]妓女身份缺乏可读性的这种状况令人非常不安，因为仅仅是妓女的存在本身——无论可否识别——就被人们视为一种对社会秩序的威胁。并且妓女更具破坏性之处在于她们不但不易被察觉，而且当她们成为时尚和消费这两个领域的关键联结之后，这些人本身反而进一步被谬赞为一种时尚模范。在此，随着服饰成为一种更加复杂的编码，其作为道德指标的重要性也随之增加。[61]

对此，管理者们的一个关注的焦点在于对社会的保护——即虽然卖淫必然会存在，但必须对其加以遏制和隔离，使社会上的“正派人”不受妓女的时尚影响。事实上，在推崇精英女性穿着、展示奢侈品的那种炫耀性消费以及替代性消费氛围之中，富有的女性确有被误读的风险，并且，即使是如阿克顿和泰特这样最为激烈的卖淫反对者也得承认，风雅女性的时髦风格确实富有美感，因此很多女人将她们视为（时尚）模范也不足为奇。泰特在其著作的“自尊与服饰之爱”一章中声称，在所有卖淫的动机中，“最为普遍和最为强烈的就是对于精致服装的野心”。[62]梅休称“对服装的热情”是卖淫的一种推动力。[63]

对泰特和梅休来说，这些妓女都是一些“堕落了的女人”，就像西奥多·德莱塞（Theodore Dreiser）的小说《嘉莉妹妹》（*Sister Carrie*）中所描绘的那样，她们可能本来出身体面，但被对服装的巨大渴望驱使，终至无法回头。[64]

商品文化和商业殿堂

> 假人丰满圆润的脖子和优美的形体突出了其纤细的腰身，本该放置头的位置别着一张大号价签，巧妙地布置在橱窗里两侧的镜子无休止地反射和放大着各种服装样式；而大街上挤满了“待售”的美女，每个人的头的位置上取而代之的是一个个大大的价签。[65]

或许在19世纪这个时期，宗教信仰已经不是占统治地位的信仰体系了，取而代之的是商品力量的逐步觉醒。彼得·史泰利布拉斯（Peter Stallybrass）在《马克思的大衣》（*Marx' s Coat*）一文中指出，在《资本论》（*Capital*）里，大衣充当了一个框架手段，马克思通过这一框架解释了商品的意义，他认为商品虽然是拜物的，但其首先是以交换价值而非物质商品的形式存在的。[66]史泰利布拉斯还指出了其中的辛酸之处，回顾马克思家族的往来书信和账目，很明显马克思、他的妻子珍妮（Jenny）和孩子们的衣服待在当铺里的时间与放在家里的时间差不多。[67]缺少衣物对一个家庭产生的影响是非常实际的，例如，如果没有大衣，马克思在1852年的冬天即使有入场资格也没法体面地走进大英图书馆的阅览室。被寒冷和病痛包围的马克思没有心情去旅行，他甚至可能连一整身像样的衣服也没有。

商品的消费、展示和内化正是这个时代的产物，百货公司的出现则是其中一个关键因素，[68]正如迈克尔·米勒（Michael Miller）对乐蓬马歇百货的描述那样。而这些描述也同样适用于刘易斯百货（Lewis' s）、旺纳马科斯百货（Wannamakers）或者普林特普斯百货（Printemps）。（图 4.10）这些百货公司：

资产阶级的服装、资产阶级的场合、资产阶级的野心——在商店的货架上、柜台上、地板上，到处都可以看到各种各样的资产阶级生活方式。简言之，百货公司就是一个资产阶级举行盛典之地，表达着资产阶级文化对过去的一个世纪的影响以及它所代表的意义。[69]

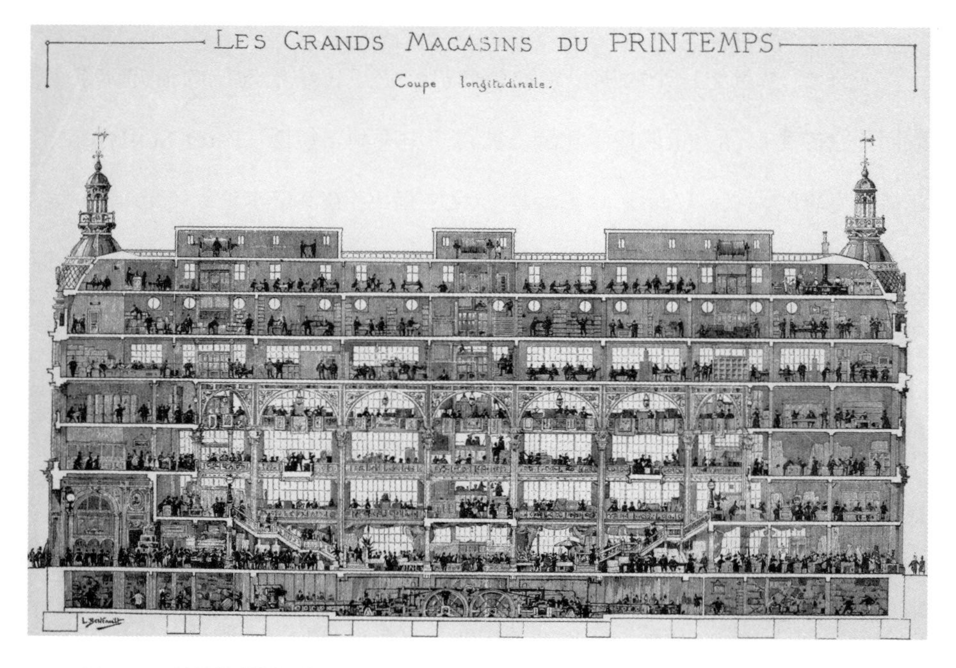

图 4.10　普林特普斯百货公司，巴黎，1885 年，版画。Photo: DEA Picture Library/Getty Images.

百货公司既是一个时尚之屋，又是一个分销中心，时尚杂志和商店塑造着人们的欲望，而百货公司则负责提供商品来满足他们。[70] 穿梭在这些充满诱惑的大厅之中购物时，女性被编码为既有女人味又愉悦，在这样一个构建身份认同的场所之中，作为消费者的她们实践着的完全是消费行为而非生产行为。[71] 商品文化、商品流通与拜物教触及当时社会的方方面面，虽然像马克思这样的人对这些东西完全不似资产阶级那样痴迷，但这些资产阶级消费的奇观——就像在左拉的《妇女乐园》中的橱窗里那些穿着靓丽、头的位置上被价签取代的女子——也恰恰是那个时代最为重要的遗产。

第五章　性别和性

阿里尔·博若

时尚赋予身体以意义。它让人们得以展现其性别与性别身份，并突出不同个体多种多变的性取向，对人们而言，服装是识别个体作为男性或女性最为直接的一种方式。服装贴近肌肤，但大多数人忽略了服装所嵌含的文化意义，错误地把服装当作自然身体的延伸，并视其为对性别、性别认同和性身份的准确揭示——尽管的确有许多案例很有说服力地体现了这些。有不少学者认为性别是一种表现，这种表现里也包含了对服装选择的细致关注。从安妮·奥克利（Anne Oakley）、雪莉·奥尔特纳（Sherry Ortner）和罗伯特·斯托勒（Robert Stoller）等人的研究我们可以看到，性别确实是一种表现，而非仅仅是基于拥有某些特定器官的一种事实。[1]虽然所有这些研究都是针对于现代的性别现象，但关于两性的历史源远流长，现代性别的二分结构始于18世纪末并稳固于19世纪，对一部探索服装和时尚的文化史来说，把性别看作一种部分通过服装来实现的展演是尤为必要的，因为正是在19世纪，不同性别之间的服装开始变得差异巨大——通过精细的剪裁、束身衣、巴斯尔裙撑以及克里诺林裙撑，19世纪的女性身体被塑造出沙漏般的形体，而男性身体变成了长而直的圆柱状形体。朱迪思·巴特勒（Judith Butler）进一步将女性主义理论推向了酷儿理论的领域，她解释说，人们对驯化性别的种种方式视而不见，因为社会化使人们只能看到两种性别选择："男性"和"女性"，但这两种性别选择是在异性恋的大框架下运作的。而当我们抛弃这个框架时，两性就不应再被视为理所应当的自然分类，而是一种"拟真运作的持续模仿"。[2] 巴特勒举了异装（drag）的例子，并提出一个问题："到底异装是对性别的模仿，还是对性别规范得以依托建立的象征性姿态的戏剧化呈现？"[3] 当涉及性别问题时，巴特勒把阳具中心主义（男性立场特权化）和强制异性恋视为维持这种性别二分法的文化基础。[4]

还有一种始于18世纪的现象在19世纪达到了高潮：基于时尚的性别分化。在此之前，服装更多地被用来表达社会阶层的区别，而非性别差异。[5] 英国和欧洲其他国家的贵族阶层男女都穿着华丽的服装，这些服装色彩极为丰富，面料很相似，塑造出的身形轮廓也相差不远（图5.1）。

从中世纪晚期到18世纪，西方上流社会男女穿着的服装都非常相似，以至于从远处很难立刻区分出穿着者的性别。霍兰德认为这种状况的转变要到裁缝业的分裂时期，1675年，一群法国女裁缝向国王路易十四请愿创立了一个专为女性制作服装的女裁缝工会，霍兰德认为，"这一时刻标志着两性服装根本性分裂的开始，这种分裂影响了整个18世纪，在19世纪达到顶峰，并且至

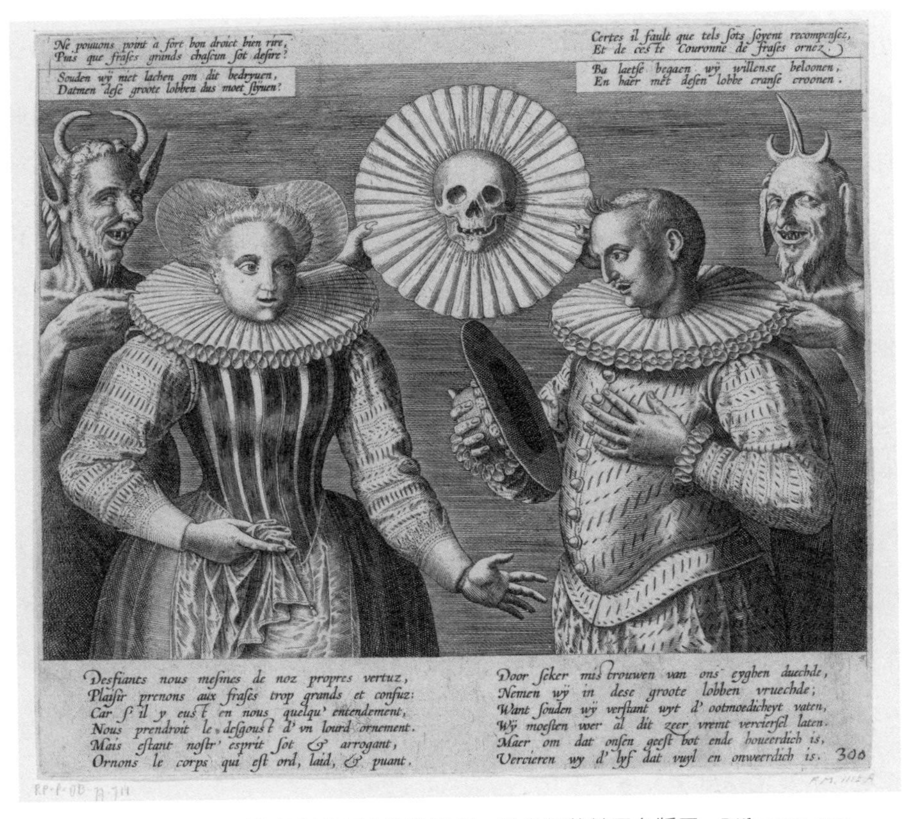

图 5.1　文艺复兴时期相似的男女服装轮廓，17 世纪荷兰匿名版画。Rijksmuseum, Amsterdam.

今依旧存续着”。[6]一直到 17 世纪末之前，男性裁缝还在同时为两性制作服装，这些裁缝在设计、剪裁以及量体上都受过专业的训练，他们给两性设计的服装风格、选择的面料、塑造的形体乃至打造的服饰的悬垂感都是近似而互补的，两性服饰此时在装饰性上势均力敌，这一时期服装行业的女性工作者一般从事的是服装接缝、修剪和整理之类的工作。在新诞生的、主要培养能制作钩编织品而非具备设计、剪裁能力的女裁缝工会的领导之下，女性服装的重点开始转向紧身上衣上的装饰性垂饰，而非现在几乎成为男士专属的精工剪裁上。

在那一时期我们还将看到精致的三件套西装的出现，看到精英女性对奢侈和华丽的那种虚荣的迷恋，看到轻浮的时尚逐渐变得固化。1775 年，服装的性别差异开始显见于这一时期的时装板块和肖像画之中（图 5.2）。

服装的性别化——男性穿着素净而色彩暗沉的三件套西装，这代表着他们的理性和严肃，女性则穿着体积庞大、颜色鲜艳的精致华服，这代表着她们对美化身体的尝试和对奢华的非理性追求——在 1675 年女裁缝工会建立后这种性别化变得更加清晰、明确，尽管之前很多服装样式其实早已在基督教世界中有所实践了。[7] 将把这种转变放在 19 世纪不断发生变化的性观念背景之下来考察将会非常有趣，托马斯・拉奎尔（Thomas Laqueur）在《制造性：从古希腊到弗洛伊德的身体和性别》（*Making Sex: Body and Gender from the Greeks to Freud*）中指出，在后启蒙时代的西方，由科学家、医生、政治活动家及小说家所定义的性的内涵出现了分歧。[8]17 世纪晚期前，单一性别模式的观念一度占据主流，在这一性别模式之中，女性和男性被认为是同一性别的：女性是未发育的男性，她们的性器官是反向的、隐藏在身体内部的——阴道是内部的阴茎，子宫是阴囊，卵巢则是睾丸。诞生于启蒙时代的两性模式观念则首次宣称，男性和女性属于不同分支的类别，有着两套截然不同的性器官。在拉奎尔看来，在整个生物学历史之中，人们都是以一系列不同的方式去理解身体的物理结构的，换言之，性是被社会所构建的，但对于两性模式而言，若要成为一种共识，就必然要有相应的文化呈现和文化阐释层面的转变。

从 1675 年到 1775 年，裁缝行业发生了前所未有的变化，两性模式因此变化而变得清晰、显见。服装“呈现”出男性和女性是完全不同的性别实体，因为两性服装不再遵循近似的风格原则。男性和女性的服装此时看起来差异非常

图 5.2 18 世纪 70 年代，我们开始在时尚插画上看到男性和女性服装的显著差异。

上图：法兰西时尚服饰画廊，1778，第 88 页，“资产阶级的代表人物”，尼古拉斯·杜宾，皮埃尔·托马斯·勒克莱克，埃斯瑙特－拉时利，约 1776—1786 年。

下图：法兰西时尚服饰画廊，1776, T113：“夏季画布……”，杜平，埃斯瑙特－拉时利，1776 年或之后。Both from the Rijksmuseum, Amsterdam.

之大，以至于没有人会再认为在这些衣着之下的躯体并无区别了。时至19世纪，男女之间存在自然差异的观念越发深入人心，特别是在资产阶级群体之中。中产阶级践行着男女分工原则，利奥诺·大卫杜夫（Leonore Davidoff）和凯瑟琳·霍尔（Catherine Hall）考察了这一过程，他们指出，随着时间的推移，中产阶级男女在家庭和工作场所中开始扮演不同的角色。[9] 回顾19世纪，还有诸如索尔斯坦·凡勃伦（1899年）和后来的弗吕格尔（1930年）这样的时尚理论家，他们都通过论证两性之间的自然差异来进一步巩固两性模式理论。[10]

在两性模式出现的这段时间前后，人们对性的态度也开始发生转变。研究时尚、色情和恋物癖的史学家瓦莱丽·斯蒂尔（Valerie Steele）表示，18世纪是一个过渡时期，自这一时期起，人们的性行为以及对待性的态度开始朝着我们今天所熟知的样子发展，[11] 性行为也不再是孤立的，人们开始根据自己所实践的性行为来判定自己和他人所具有的性身份。乔安妮·恩特威斯尔（Joanne Entwistle）赞同斯蒂尔的说法，她认为“性别是一种现代结构”，并指出直到19世纪60年代的维多利亚时代，同性恋和双性恋之类的说法才作为一种与规范异性恋相提并论的性取向被创造和划分出来。[12] 此刻，我们需要偏离主题来讨论一些性理论，因为这些理论将为我们提供一个用于解释性别、性和时尚之间联系的框架。为了理解性学的历史，我们要回顾一下在这一领域影响最大的三位理论家：西格蒙德·弗洛伊德（Sigmund Freud）、米歇尔·福柯（Michel Foucault）和朱迪思·巴特勒（Judith Butler）。其中前两位都曾谈到恋物癖，斯蒂尔曾将之与服装联系在一起：“恋物癖唤起了‘变态’的性幻想，包括对高跟鞋、紧身胸衣等服装物件以及脚或头发等身体部位的异常喜好。”[13]

根据弗洛伊德的理论，性欲是个体产生身份认同的核心，性欲产生于儿童时期，[14] 而儿童将会经历性心理发展的不同阶段，并在不同阶段专注于不同的物体对象。在《对性欲理论的三种贡献》（*Three Contributions to the Theory of Sex*）一书中弗洛伊德认为，性器期（The Phallic Phase）是儿童开始认识性别的阶段，性器期的一个“病理性变态”即恋物癖。[15] 在“恋物癖”一章中弗洛伊德指出，一些男孩意识到他们的母亲缺乏阳具，因而变得害怕被阉割，所以他们以一种恋物癖的形式在所有未来的女性情人身上寻找阳具的替代品。在弗洛伊德看来，“恋物癖的成因是小男孩曾坚信的女性（母亲）身上阴茎的替代品，而且……不愿意放弃……在其内心深处，小男孩坚信女性无论如何其实都是拥有阳具的；不过，现在这个阳具已经不再如最初一般模样了，其他的东西取代了阳具的位置，并被指定为阳具的替代品，而他现在对其前任（本来的阳具）的兴趣也一并被继承下来”。[16] 虽然恋物癖通常集中关联于身体的某些部位，但它们也同样与诸如鞋子、天鹅绒服装、毛皮和内衣等服饰以及其他时尚产品等关联。弗洛伊德相信，时尚产品会发展成为一种恋物癖的对象，因为这些服装和饰品代表了母亲暴露其“残缺”的时刻。当一个男孩躺在母亲的鞋子旁，抬头看着母亲的裙内时，可能就会发展成对鞋子的恋物癖。内衣恋物癖的产生则可能是因为内衣代表了女性完全脱光衣服之前的那个时刻，在那个时刻，女性的阳具仍然保有存在的可能。

在福柯看来，性于我们而言并非与生俱来。确切地说，它产生于 17 世纪新出现的话语之中，这些话语限制和禁止某些特定的性行为，并将它们与规范性行为区分开来，性的产生因此成为个人身份认同的一个重要方面，而在此之前实际上并非如此。[17] 根据福柯的表述，这些话语在 19 世纪后期由精神分析学家们（弗洛伊德即其中一位）进一步发展完善，他们命名并严格定义了规范性行为（异性恋）和非规范性行为（包括恋物癖）的标准。实际上，福柯称恋物癖为“一种典型的性变态……早在至少 1877 年就开始作为研究其他性取向的一个引导性思路”。正是通过恋物癖，精神分析学家“才能够清晰地感知到与其历史依从和生理缺陷一致的个体本能是如何附着于某些物体之上的”。[18] 在《性史》（*The History of Sexuality*）一书中，福柯推翻了弗洛伊德的理论，他把弗洛伊德的著作看作关于性命名和规范那漫长的历史过程之中的一个节点。在对待性的观点上，福柯没有像弗洛伊德那样认为性观念从孩童时期就存在，而是认为性观念是通过权力和知识系统被外在构建出来的。对福柯来说，性观念并无实质内容，它并非个体的自然属性，而是由作家、思想家和精神分析学家所构建，这些人对性进行命名和分类、创造性的类型，并将个体置于其中。

通过对弗洛伊德、福柯、雅克·拉康（Jacques Lacan）和其他人作品进行细读，巴特勒进一步推论并得出结论，即性和性别是并无本质差异的两个文化建构，正如许多早期的女权主义者所假定的那样。[19] 巴特勒解释说，性 / 性别是由一些有助于将其构建为一种自然现象的重复行为所创造的，而实际上，它却是一种“控制性的虚构”。[20] 换而言之，实际上并没有什么真正的女性气质或者男子气概；这些东西仅仅是一些没有任何依据的模仿或者伪装。[21] 她进一步指出，将性 / 性别归为男女二分是一种错误，其存在只是有利于建立父权规范（heteronormativity）。沿着拉康的思路，巴特勒指出，由于性别之间存在差异，为了看似真实，因而人为构建出现代异性恋的菲勒斯中心性：即男性菲勒斯需要通过女性（菲勒斯）的缺失来孕育男性欲望。在巴特勒看来，正如福柯所言，性欲是被建构而成的而非与生俱来的，这种建构在此是通过性别差异的神话来完成的。异性恋的基本错觉正是通过虚构的性 / 性别差异建立的，或者如巴特勒所说，“这种失败的交互模式的滑稽之处部分在于……男性和女性的位置是所指的，而其能指则属于无法以两性位置以外的形式来呈现的象征界的一部分”。[22] 性别化身体之中的性欲和快感在文化上进一步被构建为对某些器官的关注，“身体的某些部分成为想象性快感的焦点，这恰恰是因为它们符合特定两性化身体分类的规范”。[23] 但是，当我们把注意力集中在特定的快感器官上时，身体其他的快感中心就被忽视了，而且在异性恋、双性恋、男同性恋和女同性恋主体之中还存在性欲和性功能不一致于性别（如异装癖）的不连贯性。正是在这种语境之下，异性恋规范和菲勒斯中心主义开始瓦解，并暴露出其是被构建出来的本质。[24]

巴特勒最根本的主张在于，我们的根本自我——一些人称之为身份认同、灵魂、思想或者欲望——是通过限制性的法律在文化上被构建出来的，这些法律给予了我们对内在和外在自我的印象，例如“我”相信自己是女性，因此“我”通过身体姿态、服饰以及对男性的吸引力来表现女性气质。在巴特勒看来，我们并无所谓本质和内在自我；“我们”仅仅是那些给我们带来连贯性印象的叙事的产物，而其中对我们生活影响最为深刻的两个叙事就是性 / 性别观念，以及异性恋。在《性别烦恼》（*Gender Trouble*）一书的结语中，巴特勒提到了性别和性欲的增殖：“性别规范的缺失会导致性别结构的增殖，会破坏实质身份的稳定，也会使标准异性恋中的核心角色——‘男人’和‘女人’的归化性叙事地位丧失。”[25]

我们也许会问自己，到底这些理论与时尚有什么关系？对巴特勒来说，性别以及异性恋的实践方式与身体的外观有诸多关联。可以说在她著作中曾反复提到的“身体风格化”[26]效应的建立有一部分正是通过区分性别并突出两性主要性别特征的服装得以实现的，虽然她自己在著作中从未明确地如此表述过。与之相对应的是，对弗洛伊德而言，服装，或者至少说配饰，常常是被恋物化的，所以服装对于某些个体而言能够给其带来性欲。自我的性别化这一概念在弗洛伊德关于儿童成长的理论中非常重要，其也可以被理解为是基于时尚的。女孩 / 女人承担着通过时尚美化自我角色来确保履行其被观看的被动的性别义务，男孩 / 男人则担任着统治和掌控的积极角色，作为观看者存在。时尚在两性展示和窥视的双重作用之下占据了重要位置。最后，福柯，一个从时尚角度来看难以界定的人，他主张性是规范和知识的产物。根据福柯的说法，大约从 17 世纪开始，新的律法开始将异性恋与其他类型的性取向区分开来，从此性取向成为人们自我分类的一个部分，而非像之前一样被简单地理解为一种可以以各种形式随意实践的行为。当我们回顾有关时尚的资料时会发现，人们经常会通过穿着来区分不同的性取向，比如在 19 世纪 90 年代，基于对奥斯卡・王尔德的审判，同性恋与花花公子时尚联系在了一起。还有一些例子，例如在第一、第二次世界大战期间伦敦警察会逮捕随身携带粉扑的男子，因为这一行为被认为是同性恋身份的标志。[27]

本章将回顾两个有助于阐明性别、性取向和时尚之间联系的服装案例。笔者将从对男士西装三件套的讨论开始，这种服装形式以阶级为基础，利用两性模式中固有的性别特征差异，促进了 17 世纪后期一种特定类型的男性气质的形成。到 19 世纪末，一套剪裁考究、样式时尚的三件套西装成为花花公子的象征，这种充满自我呈现的服装风格常常被学者们解读为一种性别表演（Gender Performativity），19 世纪 90 年代之后，三件套开始越来越多地与同性恋联系到一起。笔者要回顾的第二个例子是紧身胸衣，虽然花花公子有时也会穿紧身胸衣，但在 19 世纪至 20 世纪早期这一物件主要还是女性在使用。本章研究的对象是紧身胸衣本身，而非需要搭配胸衣的服装。在本章将看到紧身胸衣是如何强化性 / 性别差异的，以及它是如何与 19 世纪及之后的恋物癖相联系的。

男子气概、花花公子，以及三件套

在现代男装之中，和男性气质联系最为紧密的就是由外套、长裤和马甲组成的三件套西装。弗吕格尔是首位研究男性穿着形式从鲜艳、精致、多样化（如马裤、紧身上衣、领巾和披风）转变到制服风格西装的过程的。在 1930 年出版的著作《服装心理学》中，弗吕格尔创造了一个词——“男性时尚大弃绝”，用来描述男性选择穿着平淡、朴素而不显眼的服装并把穿戴装饰的权利让给女性的这一现象。弗吕格尔用精神分析理论解释了这一现象，他认为，1798 年法国大革命带来的政治和社会动荡使得服装改革成为需要，对“自由、平等、博爱”的呼吁意味着有公民意识的男性开始不再追求等级和阶级高低，而是选择互相近似的着装来表达他们对新生的民主精神的忠诚。“男性放弃了美，自此，他们唯一的追求即有所作为。”[28] 在提出这些观点的同时，弗吕格尔还指出，两性模式（至少在服装方面）约起源于 18 世纪末，他为性 / 性别观念由外在赋予这一观点增加了一些社会心理层面的内容：“现代男性远比现代女性有更坚定的道德意识，相比女性，其道德品质也在更大程度上体现于服装。因此，现代男性服装有诸多特点，这些特点象征着男性对责任观念、取舍决定和自控的忠诚……这丝毫不奇怪。”[29]

弗吕格尔甚至用弗洛伊德的理论来解释这种服装和心态上的变化对于男性心理而言意味着什么。他解释说，男性的自恋和裸露癖的“炫耀”已经从衣着转变到杰出的事业上，或者将其自恋倾向投射到女性伴侣身上，这些女性伴侣间接地代替男性展示其暴露癖。[30] 否则，男性会将他们（被动的）暴露癖转变为（主动的）窥淫癖，“想要被看到的欲望转变成想要看的欲望”。[31] 在这种情况下，女性及其服装对那些窥淫癖男性而言就变成了恋物的色情展示。在弗吕格尔的分析中，我们能看到弗洛伊德对性别差异的理解极为深刻，在其中有一个强有力的假设，即性 / 性别是身份认同的内在状态。

在过去的 20 多年里，历史学家们开始质疑关于男性时尚分水岭的划分是否合适，有些人认为这一分化时间段应该更早，另一些则认为不会超过 19 世纪中叶，在这一段时间里很多男性依然对时尚和自我展示非常热衷。艺术史学家霍兰德认为，西装的起源比弗吕格尔所认为的要早很多，也就是说，西装出现于 17 世纪晚期，而非 18 世纪末（图 5.3）。

如前所述，霍兰德指出，套装西装之所以出现是因为服装剪裁工艺出现了分化，男性和女性分别开始为各自性别设计服装。在此之前，两性服装都是由男性设计的，这使得两性服装在花哨、浮夸的程度上不相上下，时尚也因此遵循着相同的原则，结果就是两性从服装上来看相差不大。也正是在这个时期，受 17 世纪早期宗教改革和宗教战争的影响，牧师装和兵士制服带来的阴郁色调服装风潮流行起来。[32] 哈代 · 埃米斯（Hardy Amies）针对西装的起源提出了另外一种观点，他认同三件套西装起源于 17 世纪中叶，但其源头是贵族在乡村庄园穿着的骑行服，[33] 和弗吕格尔一样，埃米斯也认为西装的出现是时尚服装向大众化走出的一步。大卫・库赫塔（David Kuchta）同样赞同西装

图 5.3　在丹尼尔・米滕斯对英格兰国王查理一世的描画中可以看到 17 世纪的男装样式（1629 年）。The Metropolitan Museum of Art, New York.

起源于17世纪中后期的说法，但他补充了一个论点，即服装的这种变化背后的原因是这一时期的政治、经济和社会环境发生了巨大变化。也就是说，库赫塔认为，在1688年光荣革命之后，贵族之所以选择穿上这种西装，是为了显示自己勤勉、朴素且有能力管理国家。[34] 在王权统治森严之时，贵族们居于次位，故而可以穿着一些轻浮的服饰，可当这些非王室血统开始执掌大权时，严肃得体的举止和外观就成为必要。与此相似，富裕者和地主阶级低调的穿着也是为了显示自己不慕时髦、不爱虚荣与奢华。

库赫塔认定这种对上层社会中男子气概和服装的重新定义是以那些因奢华、招摇而被贴上虚荣标签的下层和城市中产阶级男女为代价的。这些人被认为受到了时尚的控制性影响，因此在政治上他们不再可靠，因为他们无法克服对奢侈品的迷恋去做有利于国家的事情。类似的修辞后来在19世纪中产阶级为了突出其政治合法性而开始穿着西装时再次被使用，其目的是排挤下层阶级以及其他阶层的女性。还有一个与弗吕格尔观点相去甚远的看法值得注意，即西装代表了共和政治，在此西装代表着强大的男性霸权，用来把某些阶级和性别排除在议会之外（图5.4）。此外，也正是在霍兰德、埃米斯和库赫塔解读过的三件套西装实例出现的时期，拉奎尔提出了两性模式理论。

在1860年到1914年，当商人们积极地寻求男性消费产品，并努力使享乐主义再次为男性所接受时，这种“男性时尚大弃绝”影响力又有所减弱。[35] 在笔者关于男性和时尚配饰的著作中，笔者提出中产阶级和贵族阶层的普通男性并不像弗吕格尔所说的那样完全不受时尚和虚荣的影响。例如，19世纪的大多数男性完全能够精确地感知到，在服装面料和合身度上真正的绅士和那些装腔作势者之间存在的微妙差异。[36] 所以，诸如时尚、虚荣、自我展示这些被

图 5.4 人字纹编织的灰色羊毛男式三件套西服（约 1890—1901 年）。切特西博物馆，照片 ©the Olive Matthews Collection, Chertsey Museum. Photograph by John Chase.

归为女性专属领域的概念实际上是一种普遍的社会经验，而非性 / 性别化的经验，毕竟没有哪个群体比花里胡哨的花花公子更能证明服装对 19 世纪男性的重要性了。

无论是在现实群体之中还是文学创作里，19 世纪的花花公子都因他们那些剪裁精良、用深色的家庭手工纺织毛料和清爽的白色亚麻布料制成的华丽西装而格外引人注目。[37] 这些男士身上合体的三件套剪裁完美，收腰西服外套衬托出希腊雕塑般的身体吸引力。[38] 花花公子通常不属于贵族阶级，但他们往往受过教育、热衷社交并实践着贵族般的休闲生活方式，并且“在追求衣着、姿态、品味和才智等方面的正确得体有一种奴性般的痴迷忠诚”。[39] 包括历史学家和文学家在内的许多学者都认为，花花公子体现了一种明显的男性气质，因为他们并不属于某个特定阶层（但他们给贵族的服装品味定下了基调），花花公子对服装细节非常关注，行为举止规范也相当严格（这些规范时而是保守的，时而则是出挑的），他们经常处于一种自觉的自我展示状态，而这一般被认为是专属于女性的行为。[40] 花花公子的行为被认为是一种“高度戏剧化的性别展示”，[41] 甚至有一些人认为他们属于“越轨的第三性别”，其存在有助于揭示异性恋性别结构霸权的表演性面貌。[42]

花花公子群体之中不乏名人，包括乔治·布莱恩·布鲁梅尔（George Bryan Brummell）、奥赛伯爵（Count d’Orsay）、爱德华·布尔沃 - 利顿（Edward Bulwer-Lytton）、奥斯卡·王尔德、本杰明·迪斯雷利（Benjamin Disraeli）和年轻时的温斯顿·丘吉尔（Winston Churchill），他们每个人的自我表现方式可以说都是独一无二的。这些花花公子用时尚风格来对抗他们那个时代日益发展的资本主义，创造独属于自己的个性，并把自身置于贸易交换、规模生产和特定阶级的自我展示这一套体系之外。[43] 花花公子被视为一种反文化角色，他们挑战并蔑视传统的那些努力工作、自我克制以及认真诚恳的男性中产阶级准则，服装选择正是他们态度表达的一部分。[44] 但也有一些花花公子，包括摄政时代[1] 的著名人物乔治·布莱恩·布鲁梅尔（图 5.5），他们不穿着色彩艳丽的服装，而是选择低调朴素的服装，弗吕格尔认为这是中产阶级心态的一种表现。

图 5.5 乔治·布莱恩·布鲁梅尔，威廉·杰西绘制插图，《布鲁梅尔的生活》（*Life of Beau Brummell*，伦敦：纳瓦拉社会有限公司，[1844]1927 年）。Photo: Hulton Archive/Getty Images.

[1] 摄政时代：指 1811—1820 年英国国王乔治三世的儿子威尔士亲王乔治（后来的乔治四世）摄政时期，1820 年乔治三世逝世后摄政王乔治正式加冕为乔治四世。——译注

这可能表明，花花公子本是“男性时尚大弃绝”大众化思潮的信徒，但对个性和优雅的自我展示的追求使他们坚定地将自己置身于这种浪潮之外。

到了19世纪末，那些置身于审美运动之中的花花公子们（并非所有花花公子都参与了审美运动）完全摆脱了中产阶级西装，也不再保有贵族般的绅士的谦逊气质。与早期布鲁梅尔的花花公子服饰不同，王尔德的服装不再柔和而优雅，他那不同寻常、稀奇古怪的衣着风格打破了传统深色三件套西装的规范：比如身佩绿色胸花，一身鲜红的马甲，上嵌绿松石或者钻石纽扣。[45] 1882年前往美国时，王尔德穿了一套摄政风格的西装：黑色天鹅绒外套，配上带有大蝴蝶结的闪亮鞋子，膝盖处还有破洞。他的这套装扮被叫作“小勋爵范特罗伊（Little Lord Fauntleroy）”套装（图5.6），因为这身衣服与一本儿童小说中提到的角色的服装很相似。[46]

在那个时期，大家都嘲笑这种风格是可笑的娘娘腔，例如，当王尔德在布鲁克林演讲时，一个美国听众如此评论：“他看起来像个害相思病的小女孩儿。”[47] 美国报刊则经常批评他的演出和服装，认为他“完全没有认真对待他的事业”。[48]

许多学者还曾指出花花公子、娘娘腔和同性恋文化之间的联系。[49] 但事实上，在维多利亚时代，普通人的概念里还没有形成对这种联系的印象，一直到19世纪末，1895—1896年对王尔德的审判，才使得审美运动和地下活动的同性恋被相提并论。当然，在王尔德的审判之前也有人嘲笑花花公子是一些娘娘腔，但都是针对他们的行为举止和自身性别的不一致而非性取向问题。正如福柯等人所发现的，直到19世纪末，同性性行为才开始被视为关乎社会心理认同；在此之前，性就是一种同性或者异性都可以参与的普通行为。

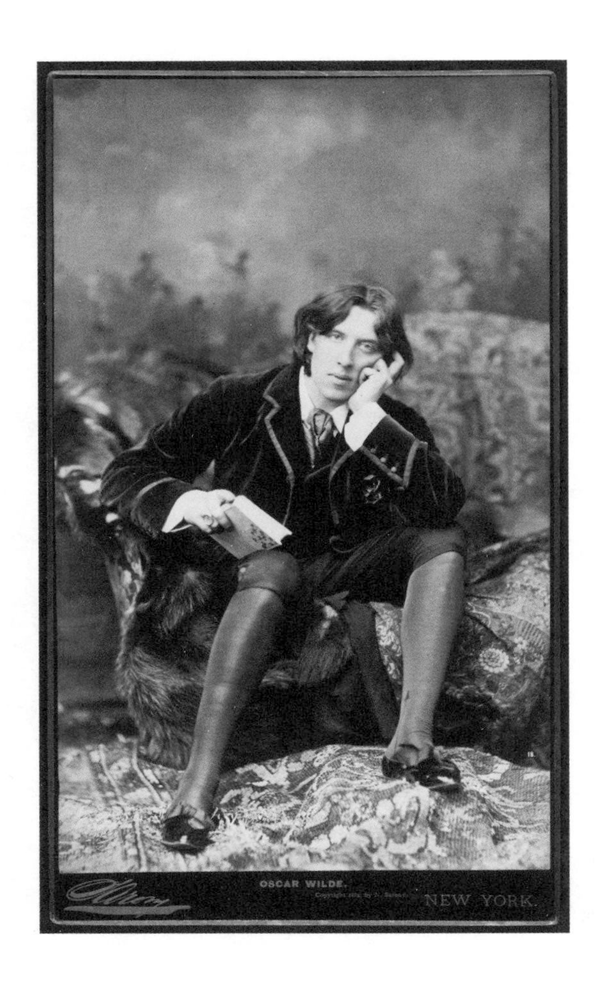

图 5.6　穿着“小勋爵范特罗伊”套装的王尔德，1882 年，《名片》(*carte-de-visite*)。Photo: Napoleon Sarony. The Metropolitan Museum of Art, New York.

布伦特·香农（Brent Shannon）认为，王尔德被判严重猥亵罪后，男男性行为开始被贴上了“变态”的标签，审美服装、娘娘腔和同性恋之间的联系也从此开始固化。[50]

根据克里斯托弗·布雷沃德（Christopher Breward）的说法，这意味着那些认为自己是异性恋的花花公子们退出了将花花公子当作一种政治、性别以及社会性的抵抗形式或审美运动，转而选择穿上了风格更为严肃的早期布鲁梅尔式西服，而这代表了他们频繁出入城市商业场所、有着高雅的品位，以及对商品拜物教的接纳。[51] 花花公子后来的着装面貌也开始出现在广告之中，被用来向大众进行推销，[52] 到了 20 世纪之交，花花公子的形象已经蜕变为他们曾经极力抵触的样子：那些日益成长起来的工人阶级和行将破产的中产阶级的理想典型。花花公子在此实际上已经变成了一种大众化形象：他们不再是伦敦西区的精英代表，而是所有大众效仿的榜样。[53]

紧身胸衣、女性气质以及恋物癖

很难想象还有什么服装能比维多利亚时代的衣着更能展现两性模式的特征了。当时的男性服装通体使用深色布料，外形上看起来像一个戴着高顶礼帽的黑色长筒；而女性则用紧身胸衣把自己紧紧勒住，突出胸部、臀部轮廓和腰线。维多利亚时代的人们认为贴身塑形的紧身衣能够突出人的“自然”美，[54] 这一时期大部分紧身胸衣的腰围尺寸在 18~30 英寸，这样勒紧几英寸，在限制腰身的同时也不至于让人过于不适（图 5.7)。巴斯服装博物馆（Museum of Costment at Bath）收藏的一批紧身胸衣中，腰围最小的大概为 21.5 英寸。

根据切特西博物馆的研究，维多利亚时代裙装的平均腰围为 27~28 英寸。[55] 众所周知，维多利亚时代很多人会通过穿戴束腰来获得更纤细的腰围，这些被称为“紧系者（tight lacers）”的人称要把腰围降到 16 英寸甚至 13 英寸那么细。[56] 紧束腰身在那个时代会受到不少世俗的压力，而历史学家们现在一致认为在维多利亚时代真正会去实践紧束腰身的可能只是很少一部分人，因为紧束腰身在那个时代会受到不少世俗审美的压力，不过到了 19 世纪，各个阶层的女性普遍开始穿戴紧身胸衣了（至少在英格兰地区是这样）。[57] 紧身

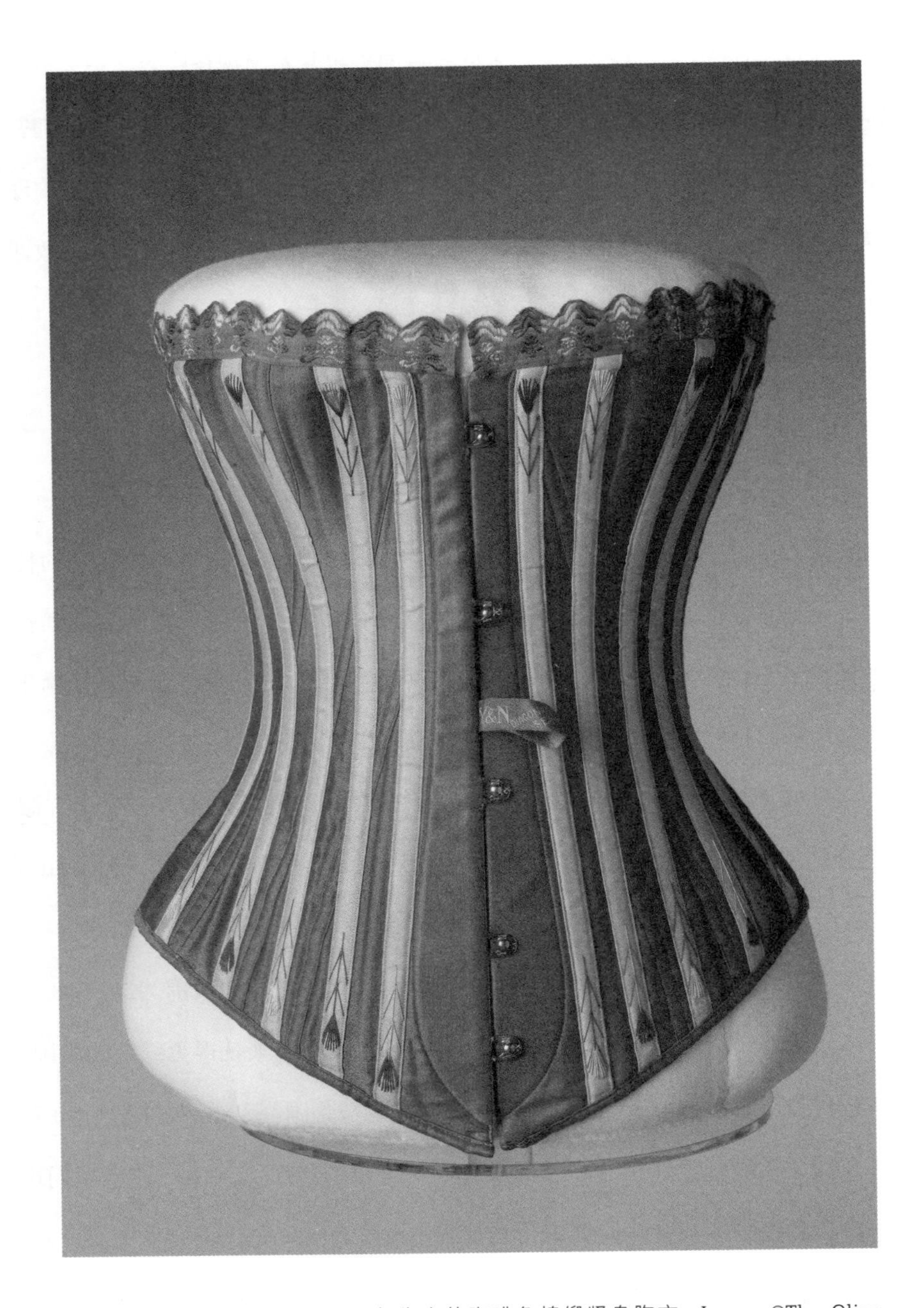

图 5.7 Y&N 公司于 1885—1895 年生产的咖啡色棉缎紧身胸衣。Image ©The Olive Matthews Collection, Chertsey Museum. Photo: John Chase.

胸衣的法语单词是“corp”，意思是身体，这在语言学层面上证明了紧身胸衣是一体于女性身躯的。[58] 由于女性从青春期早期就得开始穿戴不少特定种类的紧身胸衣，我们可以将紧身胸衣视为塑造女性气质的一种基本元素，可以说，紧身胸衣确保了女性的身体能够区别于男性。讽刺漫画（图 5.8）将紧身胸衣有助于形成性别差异并强化两性模式的特点展现得淋漓尽致，这些漫画出现于服装改革运动之后，这一运动终结了紧身胸衣的流行，像布鲁默这样的前卫女性开始青睐对身体限制更少的服装。[59]

紧身胸衣的起源像西装一样可以追溯至 16 世纪上半叶的贵族群体之中。在这一时期，鲸须和其他坚硬的材料被用于制作胸衣以使其保持直挺的结

图 5.8　女装改革时代的漫画，其中没穿紧身胸衣的女性和男性看起来很相似。在这些漫画中，我们看到了一种担忧，即当男性化的女性和女性化的男性漫步在欧洲大都市的街道上时，性别将难以被区分。这些讽刺漫画无意中揭露了一个问题：性别是一种严重依赖于特定服装穿着的展示表达。Mary Evans Picture Library.

构。[60] 文艺复兴时期，贵族男性也开始穿这种硬质紧身上衣[61]，用来帮助他们维持一个挺直的身姿；还有一些男性也会穿紧身胸衣来保持军装外套的合身并维持其垂坠的质感。[62] 这一时期的服装有一个很重要的特点，即其目的并非区分性别。如前所述，此时服装更多的是用来区分阶级，紧身胸衣即这样一个贵族男女用来进行自我塑造和自我表现的服饰元素。早期的紧身胸衣象征着正直、纪律和自控力等品质，在这种联系之下，贵族身体的"正直"代表的不仅仅是个人品质，还代表了国家。[63] 这一时期包括伊丽莎白一世、凯瑟琳·德·美第奇（Catherine de' Medici）和凯瑟琳大帝（Catherine the Great）在内的女性君主正是在这种"限制"和"正直"的身体姿态之下在宫廷中生活和治理国家，通过这种"天生的诱人外表"，她们精心打造了一种戏剧般的权力氛围。[64] 但随着贵族文化越来越为人所熟悉和效仿，与阶级相关的服装元素也逐渐变得只和女性相关——颜色和装饰的水平与诚恳、正直的程度关联起来。[65] 这一转变发生于18世纪晚期，也是在这一时期，男性开始穿起了西服。时尚展示出这个时期人们心态的转变：阶级已不再是人彼此区别的主要身份，性别才是。而区别两性的两个重要服装元素就是玲珑有致的紧身胸衣和笔挺的西服套装。

根据早期历史学家和社会思想家们的解读，紧身胸衣是一种压迫女性的形式。[66] 美国社会学家索尔斯坦·凡勃伦（Thorstein Veblen）在1899年撰文称，紧身胸衣是"一种摧残，其目的是降低女性的活力，使其永远无法胜任劳动"。[67] 在1977年的一篇文章中，海琳·E. 罗伯茨（Hélène E. Roberts）指出："维多利亚时代女性的服装明显传递出试图使女性更加顺从于受虐模式的信息，除此以外，服装也有助于塑造女性作为'精致奴隶'角色的一些行为举止。"[68] 根据罗伯茨和凡勃伦的说法，紧身胸衣是一种压迫女性的形式，这种形式造成19世纪女性处于一种被动的地位。这些学者倾向于将20世纪的服装改革视为一种把女性从束缚和压迫身体的紧身胸衣中解放出来的力量，在他们看来，一旦女性从这种紧身不适的服装中解放出来，其他形式的女性解放很快将接踵而至。

另外一些历史学家却不将过去在服装选择上自主权甚少的女性视为时尚的受害者，而是将紧身胸衣当作一种解放形式。这些学者中态度最为坚定的是艺术史学家大卫·昆兹勒（David Kunzle），他反对紧身胸衣是父权压迫的一种形式的观点，在他看来，对那些紧紧扎起胸衣的女性而言，内衣是一种解放的形式（图5.9）。

一方面，正如昆兹勒所言，穿紧身胸衣的女性“利用自身的性别特征以及服装塑造的性别形式……从社会－性的主体地位之中崛起”。[69] 他认为女性的性别特征是一种“颠覆性的力量”，其代表的是对被支配的反叛以及性自由。昆兹勒在对罗伯茨的文章的直接回应中指出，恰恰是那些性压抑的服装改革者以及遵从父权的保守男性在倡导女性顺从。从另一方面来看，有社会抱负的中下层女性通过紧紧系上自己的胸衣突出性别特征来强调自己的性别，通过拒绝扮演母亲和家庭主妇的角色来寻求获得社会地位的提升。[70]

霍兰德则持有一种更为审慎的观点，她指出，当穿着紧身胸衣的女性在处理家务、抚养孩子时，内衣能够帮助其保持良好的身形，并让其穿着在外面的服装看起来更加平整、规矩。[71] 斯蒂尔指出，一部分女性个体对紧身胸衣的感受比昆兹勒和罗伯茨所想象的更为复杂，当然有一部分人觉得穿着紧身胸衣很压抑［斯蒂尔提到格温·拉维拉特（Gwen Raverat）和伊迪丝·罗德（Edith Rode）在回忆录中曾说过她们年轻时反抗穿紧身胸衣的斗争］，[72] 但许多人其

图 5.9 法国音乐厅歌手波莱尔（Polaire）穿着著名的蜂腰紧身胸衣，1890 年。
Photo: Hulton Archive/Getty Images.

实是喜欢穿紧身胸衣的，毕竟无论哪个年代，得体的着装都能够给人带来一种舒适感。

紧身胸衣是一种有助于女性塑造对自己身体的理解和体验的物品，无论是在她们对性别的思考中，还是在她们对自己性别特征的理解中。通过紧身胸衣，我们能感受到性别规范的存在，紧身胸衣还是一个用来理解和维持性别的物理实体。在福柯看来，身体在此“陷入了一个服从的体系”，在这个体系中“权力关系对身体有直接的控制；权力关系包围着、标记着、训练着、折磨着身体，强迫其执行任务、做出表演行为、发出信号”。[73] 福柯的措辞看起来相当严厉，斯蒂尔和霍兰德等历史学家则认为，虽然紧身胸衣并非一种女性服从的形式，但它很难不被视为一个权力对象，因为它自觉地改变了女性的身体，对于不同性别地位的创造而言非常重要。再回到福柯关于身体是被迫“发出信号”的观点，我们可以清楚地看到，正是这紧缚的身体创造了女性气质，创造了脆弱的性别区分，创造了正直的道德观念，也创造了与性相关的诸多知识。

19 世纪和 20 世纪早期一些关于紧身胸衣的论述认为，女性的身体天生就具有缺陷。[74] 性学家哈夫洛克·埃利斯（Havelock Ellis）在 1910 年的《对前系带紧身胸衣的解剖学辩护》（*An Anatomical Vindication of the Strait Front Corse*）一文中解释说，当人类由四条腿进化到两条腿时，女性的生理机能也随之减弱了，[75] 因此，根据埃利斯的说法，对女性来说“紧身胸衣在形态学意义上非常重要”，因为维持站立姿态对她们而言是有困难的。[76] 19 世纪的一些医生同样提倡女性穿着紧身胸衣，比如索维尔·亨利-维克托·布维尔博士（Dr. Sauveur Henri-Victor Bouvier）和卢多维奇·奥福洛威尔博士（Dr. Ludovic O’Followell）认为紧身胸衣是支撑女性脊柱所必需的。[77] 还有像罗克西·A. 卡普林夫人（Madame Roxey A. Caplin）这样的支持者也认为胸衣（stays）对于“虚弱、娇柔或有残缺的女性”很有帮助，对她们来说“胸衣是绝对不可或缺的”。[78] 在此我们可以看到，关于女性弱于男性的社会文化假设在内衣上得到了确认。

紧身胸衣是女性气质的象征——它们给身体塑造出曲线，突出胸部和臀部的第二性征，并通过纤细的腰身塑造出一种美感。但这种女性气质有着两面性：紧身胸衣使女性同时感受到性欲和道德，这就是关于紧身胸衣的悖论。紧身胸衣将身体紧紧扎住，这能让穿着它们的女性彰显出其贞操与品格，因为系带象征着自律、自控以及正直，[79] 在公众场合不穿紧身胸衣的女性会被认为品行不端，通常只有不检点的女性才会如此，因为不穿紧身胸衣时常与卖淫行为相关联。尽管有道德和性别控制层面的内涵，但这些胸衣同样是被性别化的，因为在穿着紧身胸衣的女性看来，穿戴紧身胸衣能够突出其性吸引力，[80] 正如斯蒂尔所指出，紧紧围绕并束缚着女性身体的紧身胸衣时刻激发着女性的身体意识，甚至其性取向，[81] 在对维多利亚时代的想象之中，绑起和解开紧身胸衣的动作常与性行为联系在一起，为情人绑起紧身胸衣是一个非常亲密的行为，而解开紧身胸衣的动作也通常与即将发生性行为相关联（图 5.10）。[82]

维多利亚时代的人充分意识到紧身胸衣与规范性别的联系，很多关于性别和紧身胸衣的争论都来源于一部分穿紧身胸衣的人群。1867—1874 年，《国内女性》（*Domestic Women's Magazine*，*DWM*）杂志刊登了一系列关于紧身胸衣的文章和书信，[83] 包括罗伯茨和昆兹勒在内的一些历史学家依据《国内女性》上的文章内容，称维多利亚时代是一个虐待狂的时代，他们认为大多数

图 5.10　保罗·加瓦尔尼，“啊！一个例子！真奇怪！” Photo: Three Lions/Getty Images.

维多利亚时代的女性都把紧身胸衣压缩、系紧到 16 英寸甚至更小尺寸，这会给女性带来相当痛苦的体验。[84] 在重新审视这些资料后，斯蒂尔认为，这些资料并非维多利亚时代女性的典型案例，反而代表了一部分群体对紧身胸衣的崇拜。[85] 斯蒂尔指出《国内女性》中的书信资料有三个线索："极端的身体修饰，包括昼夜全天候穿着紧身胸衣；对疼痛的虐恋性愉悦和对涉及支配、臣服的性爱场景的强调；以及将紧身胸衣作为变装元素。"[86] 这些恋物癖的书信中多次提及各种性幻想和性癖好，目前尚不清楚书信的作者到底是男性还是女性，但其中的很多故事是关于女性的。同时，斯蒂尔还指出，如梦境般模糊的个体故事以及对紧身胸衣所带来的痛感和满足感的强调与色情小说中惯常使用的比喻手法非常相似，在斯蒂尔看来，这些作者的创作本身就应该被看作一种性幻想，因为文中的描述多是一些与服装相关的恋物癖（实际这里的恋物癖更多地与疼痛和身体改造有关，而非关于物品本身的恋物癖）。《国内女性》的其中一个作者的观点与弗洛伊德解释以恋物癖对象替代不存在的女性阳具的说法很巧妙地吻合了，在一封由名为"蜂腰男子"的作者所写的信里，作者描述了他对女性天生"松弛的腰身"的厌恶，他更喜欢"固定、坚硬、支撑良好的挺拔腰身"，[87] 显然，这里的蜂腰（wasp waist）呈现出了勃起的阳具般的特征。另外一种对紧身胸衣与恋物癖关系的解释思路是回归到巴特勒的观点，即某些身体部位因为具有性别特征而成为愉悦的中心。维多利亚时代女性的束腰无疑就是这样一个典型的、反映女性性别特征的身体部位的案例，因为在 19 世纪的大部分时间里，男性的身体廓形并不着重突出腰部。腰部显示出性别之间的差异，所以它成为维多利亚时代异性恋的兴趣点和关注焦点。

紧身胸衣通过改变女性的身体轮廓使其立即显著区别于男性，从而塑造和呈现出一种显而易见的女性性别身体，它与两性模式兴起之后的一些关于女性的性别品质假设，如软弱、虚荣和道德成疑等相关联，也与女性（和男性）的性别特征关系密切，其通过创造一种身体和道德上诚实可靠的印象来强化诸如

“家庭的守护天使”这样的女性观念。同时，紧身胸衣还会突出女性乳房和臀部这样的第二性征，有些人认为，女性的性别认知的苏醒可能正是由于内衣的紧缚使她们经常能感知到自己的身体。

结 语

在现代世界中，服装已经成为构建我们对性、性别和性取向的理解的一种方式。但在文艺复兴时期，服装却是阶级分化的一种形式，在这一时期，服装被理解为一种塑造自我和一个端正、挺拔的贵族身形的手段。在后启蒙时代，随着一性模式向两性模式缓慢转变，服装开始从代表阶级差异转向代表性别差异。因为在 19 世纪，性别是人们理解自我的主要方式之一，所以象征性别差异的服装被认为是个体本性的自然延伸，或者说是第二层皮肤，与性别相关的服装已不像文艺复兴时期的阶级服装那样被视为一种表演元素。服装离皮肤如此之近，以至于彼时人们认为服装一体于肌肤之下的心灵内涵，是一个男人或女人的性别气质的真正标志，正如西装的剪裁会让肩部更加宽阔、胸部更为雄壮、臀部线条更直挺，而紧身胸衣可能会收紧腰部、抬高胸部、丰满臀部。然而，如果说服装像一副盔甲保护着性 / 性别差异，那么这副盔甲上依然存在着裂隙，维多利亚时代的人们对不穿紧身胸衣的女性感到担忧害怕，因为这种男人般的身形是对一性模式的复辟。到底要如何对待那些穿得像女人的男人们，比如穿紧身胸衣的男子和花里胡哨的“王尔德”们？种种案例都表明，社会性别并不是一直与自然性别一致的，而性别规范服装的使用会使社会性别分类慢慢被自然地采纳。不仅如此，服装还极大地影响了维多利亚时代社会对性取向的理解，在“紧系者”和崇尚美的“花花公子”的案例中，服装体现了异性恋规范的限制性，1896 年对王尔德的审判固化了男性审美服装和同性恋之间的关系。维多利亚时代那些热爱系上束带的男男女女则体现了（与性相关的）恋物时尚和（暗示女性道德和正直的）规范的紧身胸衣之间的差异。以最典型的男性服装西服和女性服装紧身胸衣为例，这一章节探讨的主要内容在于，在 19 世纪的性与性别呈现中服装究竟扮演了什么样的角色。

第六章　身份地位

薇薇安·里士满

这本小册子是一个向年轻女性讲述与服装有关的罪恶故事系列中的一本，这个系列中的故事风格非常相似。这本小册子名为“在你的帽带上跟你说句话”[1]。

英国的帝国时代恰好也是工业化的时代，快速的社会转型带来了城市化和体现新生活方式与谋生手段的新职业，带来了人们对政治权利和宗教自由的要求，也改变了阶级和性别关系。规模化生产和零售分销手段（诸如邮购）的发展增加了人们接触服装的机会，人们家中衣柜里的衣服从原本数量寥寥无几变得逐渐琳琅满目起来，衣柜里的衣服由以前的自制服装和二手服装逐渐替换为工厂制品和商场产品，这为现代西方的服装消费模式奠定了基础，即大多数人对服装都能够有所选择，消费的产品都是一手服装和成衣，而且经常以贷款赊账的方式购买。不仅如此，服装在风格上同样发生了变化，在工厂、实验室、办公室和商店这样的室内场所里工作时，人们不再像农民那样需要太阳帽和罩衫提供防护。而且，那些传统的服装体积庞大，容易被机器绞住从而伤害穿戴者，对于工业工作环境而言这是非常危险的。尽管这些服装可能别有一种风情，可对于城市的商业环境来说，这些乡村魅力并不适宜。

这是一个充满发展和机遇的时代，同时也是一个满是考验和焦虑的时代，因为传统群体秩序的崩坏和社会的流动性威胁着阶级的界限、等级和特权。因此，尽管自 1604 年起英国一直都没有出台限制奢侈的法令，但“政府和道德家”们努力维护着他们所习惯的传统社会秩序，仍然声称自己“有权限制下层民众的物质表达”，尤其是在着装上。[2] 不过，那些希望挑战这些限制或者维护工人阶级身份的人同样把着装作为一种有力的武器。

在这一章中，笔者将重点讨论 19 世纪人们把服装作为社会分隔手段的三种主要方式：首先将对棉制品，这一“工业革命的纤维”[3]，有争议性的崛起进行考察。棉制品因此成为工人阶级服装的专属面料，它在很大程度上替代了羊毛料、亚麻布和皮革制品。而且，随着工人的政治意识逐渐增强，棉制品也成为无权的工人们为争取议会代表权而斗争的自豪象征。

大多数人拥有的服装数量的增加是生活水平全面提高的一种表现，但这一过程同样也是渐进式且不平衡的。在整个 19 世纪的英国，穷人非常普遍，相关法律的改革使得政府给予穷人的援助减少，穷人因此越来越依赖慈善机构提供的基本生活必需品，其中就包括服装。在把社会分层视为神圣计划的一部分的福音主义的普遍影响下，提供简单的慈善服装成为富人们想方设法让穷人安于其位，并借机向他们灌输节俭和道德观念的手段之一。以上这些内容将构成本章论述的第二部分。

工业化还导致了中产阶级数量的增长和乡绅化。在中产阶级家庭中，女性一般负责管理家庭事务，而体力劳动则由数量越来越多的家庭女仆们进行，她们也成为雇主财富和地位的表现。然而，很多中产阶级的女主人却不习惯也不安心于自己骤然提高的地位，也不习惯管理仆人。此外，随着服装变得越来越便宜，可选择的样式也越来越丰富，仆人和女主人的身份经常难以区分。因此，在本章最后部分考察的内容包括中产阶级雇主们是如何设法规范女仆的着装，从而在宣誓自己权力的同时保持自己和仆人的区别以及由此产生的相互的紧张关系。

各种独特的因素叠加在一起，使英国在18—19世纪走在了工业化的前沿，也让英国如此与众不同。严格来说，英国地区工业化的实践方式、进程及经验并未在其他地区被大规模复制，但是其工业发展早熟和水平卓越的这些事实，使英国成为研究服装与工业化之间的关系，以及服装用来表达其他时代和地区社会分化与焦虑方式的理想的与基本的出发点。

友爱的起绒布

19世纪的棉制品贸易从各个方面塑造了新工业社会的面貌，作为棉制品工业产物的起绒布（fustian）象征着工业社会之中的劳动人民。[4] 在1801—1911年，英格兰和威尔士地区的人口从900万增加到4 000多万，城市居民数量从约占英国人口的1/3增加到3/4以上。[5] 农业从业者占总劳动力的比例从40%减少到8%，许多劳动力转移到不断发展、增长的零售业、文职工作、运输和能源行业之中。[6]

新的工作和生活方式需要新的服装风格。于是制服（uniforms）开始大量普及，并成为在竞争激烈的资本主义经济中彰显企业职员身份的有力手段，制服还能让人快速识别警察和铁路搬运工这样的公共服务者。到 19 世纪 20 年代中期左右，更为普遍的趋势是社会各阶层的大多数男性都不再穿及膝马裤（knee breeches），取而代之的是长裤（trousers），这种裤子在以前只有从事航海类职业的人才会穿。[7] 此外，罩衫（smock）也大多被穿在衬衫外面的马甲和夹克取代，即使需要防护的农业劳动者也是如此穿着。

尽管时尚身形的潮流起起落落，但工人阶级女性的服装变化不甚剧烈。整个 19 世纪，工人阶级女性日常都穿着长到脚踝或者裙角刚好触地的裙子，并配上围裙，而之前外露的胸衣（stays）现在换成了内衣（undergarments），下裙向上翻起、露出内里衬裙的睡衣和长袍款式变成了全部垂放下来的裙子样式——通常上半身搭配的是胸衣或者衬衣，下面的裙子和上装分离开来。这些服装的转变发生在不同的时期，根据地区和职业的不同还有许多变化，例如伦敦的清洁工在大多数男性都换穿长裤之后的很长一段时间内还保留着穿着马裤的习惯。[8] 不过，与之相反的是，在服装高度性别化的时代，干着脏活累活的维冈矿工女孩（pit-brow girls）却选择在劳动的时候穿男性的长裤，这让人感到非常诧异——尽管在不干活的时候她们也会穿回传统的当代女性服装。[9]

然而从社会分层的角度来看，服装风格的重要性可能不如服装面料。在 19 世纪早期，工人们的马裤有时会用厚重的棉料制造，但更多时候还是皮革或者羊毛料材质的。有些男性在罩衫外套穿的是毛织外套或者夹克，女性的长袍一般也都是羊毛料制作的。粗纺羊毛法兰绒经常用于制作包括男士衬衫在内的内衣，但有时候这些内衣和罩衫，还有女性穿的长袍和胸衣下的打底衫也可以用亚麻布来制作。[10] 不过，随着19世纪棉布生产的发展，所有这些布料都在很大程度上被棉布取代了。[11]19世纪20年代，苏塞克斯郡的一位牧师和当地一家服装慈善机构的创始人评论说:“下层阶级不再穿亚麻布内衣，而是穿白棉内衣（calico）。”[12] 白棉布的质量和价格有各种档次，但最常用于制作工人阶级内衣（如衬衫和打底衫）的一般是最便宜的棉布（图6.1）。

19世纪的棉布并非什么崭新的事物，因为棉布从16世纪就已经开始从印度进口到英国。[13] 虽然它们广受欢迎，但18世纪的英国并未禁止进口印度纺织品以保护本土毛料和亚麻工业，对穿着棉布服饰的女性的抨击也并未影响

图6.1　学校学生进行缝纫练习用的一小块白棉布，1896年。Author’s collection. Photo: Monica Randell.

人们对印度棉布的热情。[14] 以兰开夏郡为中心的英国棉工业的建立和迅速扩张确保了棉布的统治地位，18 世纪 80 年代至 19 世纪 50 年代，进口到英国加工的原棉数量从每年 820 万千克增加到 3.6 亿千克，这体现了该行业的迅猛增长。[15]19 世纪 40 年代，年轻的共产主义者弗里德里希·恩格斯（Friedrich Engels）前往曼彻斯特并在他父亲的纺织厂里工作，他宣布棉布已经成为"劳动人民"的面料。他记录道：

> （羊毛和亚麻）几乎从人们的衣橱里消失了，棉布取代了它们的位置。衬衫都是用漂白过或有色的棉布制成的；女人的衣服大多是印花棉布制成的，羊毛衬裙已经很少出现在晾衣绳上了。[16]

不过恩格斯认为这是一场灾难。尽管白棉布每码 5 便士或 6 便士的售价只是制作衬衫的亚麻布或法兰绒的价格的一半，可白棉布既不像亚麻布那么耐磨，也不像羊毛料那么保暖，因此可能并不是很实用。[17] 窘迫之处在于，许多工人阶级根本没有足够的钱供他们做选择——要么是棉布，要么什么都没有。他说：

> （英国的气温）骤然变化，极易引起感冒，中产阶级都不得不贴身穿着法兰绒服装，穿戴法兰绒围巾和衬衫在当地非常普遍。

但是他继续说，"工人阶级被剥夺了使用这种御寒措施的权利""他们几乎连一件毛料服装都不可能穿得起"。[18] 然而，棉布的优点不仅仅是便宜，它们还比毛料更容易洗涤，因此更卫生。所以与恩格斯观点不同的激进派裁缝（和皮马裤制造商）弗朗西斯·普莱斯（Francis Place）在19世纪20年代就提出，要迎接“由棉布制造业进步而产生的伟大变革”。届时，没有一个女性会再如此打扮：

身上不着长袍，脖子上不戴围巾，皮质胸衣半绑着并和门边挺一样颜色漆黑，她们那些黑色粗毛料和条纹羊毛料衬裙将被扔在那里“孤零零地吃灰”。[19]

在那个时代，人们对待棉布的态度是有争议的，但它的崛起似乎势不可当。随着棉布的广泛应用，棉布服装不仅成为劳动人民们的日常穿着，而且成为劳动者这个群体的代名词。正如恩格斯所指出的，大多数工人“一般穿起绒布（fustian）制作的长裤或其他厚棉布制品，以及同样材质的夹克或外套”，[20]起绒布最初是用亚麻制成的，后来则是用亚麻和棉混纺而成，19世纪之后起绒布越来越接近纯棉材质，它是包括厚毛头斜纹棉布（moleskin）、牛仔棉和灯芯绒在内的各种耐磨、有绒毛的布料的统称。工人阶级男性的起绒布西装通常“剪裁宽松，不带衬垫”，颜色“从白色、米色、黄色到棕色、蓝色都有”（图6.2），[21]如此一来，他们的西装与中产阶级男性常穿的深色宽剪裁毛料西装形成了独特的对比，在某些情况下，其也与迅速崛起的工人阶级文员和店员群体的服装以及贵族的华丽袍子形成了鲜明的反差。一边是貂皮或天鹅绒，另一边是起绒布，这标志着社会等级的两个极端，[22]在恩格斯看来，“被称为‘起绒布夹克（fustian jackets）’的服装已经成为工人的专属服装……这与穿

图 6.2 伦敦利物浦街火车站，工人们正准备上车，伦敦，1884 年。这张照片展示了裤子、马甲和夹克组合的普遍使用和色彩选取，它们大多是用起绒布制成的。©National Railway Museum/Science & Society Picture Library.

着宽大华服的绅士们恰恰相反”。[23]

“起绒布夹克”这个名词并非上层阶级简单强加于工人阶级的，而是工人在争取政治代表权的运动中主动选择并接受的。1830 年，在英国大约只有 11% 的成年男性（以及少量女性）有大选投票权，1832 年颁布的褚太德《1832 年改革法案》（*The Reform Act of 1832*）将这一比例提高到 18% 左右，工薪阶层和中产阶级开始联手推进选举改革。但 1832 年法案的财产资格条款分割了这一联盟，在这一条款之下，基本上只有中产阶级的投票权被扩大了。[24] 其他的改革，诸如影响最大的 1834 年《济贫法修正案》（*Poor Law Amendment Act*）使得失业的工人更难获得经济援助，这加剧了日益严重的社会不公，进而催生了1838年的宪章运动。[25]英国宪章运动是世界上第一次大规模的工人阶级政治运动，它呼吁全面改革议会制度，包括要求男性普选等，和平的宪章主义者试图通过和平手段寻求改革，而身体力行派则准备使用暴力。尽管到了1848年，宪章运动逐渐消失后，这些革命者的政治目标才得以慢慢实现，但这仍然是一股不可忽视的破坏性力量，起绒布则是其“象征性通用语”。[26]宪章运动领袖朱利安·哈尼（Julian Harney）在1848年对宪章活动家的审判上曾言：“将起绒布放到被告席上来吧！”“让那些‘丝绸袍子（Silk Gown）’来控告我们这些‘实践宪章主义者’……而那些坐在陪审团席上的‘宽西服（Broad Cloth）’们肯定马上大声喊出‘有罪’。”[27]对哈尼来说，服装面料是区分工人、上流社会法官和中产阶级陪审员的一个明确标志。

贝弗利·莱米尔（Beverly Lemire）表示，起绒布“标志着第一代工人阶级，这是他们这一辈人的象征”。起绒布最初被工人阶级激进分子接纳，并最终获得了更广泛的平民象征意义，因此，“随着政治运动降温……起绒布夹克作为工人阶级的同义词进入了更广泛的视野，它反映了节俭、勤勉和值得尊敬的品格”。[28]1867年，“熟练技师”托马斯·赖特（Thomas Wright）说，“在大多数工人之中，最受喜爱的周六晚装之一就包括下周工作预备要穿的干净灯芯绒或厚毛头斜纹棉布长裤”。（图6.3）[29]

服装救赎

世界上没有哪个国家能比英国更具有慈善的传统。直到20世纪，英国人都普遍认为慈善事业是治疗国家弊病有益的、最可靠的方法。在慈善这部药典之中，对每一种痛苦，无论是个人的还是社会的、身体上的还是精神上的，都至少有一个处方来拯救或者缓解。[30]

图 6.3 展示柜，约 1911 年，赫布登起绒布协会，一家成立于 1870 年的服装制作合作社。左手橱窗的顶部写着“赫布登起绒布社”的名字，柜中央陈列着生产的各种面料，前窗顶部有“CORDS”“MOLES”（灯芯绒和厚毛头斜纹棉布）字样的广告。Image courtesy of the Jack Uttley Photo Library.

贫穷同棉布一样，并非19世纪的产物。但随着城市化以及伴随工业化而来的大量小手工作坊破产，不同阶层在城市不同区域逐渐聚集，以及由此产生的城市贫民窟，还有影响工资型劳动力收入的贸易波动周期，加上许多农业活动的季节性特点，种种因素叠置在一起，使得无论是对于需要帮助者还是被寻求帮助者而言，贫穷带来的问题都越来越严重。由于缺乏一致的定义和衡量贫穷的手段，我们无法对彼时社会贫穷的程度做出精确的评估，然而，法定社会救济的金额，以及个人资料、慈善记录、报纸和政府报告等资料确凿地证实了对贫困者的救济的确是普遍存在的。据一些历史学家估计，高达70%的人口至少在其部分人生阶段是生活在贫困之中的，[31]所以某个穷人有时候只有一套衣服，而且并不一定是一整套衣服，还可能白天晚上都穿同一套，这种情况一点也不稀奇。[32]

《济贫法》(*The Poor Law*)的出现在法律上为穷人们提供了援助依据。自1601年该法案被引入以来，其内容几乎未曾变更，《济贫法》以教区为范围，有需要的人可以向所属教区申请援助，援助资金的来源则是向富裕居民征收的税款。提供的救济内容要么是“所内救济”，即穷人住进收容所，要么是更为常见的“所外救济”，即给予穷人钱或燃料、食物和衣物等物品方面的援助。在1780年左右，英格兰和威尔士的贫困救济支出平均每年约200万英镑；但到了1818年，这一数字已上升到近800万英镑，其中很大一部分是用于购买服装。[33]随着贫困救济的花费不断上升，纳税人的抗议也随之增加，这也导致了1834年《济贫法修正案》的出台，该法案禁止向体格健全的男性发放“所外救济”，并规定他们和他们的家庭仅可接受收容救助。虽然对健全男性实施“所外救济”的禁令一直没有执行彻底，但教区所提供的服装救助规模还是急剧减小了。[34] 不仅如此，收容所的生活环境开始被有意设置得恶劣艰苦，以此来过滤和阻止那些并非真正需要救助的群体涌入，很多的确有困难、希望向教区寻求救助的人都被收容所那恶劣的环境给吓退了。[35]

那些穿不起衣服和不想进收容所的人不得不向慈善机构寻求帮助。圣公会的福音主义运动是对 19 世纪英国慈善事业影响最大的思潮，这一运动认为社会分层是上帝计划的一部分，所以贫穷并不需要被消灭，正确的做法是减轻贫穷的不良影响。福音主义还相信，真正的终极救赎是富人通过杰出的慈善行为来帮助那些不幸之人而实现的，穷人则要通过展示道德、正直、节俭，从内心接受低下的社会地位，尊重那些“更优者”，以及努力自立自助来证明自己值得被救赎。[36] 塞缪尔・斯迈尔斯（Samuel Smiles）于 1859 年首次出版的畅销书《自己拯救自己》（*Self-help*）中着重提及了自立自助是福音派慈善事业主要宗旨的观点。根据斯迈尔斯的描述：

> 在劳动人民中创造健康的自助精神比任何其他措施都更有助于培养这个阶级的人们……使他们达到更高并持续进步的宗教修养、智力和品德水平。[37]

由于《济贫法》所能提供的援助减少，自助慈善组织开始激增。这些组织要求穷人自己做出某种形式的筹资，而不是继续无偿发放金钱或物品。这些慈善组织还希望利用援助来塑造受助者的道德品质。

中上层阶级的女性从事了大量的慈善工作，这不单是因为她们一般比商业事务繁多的男性更有时间，也因为关注穷人的家庭需求被认为是女性作为家庭主妇和家庭管理者这些“天然”角色的延伸。[38] 由于缝纫是“19 世纪女性文化的核心”，其“对于女性的慈善事业而言非常重要”，[39] 所以，对贫穷的女性的生产活动的关照以及为这些生产活动提供相关材料是慈善活动的一个重点（图 6.4）。

女性福音派的慈善工作经常被自由主义者、批评家和社会评论家讽刺，例如威尔基·柯林斯（Wilkie Collins）就曾在其 1868 年的小说《月亮石》（*The Moonstone*）中描写了一位德鲁西拉·克拉克小姐，书中这位女士是一个不太富裕的中产，是个总是喜欢假惺惺自嘲的福音派人士，一直致力于通过行善对下层阶级进行道德改革。她是“‘妈妈的小衣服’流转特别委员会”的成员，这个“优秀的慈善机构”：

> 从当铺里赎回父亲当掉的长裤，为了防止一些无可救药的父母再次当掉这些衣物，要立刻把这些裤子剪短到他们无辜孩子能穿的长度……这是一个有益于物质和道德的工作。[40]

克拉克小姐的这个小组织是虚构的，可像这种把“道德和物质价值”相结合的崇高理想并非虚构。有很多服装慈善组织在建立之后变成了自助性质的机构。比如，妇产社会在准妈妈生出宝宝的头一个月借出成箱的衣服和床上用品，这些借用最初是免费的，但慢慢这些组织开始要求准妈妈在怀孕期间定期存入小额存款，并在分娩之后返还给她们，返还时还附加一些奖金和借用的物品。基督教行善妇女会（Dorcas societies）和女性工作党（ladies' working parties）通过向会员筹集资金来购买布料，并用这些布料为穷人制作服装。

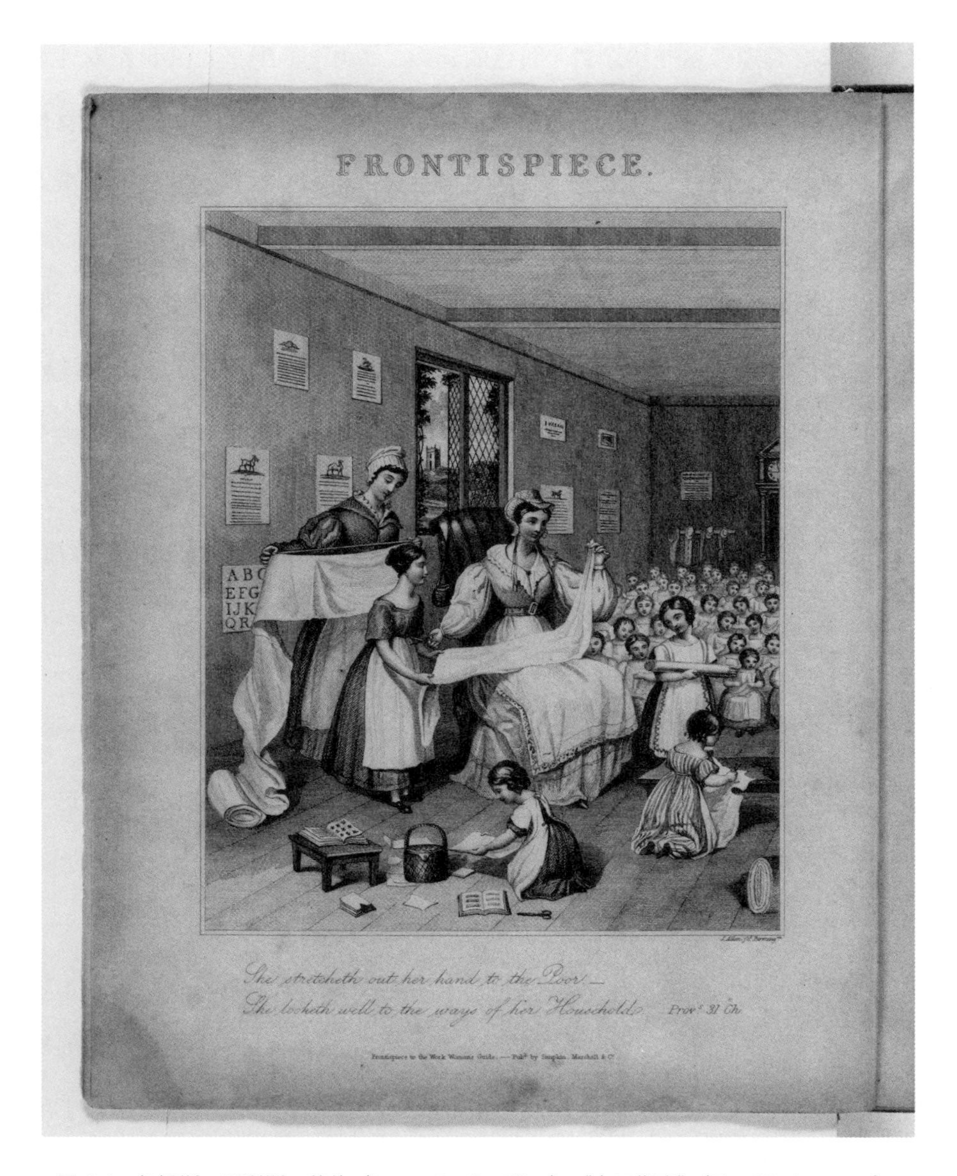

图 6.4 詹姆斯·贝利斯·艾伦（James Baylis Allen），《女工指南》（*The Workwoman's Guide*，1838 年）的卷首插图，这是一本为穷人制作服装的女性指导手册。这张照片上是一位精英女性在为工薪阶层女孩上缝纫课，很可能是在一所主日学校（Sunday school）里。Courtesy of Eberly Family Special Collections Library, Pennsylvania State University.

这些服装最初同样是免费的，但慢慢变成了以成本价出售，购买者有时得在慈善赞助人那儿先获得一张入场券，证明他们的道德和品行良好之后才能去购买。[41] 从 19 世纪中叶开始，母亲集会（mothers' meetings）建立了起来，工人阶级的女性可以在女慈善家们的监督之下以成本价购买布料并缝制衣物，在她们缝制衣服的同时，这些慈善家往往会在一旁大声朗读宗教或者其他“改良”相关内容（图 6.5）。[42]

18 世纪末开始在英国各地教区兴起的服装社是本地自助慈善的另外一种形式。据一些资料记载，这种慈善的形式主要由英国圣公会的牧师们创立，并一直持续到 1929 年《济贫法》废除之后。服装社每周向穷人小额收储，其额

图 6.5　一次母亲集会，《图像》（*Graphic*），123,1872 年 4 月 6 日。©British Library, London.

度通常会在1~6便士，在年底返还给储蓄者，并额外附上富裕居民的小额赠金，返还是以服装、布料，以及指定供应商的货物兑换票的形式。这是为了确保这笔钱确实用来购买服装或者床上用品而非花在其他地方，比如酗酒或者偿还债务。赠金的数目一般低于穷人们的存款，对于那些不按时缴款的社员，服装社将对其处以罚款或者开除社籍，并且不退还已缴纳的存款。仅对遵守规则的成员开放社籍的规定鼓励了道德的品行，也因此得以把那些犯有重罪、酗酒、生私生子或者周日不去教堂的人排除在组织之外（图6.6）。[43]

福音派还认为，不同阶层的人应该穿着不同类型的服装、使用不同的面料。1838年出版的《女工指南》(The Workwoman's Guide)是一本裁缝手册，内容中有关于富人和穷人制作婴儿服装的讲解，后者的部分包括如何制作孕妇箱。尽管这本书里认为不同阶级的儿童的服装需求是相同的，“但其材料品质必须是不同的”。因此，富人家婴儿的“餐巾”应该“用柔软的菱形格子布来制作，如果是穷人用的话，旧床单、桌布或者结实的亚麻布就可以了”。[44]

在这本书的种种写作目的中，最为重要的就是阻止人们购买“任何漂亮的服饰和华丽装扮”，[45]尤其是对贫穷女性而言。许多上层社会的人认为这些穷人天生对华丽的服饰就有一种贪得无厌的和不可抑制的渴望，慈善机构也往往把衣物救助的种类限制在使用耐磨布料制成的“有用和必要”的服装上。1833年一家萨福克郡的服装社的做法就很典型，其仅允许会员们用存款购买“白棉布、法兰绒、格纹布、起绒布，围巾、披肩、斗篷……夹克和长袜”。[46]有一些服装社还要求穷人在把东西带回家之前要经过委员会的检查以确保物品合规，还有很多社团要求随时回访检查，来保证物品没有被当掉或者卖掉。在整个19世纪中，类似的布料清单常见于各种慈善机构的报告里，1814年利

RULES
OF
THE UCKFIELD CLOTHING SOCIETY.

Managers:

THE CLERGY AND CHURCHWARDENS FOR THE TIME BEING.

G. W. ADAIR, Esq., | J. A. DAY, Esq.,
Mr. T. BANNISTER, | Mr. DENDY,
R. J. STREATFEILD, Esq.

THE REV. E. SANDERSON, *Treasurer and Secretary.*

It being the object of this Society both to encourage the Poor in the habit of small Savings, in order that they may thereby supply themselves with Clothing, and also to promote orderly conduct and morality among them, the following Rules have been adopted:—

I.

Subscriptions and donations in aid of this Society will be received by the Managers; or Benefactors may nominate Depositors upon payment of four shillings and fourpence for each Nominee. But no Nominee shall be allowed more than one Nomination.

II.

Applications to be admitted as Depositors will be received from any other of the poor Inhabitants of the Parish of Uckfield who may not be nominated under Rule I. But the Managers will determine annually what Applicants shall be admitted as such Depositors for the coming year, and what shall be the amount of each deposit. Not more than four members of a family shall be admitted as Depositors. A Depositor will not be admitted to participate in the General fund who is in Trade on his own account, and an employer of others.

III.

The money intended to be deposited must be declared on or before the second Monday in October in each year, and the same sum must be paid every Monday (commencing with the first Monday in November) throughout the year, to the Visitor of his or her District, who will hand the amount collected to the Treasurer on the Friday before the last day in each month, in order that the same may be placed in the Savings' Bank before the end of the month; and in case of any Depositor removing during the year into any other District, he or she must deliver his or her deposit to the Visitor of that District.

IV.

Every Depositor admitted after the first Monday in November, shall pay four-pence entrance money, but any person who comes to reside in the Parish after the first Monday in November, and desires to become a Depositor, shall be admitted without entrance money. If any Depositor fail to make good his or her deposit for four successive Mondays, no further deposit will be received from such Defaulter during the current year. But the order given under Rule VII. will in that case be for the amount deposited up to the time of the default *without interest.* And if such Defaulter shall be a Nominee, the Nomination money shall be transferred to some other Depositor, or placed to the credit of the General Fund, at the option of the party nominating.

V.

In case of death or removal from the Parish, the Managers may at once give an order for the amount deposited, or may allow the deposits of the deceased or removing Member to be continued by some near relation or Nominee, who shall be subject to the rules of the Society.

VI.

At the end of the month of October in each year, the Managers shall apportion the amount devisable among the Depositors as follows:—First, to each nominated Depositor, the amount paid by the party nominating him or her. Secondly, to every other Depositor the residue of the funds of the Society, equally.

VII.

During the first week of November in each year, the Managers will deliver to each Depositor an order on such Tradesman in the Parish of Uckfield as he or she may select, for articles of Clothing to the amount due to such Depositor.

VIII.

No *money* shall, on any pretext, be returned to any Depositor.

IX.

The Committee shall expel from the Society any Depositor guilty of gross mis-conduct, and such expelled member shall forfeit his or her deposits as well as all interest in the funds of the Society, and shall not be re-admitted without the express sanction of the Committee.

X.

If any Depositor shall sell, or make away with, or shall refuse to show to the Managers or the District Visitor such articles as have been obtained from the Society, or the bill for the same, he or she shall be excluded from the Society the following year.

XI.

These Rules, which bind equally the Managers and the Depositors, were adopted by the Managers on April 3rd, 1894. The Managers have power to appoint, if they see fit, a Committee to carry out the above Rules.

Each Depositor will be supplied with a printed Copy of these Rules free of charge.

图 6.6 阿克菲尔德服装社准则，1894 年，东萨塞克斯档案局。With permission of Uckfield Parish.

物浦一家慈善机构的布料采购清单中有制作衬裙用的棉布、法兰绒、麻毛布(linsey)和丝毛布(grogram)，它们和80年后伦敦多尔卡丝服装社的"法兰绒、棉布以及制作连衣裙和衬裙用的暖和材料"相互呼应。[47] 看起来，自由选择服装和享受穿衣带来的乐趣是属于富人的特权。[48]

女仆和主妇

> 制服不仅是对社会性自我的控制，也是对内在性自我及其形成的控制。[49]

虽然各个年龄段的贫穷女性都被怀疑是爱慕"虚华"，但这种怀疑对年轻女性尤甚，特别针对工厂中的女工和家庭女仆。在英格兰北部棉纺厂和工厂中有着许多不停运转的机器，它们体积庞大、雷鸣般轰响着。这是一类新兴的工作场所，在以前，许多工业生产都是在家庭作坊中完成，工厂的出现让大量的工作人口聚集，其中有很大一部分是年轻人，这些年轻人不少是离家工作、远离父母的，所以他们出来打工还要受到父母的监督。[50] 工厂的工资要高于很多其他的体力劳动，家庭 / 工作分离的工作性质加上高收入使得工人们有了很大程度的独立性，批评者们认为这是一种很危险的现象。此外，由于加工过程中需要让棉花保持潮湿，以及机器生产会带来高温的工作环境，工人们经常索性脱掉内衣，这引起了一种关于工人品行放荡的猜疑。[51] 这些造成的结果是，女工经常被指责为行为不检、放荡乱交，以及经常炫耀性购买和展示华丽的新衣服，缺乏节俭的品质。

1870 年一篇刊登在流行插图杂志《图像》(*Graphic*)上的文章插图展现了这些内容，图中所描绘的是英国曼彻斯特的坎普菲尔德旧服装市场，在熙熙攘攘、混乱不堪的市场中央，前景中一个跟女伴一起的工厂女工在认真地端详一条荷叶边连衣裙，她将裙子在身上比量以确认它是否合身好看，另外两个女工则在一旁看着。在插图的边缘，一个女工正在试穿鞋子，还有两个女工则在人群里大胆而欢快地穿行，一点也没有女性的矜持。很明显，《图像》杂志认为这些关于年轻女性的图片足够新奇有趣，可以作为杂志图片的卖点。而这个场景呈现的方式则唤起了一种带有异国情调的、后宫般的想象(图 6.7)。

新兴棉花产业快速的规模扩张及其在工业化中的中心地位使得从事棉产业的工人获得了史无前例的关注，但他们的数量远不及家庭仆人这一最大的女性就业群体。据 1851 年英国人口普查统计，共有 470 317 人从事棉花制造业，

图 6.7 “旧服装市场，坎普菲尔德，曼彻斯特”，《图像》55,12 月 17 日，1870 年。©British Library, London.

其中 247 705 人为女性，但从事家庭仆人工作的为 754 926 人，其中 675 311 人为女性。另有约 70 000 名妇女被单独作为女仆分类，还有 40 000 名为护士。[52] 到 1901 年，大英联邦从事棉花制造业的为 545 959 人，其中 346 128 人为女性，而仆人已上升到 1 717 217 人，除 76 000 人为男性以外，其余均为女性。[53]

当代的流行文化带来了一种刻板印象，即维多利亚时代的仆人都是在豪华的大房子里工作，房子里面有着家长式的雇主，仆人数量众多。实际上，大多数仆人都是在很小的家庭之中工作的，她们要么是这个家庭唯一的仆人，要么就是两个或三个仆人之中的一个。[54] 对大多数仆人来说，这是个艰苦、孤独的职业，而且由于没有相关法律规定，其工作时间一般都很长，住宿条件、食物和工资都不尽如人意。此外，女孩通常在 11 岁或 12 岁时就开始干一些家政活了，她们往往和家人相隔很远，因此在职业生涯的初期这些女孩一般都很弱势，也没法选择自己的就业环境，尽管随着年龄的增长和自信心的增强，许多女孩开始对所从事的工作内容和环境越来越抵触。

仆人并不仅仅是属于有闲富人阶级的奢侈品，在一个家庭规模庞大、家用电器有限、家庭劳动力紧张的时代，为了保障家庭事务的顺利运行，即使对于一个中等规模的家庭来说，雇佣仆人也可能是必须的。但服务业的性质随着工业化的进程而发生了改变，在之前，女主人和仆人一起承担了很多包括打扫卫生、准备食物以及儿童保育在内的工作，尽管这些工作的进行也在等级观念的影响范畴之下。随着家庭主妇应该管理家庭而非从事体力劳动的思想逐渐发展起来，女仆的数量开始增加。除了从事体力劳动，仆人也成为雇主地位的一种象征，雇主和仆人之间的社会鸿沟扩大了。

在18世纪后期，随着廉价棉布的日益普及，以及仆人的时尚逐渐向中上层阶级靠拢，这一时期的仆人开始被冠上时髦的名声。[55]很多人甚至声称，女仆和女主人穿得同样精致以至于没有办法对她们进行区分，这当然有些夸张。侍女是最容易被误认为“女主人”的仆人，她们的角色是充当主妇的私人仆从，负责打理收拾主妇的服装、帮她们梳妆更衣，因此侍女对高级服装和打扮有比较广泛的了解。作为一种额外的优待，她们经常会（并且期待）收到女主人给予的不想要的衣服。不过，女主人弃之不用的服装通常意味着这些衣物要么已经过时、要么已经穿旧了，所以说尽管与其他仆人相比，侍女可能穿着时髦一些，但在穿着更为精致、时髦的女主人身边，她们依然能被轻易地辨认出其侍从身份。并且，如果一位女士的女仆真的试图在着装上跟她的主人争奇斗艳，那么她估计离失业也不太远了。[56]

侍女的数量相对来说比较少，她们只在较为富裕的家庭中工作，基本上算仆人阶层的顶端。地位较低的仆人，尤其是那种综合女仆（maids-of-all-work），往往工资都低得可怜，有时候工资低得甚至不足以购买最基本的服装，更不用说购买那些“华服（finery）”了。她们身上的劳动痕迹——身上脏兮兮，手因经常擦洗而红肿——会很容易地体现出其仆人的身份。饶是如此，关于无法区分主仆的说法还是一直存在，雇主对社会界限模糊和权威丧失的恐惧导致带有说教意味的文章经常性地出现，这些文章赞扬仆人穿着朴素的美德和恰当性，其中有一些内容是写给仆人看的。无论是在女仆受雇期间还是在女仆的成长期，作者们都希望一个女仆在进入雇主的家之前就能被灌输朴素着装和拒绝“华服”的思想，例如，由儿童作家艾玛·莱斯利（Emma Leslie）撰写、主日学校联盟（Sunday School Union）于1873年出版的《迈拉的粉色连衣裙》(*Myra's Pink Dress*)讲述了一个女仆的故事，这个女仆老是想穿得像她的女主人一样漂亮，这在最后导致一个孩子的死亡，以及她自己原生家庭对她的排斥。[57]还有一些出版物针对的读者则是数量越来越多的不习惯管理仆人的年轻女主人。例如，特鲁斯勒(Trusler)在1819年出版的《家政管理》(*Trusler's Domestic Management*)中就警告说，“穿着考究的仆人”都是一些“品格可疑的女人”，那些把橱柜和碗柜开着不关的女主人可能会引诱仆人从她们这里偷丝带或其他装饰品，而这种偷窃可能会导致仆人进一步犯下更严重的罪行，甚至可能造成致命的后果。[58]

奥古斯都·梅休(Augustus Mayhew)和亨利·梅休(Henry Mayhew)兄弟俩笔下曾描绘过一个有趣的福音派女慈善家，这是个没有经验的女主人，也不知道如何管理仆人，又害怕被比下去，急于表现自己的地位。在梅休兄弟1847年的讽刺小说《大瘟疫》(*The Greatest Plague of Life*)中，一个煤商的女儿卡罗琳·B-ff-n嫁给了一个鳏夫，这个鳏夫是一名律师。作为一位新主妇，她努力地在一群不满的仆人面前维护自己的权威。其中一个仆人的名字很特别，叫罗塞塔，卡罗琳把她的名字改成了比较普通、朴实的“苏珊”。这是一个漂亮的女孩(而卡罗琳自己显然不是)，但在面试的时候她穿得“彻彻底底像一个受人尊敬的仆人应该有的朴素样子”，所以卡罗琳不明白为什么以前的雇主因为她“爱好穿搭”而解雇了她。不过，在开始工作的第一个星期天，苏珊就穿着：

> 浆洗出来的仿巴尔佐林长裙(Balzorine)，颜色青蓝而明亮，上面点缀着白色小花——里面还穿着一层裙子，做得像束腰外衣一样……戴着一

顶带金色花边的帽子，上有樱桃色的玫瑰花结，将近一码长的彩色带子飘扬着。脚穿宽跟的漆皮鞋、镂空的棉袜，手上戴着网手套。

卡罗琳要求她换掉这些“虚有其表的华服”，并很欣慰地看着她在离开时“不再打扮得像个女主人而非女仆”。但这绝非苏珊“罪行”的终结，在文中，苏珊后来有一天在放假出去的时候“拼命打扮了一番”（图 6.8）。[59]

图 6.8　乔治・克鲁克山,《外出度假》(*Going out for a holiday*)，出自梅休兄弟的《大瘟疫》(1847 年)。Courtesy of University of North Texas Special Collections.

对于这些“爱打扮”的仆人，雇主们的终极招数是要求她们早上在主要的家务都做完之后统一穿上“印花裙、白围裙和白帽子”制服（图 6.9），而下午仆人在可能要迎接雇主的访客时，再换上一身深颜色的制服。[60] 到 19 世纪

图 6.9 一位穿印花裙、白围裙和白帽子的普通仆人，马里波恩，1872 年。Papers of AJ. Munby, The Master and Fellows of Trinity College Cambridge.

60 年代，这些已经成为女仆的标准服装，而且可以从专门的店铺里买到，[61] 20 世纪 10 年代的每一本女士百科全书中都称“女主人应该给仆人准备制作一套黑色裙装的布料，或者为其提供帽子、围裙、袖套等”，不过书中仍表示，这些都是“自愿的事”，因为一般人们还是更希望仆人自带制服。[62] 由于大多数出来做仆人的女孩都是因为父母负担不起养育她们的费用，所以这些女孩既没有钱购买现成的制服，也没有钱购买自己制作制服用的布料。在这种情况下，雇主可能会借钱给她们买制服并从随后的工资中扣除来偿还。一名从 1904 年就开始工作的仆人凯特·泰勒就有如此经历，那年她 13 岁，“我工作了，”她写道，“六个月没有工资，”每天晚上（包括星期天）“坐在主人的椅子后面缝制服”。[63]

仆人们激烈地捍卫着自己的着装自由，尤其是当雇主们不但要规定他们工作时的着装，还试图规定他们下班以后的打扮时。《家政管理》认为“华而不实的衣着”是一个不值得信任的仆人的标志，管家威廉·兰斯利（William Lanceley）则认为不必要的服装管制使得仆人变得更倾向于欺骗雇主。他说，他的一个雇主要求其仆人穿“朴素的衣服”，但“这并不妨碍她们去买漂亮的衣服”，当一个人想穿这些漂亮衣服出门时，“其余的仆人会帮她偷偷溜出去，等她回来后再悄悄让她进来”。[64] 1897 年《每日新闻》（*Daily News*）上一篇署名为“三个仆人”的文章还写道，“当我们活儿干得好的时候，我们只要在雇主家里的时候保持整洁、朴素的样子，平时可以随心所欲地穿衣服”。[65] 不过，很多雇主显然并不认同这一观点。

结 语

近些年，长期以来认为工人阶级只是在模仿上层时尚的观点受到了有力的挑战，[66] 宪章主义者关于起绒布的自我认同只是工人阶级采用与中上层阶级截然不同的服装风格的例子之一。对宪章主义者来说，起绒布不仅仅是体力劳动者常用的一种廉价而实用的布料，还是一种庆祝和宣扬阶级忠诚的手段，以及一种有力的视觉和隐喻符号，象征着被剥夺权利、被压迫的身份和想要获得政治地位的决心。尽管很少有宪章主义者能活着看到 1918 年真正普选实现的那个时刻，但许多人都目睹了1867年和1884年的改革法案所带来的进步影响，这两项法案都进一步扩大了选举权，也证明了他们引以为豪的起绒布兄弟会所行非谬。

通过规范着装来规训道德行为的效果究竟如何很难是具体被量化的。19世纪英国服装慈善事业的庞大规模反映了人们对慈善的巨大需求——几乎每一个教区都至少有一个服装慈善组织，大部分教区甚至有多个。直到 1895 年，伦敦南部一家教区杂志都还在其杂志上刊登包括母亲集会、服装社等在内的八种服装慈善组织的每月活动，而这种情况并不罕见。[67] 服装慈善机构不但数量众多，现存资料还表明它们有着数量庞大的长期会员。乍看起来，那些道德改革者们的努力似乎取得了胜利，慈善援助的受益人对于提供援助的条件很少能够说上什么话。但这一切都建立在受益人需要道德改革的假设的前提条件之下，而正如弗兰克·普罗查斯卡（Frank Prochaska）所说，慈善事业无疑：

在社会中上上下下传播了中产阶级价值观……但大多数人，不管他们身份如何卑微，都不需要其他人来提醒他们健康、体面和独立对自己有益。[68]

历史学家把穷人区分为“粗鄙者”和“可敬者”两种类型，后者保持着和慈善机构条例要求里差不多的道德准则——不酗酒、不犯罪、不养私生子，而“粗鄙者”则是那些没有遵守这些准则的穷人。[69]“粗鄙者”往往是最穷的那些人，他们一般被排除在大部分机构的救助名单外，因为这些人无力承担自助慈善所需要的自存款。那些一周一周攒下每一分钱用于存入服装社、获得贷款或者以成本价购买服装，而非寄希望于免费获得衣服的穷人被认为是值得尊敬的，可能是因为他们接受了服装社给予的机会，又或者仅仅是因为这些人遵守了那些符合慈善者自己道德标准的规定。

自助慈善机构帮助穷人在日常生活所需的耐用服装上自给自足，在那儿购买服装的价格比从一般商店里购买要便宜得多。但事实上，那些不酗酒、勤劳又节俭的穷人接受慈善机构帮助的这一事实并不意味着他们从心底里接纳了福音派慈善家们那种把追求服装的装饰性看作一种罪行的观念。能拥有和穿上一套“礼拜服（Sunday best）”——假日穿着的时髦服装——对穷人来说是获得体面的一个重要因素，因为这代表了一个人对于安息日的尊重，以及保有这么一套备用服装所必备的经济能力，即便这套衣服可能只是隔很长时间才被穿上身一次，或者大部分时间都在当铺里待着。[70]另外，那些向服装社存款或者从专卖“穷人服装”处买衣服的劳动者家庭也并非完全只依赖服装社，他们的衣服可能有多种来源，包括购买二手服装、亲戚馈赠，以及之前在光景好的时候置办下来的，等等。对于他们中的大多数人说，从这些途径获得一些礼拜日穿的“节日盛装”是一个能让自己纯粹地享受自我打扮乐趣的机会，能够让充满穷困和劳动的辛苦生活变得光明一点。

同理，工厂里的工人和家庭仆人也同样热爱穿着打扮，这丝毫不令人惊讶，尤其是考虑到年轻女性从业者在这些职业里的占比很高。例如在1851年，大约40%的棉纺厂女工和女仆的年龄在20岁以下，[71]但即便如此，只看这些表面数据就一再断定女工和女仆痴迷于“华服”也着实有些太片面。再者，工厂女工能在多大程度上去满足自己对于购买服装的热情也值得商榷，因为即使工资再提高一些，她们也远远称不上富裕，尽管批评人士称她们为了购买服装不惜节衣缩食，但毕竟她们还要购买食物，家庭开支也要钱来支付。

随着时代的进步，工人阶级女性获得了更多的就业机会，招聘和留住家庭仆人却变得更加困难了，尽管她们的工资有所提高。1876年，伦敦男仆赫伯特·米勒（Herbert Miller）曾调查研究了这个问题，他问“女制帽师、裁缝、工厂女工和其他人”为何选择自己现在的职业而非仆人，在这些人的回答中，出现最多的理由是这个行业“低等、有辱人格”而且“几乎完全丧失人身自由”，一名女工称，从事仆人工作一天只赚10便士，还要“在这个可怜的‘人渣’手下工作，不准请假，不能佩戴缎带，也不能呼吸新鲜空气”。[72]与此同时，虽然制服已完全成为仆人的标准着装，但对于规范仆人着装的一再强调似乎表明这一着装规范已经失效了，这可能是由于雇主对着装的限制过于极端，以及仆人们自身抵触。

大多数工人阶级几乎没有什么财产，尽管家庭生活文化从19世纪70年代开始不断发展，居住条件也得到改善，但他们租的住处通常还是品质很差。因此，工人阶级的日常生活大部分是在家之外的地方进行——工作场所、酒吧、商店、街上。在这些地方，身体和覆盖身体（或者没覆盖身体）的服装就是穿着者地位最显著的标志，并且被作为解读穿着者道德品质的直接指标。时至今日，服装仅仅是诸多普通商品之中的一种，和房子、家具、交通工具以及其他小科技产品等一起共同表达人们的身份和地位。但在19世纪，服装的作用比现在更为重要，服装时常是一个人最为贵重和最有价值的资产，因此，对于那些几无任何自主权可言的人们，在其条件允许的范围内随心所欲穿衣的自由，通过采用特定服装风格来展现阶级性的自由，或者通过一些自我装饰来点亮单调乏味生活的自由全都受到了全力监控和无礼干涉，这是他们所强烈抵制的。

到19世纪末，随着福音派影响力的减弱，人们越来越广泛地认识到贫穷并非神所创造，而是人为所致，贫穷需要被立法干预而非单纯依靠慈善救助。此外，中产阶级女性受教育和就业机会的扩大意味着很多人可投入志愿工作的时间越来越少了，服装慈善机构也开始更关注于如何有效地提供服装救助，而非道德规训。[73] 同时，民主思想的传播使得社会风气不再像过往那样充满恭顺遵从，人们的生活水平日益提高，价格便宜的量产服装丰富了消费者的选择，也丰富了工人阶级的衣柜。斗争还远未结束，但英国已逐渐不再是裁缝的战场。

第七章 民 族

莎拉·郑

服饰在民族表达上起着至关重要的作用。每一个民族都在以某种特定的方式去穿戴服装，以某些特殊的形式去修饰身体，包括使用布料或者动物皮缝纫的外披、佩戴珠宝首饰，以及对头发和体毛的特殊处理，等等。民族指的是有着相同文化的群体，他们通过服装对身体的装饰创造了共同的文化身份。仅仅是对身体本身的一些修饰也很容易与特定的地区、民族和历史时期联系在一起，并在视觉上区分出不同的文化群体，例如修饰皮肤，如文身、疤痕；改变身体的形状，如佩戴铜环来拉长脖子线条、穿紧身胸衣来塑造腰线、裹脚来缩小足部尺寸等。尽管服装满足着许多实际的以及心理上的需求，但其意义之中最为突出的还是对社会信号的传递。服装的主要功能是作为与他人进行交流的物质展示手段，[1]因此，着装的身体提供了一种高度可视且多义化的民族差

异体验与交流方式。（图 7.1）

尽管这种对比可能不够恰当，但特定民族的服饰习俗与主流时尚服饰似乎在很多方面是相背离的。民族服饰往往与落后保守的传统联系在一起，它“最好被理解为一些组成并且修饰身体的东西，这些东西记录着族群的过去，它们是传统的，展示着族群的文化遗产”。[2] 而时尚，当与服饰区分开来并被单独提及时，它指的是一种不断更迭的、新颖的、创造性的社会因素，以及一种可能对文化遗产的延续构成威胁的个体独特性。然而，认为时尚实践与民族服饰存在某种对立关系的观点并不普遍适用，正如本章将要说明的，“现代”时尚与“传统”民族服饰之间在许多概念上的分离正是形成于 19 世纪，“服饰”和“时尚”这两个词自此不能够再互相替换，“时尚”被用来指代关键因素在于个性和社会身份表达的服装文化系统。[3] 关于时尚的这种现象并不局限于西方文化之中，也不完全依赖于以欧洲为中心的时尚体系。[4] 实际上，时尚是一个概念因不同文化而异的变化过程，因此，本章将不涉及“民族服饰”，因为这一范畴并不涉及“时尚”；本章也不对 19 世纪世界各地不同文化的服饰进行描述性考察。本章将通过考察与时尚概念有密切与持续关系的服装穿着与身体装饰实践，进而对漫长的 19 世纪的种族表达进行探究。

在美洲地区，19 世纪最为重要的社会变革就是西方帝国主义的传播以及奴隶制的废除，其历史背景的核心即种族与种族主义理论。种族主义不仅是大西洋奴隶贸易及其之后产生的种种影响的基础，其还对种族差异的认知和表达产生了很重要的影响，它维持着殖民主义的存续。伴随着殖民扩张，16—18 世纪西班牙、法国以及荷兰帝国相继崛起，但到 19 世纪，英国成为欧洲最强大的国家。在 19 世纪末，英国人“已经占据了整个世界的 1/4，并且在其他

图 7.1 19 世纪中期一幅关于不同种族女性头发差异的插图，图中展示了一位欧洲女性、一位巴塔哥尼亚女性、一位“爱斯基摩”女性、一位“比沙里”女性、一位斐济女性和一位南美瓦罗部落的女性。图片来自 A. 罗兰（A.Rowland），《人的头发：从大众和生理角度对头发进行的保存、改进和装饰，以及各个国家装饰模式的特别引用》（*The Human Hair: Popularly and Physiologically Considered with Special Reference to Its Preservation, Improvement and Adornment, and the Various Modes of Its Decoration in All Countries*，伦敦：派珀，1853 年），第 1 页。Wellcome Library, London.

大部分地区也享有特权”。[5] 再加上16世纪以来欧洲殖民主义在美洲留下的遗产、欧洲国家在非洲土地上的相互竞争，以及中国这样保有西方帝国主义利益的半殖民地的存在，可以说，世界上几乎没有哪个角落不受到西方帝国主义的影响。19世纪，欧洲和美洲人口显著增加，而非洲和亚洲占世界人口比例则相应下降，西方占据着对世界的绝对统治地位。[6]

上千年以来，布料、服装以及时尚都是从一种文化流传到另一种文化，从一个国家流传到另一个国家，从一个大陆流传到另一个大陆。19世纪的西方殖民主义将这种原有的全球贸易网络置于一系列新的帝国主义关系网之中，人和商品因此得以长途旅行，新的文化间的时尚流动也开始形成。然而，在帝国主义的权力关系背景之下，这些文化间的接触似乎增加了使用服饰来描绘自身文化的必要性。民族的社会性生产归根到底是一种形成边界的活动，正如斯蒂芬·康奈尔（Stephen Connell）和道格拉斯·哈特曼（Douglas Hartmann）所解释的，“民族是一个关于比较的问题。宣传一个民族身份（或试图把一个民族身份分配给其他人）就是把我们自己和其他人区别开来；就是在‘我们’和‘他们’之间划出一条界线……一个民族不可能孤立地存在”。[7] 在这种情况下，服装可能会标识彰显、监督维护或颠覆这些界限。时尚则为自我定义和自我赋权提供了一条途径，无论是通过对文化中陈规与定型观念的摒弃、对社会主流的认同、对世界主义服装文化的投入，还是通过克里奥化（creolization）进程 。[1]

服装史学家把漫长的19世纪视为服装体系兴起的一个关键时期。虽然自

[1] 指西方与殖民地语言的混合化。——译注

14 世纪开始，现代西方的时尚就与资本主义商业联系在了一起，但 18 世纪末以来的机械化使得纺织品生产更加快捷，也更便宜。[8] 在 19 世纪，批量生产的发展也改变了服装生产的诸多方面；铁路和汽船的使用加快了人与货物的流转速度，而出版的热潮又扩大了时尚知识的传播，进一步加速了欧美时尚的轮转周期。城市中心和新购物形式诸如百货商场的迅速发展扩大了时尚体系的影响范围，并将其锢限于工业化的资本主义生产和消费范畴。到了 20 世纪初，成衣的批量生产又使得这种时尚体系的产品变得更为便宜，也更为易得。在巴黎，时尚设计师诸如高级女装设计师作为一个能够主导潮流（尽管并不是每次都能成功）的群体，其崛起强化了时尚变革、当代风格创造和西方现代性模式三者之间的标志性关系。在 20 世纪初，时尚作为一种通过服饰风格变化进行表现的社会性动力，被视为一种特殊的现代欧洲文化特征，也被认为与现代“文明”的概念密不可分。[9] 欧式服装的文化和工艺体系开始与一系列认为其他文化缺乏时尚变革和现代性的欧洲中心式假设一道去定义“时尚”，[10] 很显然，民族在塑造“时尚”这一被用来标示民族界限的物质对象和社会动因的词的含义上发挥了决定性的作用。

民族，人种和时尚

民族是一个用来表达文化归属的词语。民族是一种集体认同，有时“民族”可以由一些身体特征决定，诸如肤色、面部特征及头发类型等；民族同样可以是一个国家、一个部落，也可以由一个地理区域甚至一个宗教来界定。这一灵活的范畴反映了民族的概念是如何依据共同祖先或者文化来被定义的，但在这一概念之中并没有规定共同文化的具体形式。与“人种”这一侧重于根据特定遗传生理特征来将人类划分为不同种类的概念的不同之处在于，民族是一个拥有共同利益的族群，共同的祖先认同是这种族群个体集合在一起的结果，而非原因。[11] 界定民族界限的概念有时可能相当抽象，但通过时尚，以及浪漫而高度政治化的、含有明确信仰的民族及民族服装范式，民族这一概念被赋予了具体的内容和体验。

在 19 世纪和 20 世纪早期的西方，种族等级制度是对人类这个种群最主流的认识理解方式。其中，北欧血统的白人被认为是最为优越的，而非洲黑人被认为是最为低劣的。早期的种族差异观念是建立在既定的宗教和哲学秩序之上的，并且在 18 世纪达到巅峰的大西洋奴隶贸易背景下进一步发展。到 19 世纪，“人种”概念进一步被生理科学研究巩固，这些研究侧重于比较和测量不同人种之间特定的身体差异。[12] 研究划分出了三个主要的人种（高加索人种、蒙古人种、黑人种），并在随后被细分为无数亚“人种”，这使得文化差异的概念得以形成，例如，法国人和英国人，或者中国人和日本人之间的文化差异成为“人种”的差异，通过文化来研究民族的民族志构成了新出现的人类学学科规范的一部分。进化论和查尔斯·达尔文（Charles Darwin）的《人类的起源》（*The Descent of Man*，1871 年）被用来为非欧洲人种处于生物和社会发展的早期阶段并更接近动物的观点提供科学依据。[13] 随着欧洲文化被视为人类发展的顶峰，欧洲的时尚文化也随之被作为现代文明的一种表现和衡量标准。（图 7.2）

在此，关于民族和物质文化的早期另类观点值得加以阐述，因为其反映了种族理论、奴隶制，以及殖民地语境对种族与服饰的关系的影响。在 17 世纪晚期和 18 世纪早期的路易斯安那州的伊利诺伊地区，与法国男子结婚的印第安土著女性可以官方地改变自己的种族，服装在这一文化转变过程之中起到了重要的作用。举例来说，玛丽·凯瑟琳·伊利诺伊斯，一名出生于伊利诺伊的印第安女子，她平时就穿真丝塔夫绸长袍，住着法国殖民地风格的房子，在被“法国化”之后，她就可以以一个法国人的身份被记入官方记录。[14] 这种流动有一部分是通过时尚来实现的，不过这仅仅是局部和短暂的，在18—19世纪的美国，欧洲殖民者担心自己可能会“堕落”成本土的“野蛮人”，因此要穿相应的服装来继续标志他们的种族“优越感”。大西洋奴隶贸易给美国引入了非洲人口，这些人身为奴隶，所以必须被持续施以种族隔离和社会地位固化来维护这种残忍的、一个文化群体对另一个文化群体剥削的合法性。彼时美国南部的法律中就有着“在这个经济和社会结构以种族奴役为基础的社会中维护白人至上地位的着装规范。事实上，白人们用这种着装规范从外表上把地位低者从地位高者中区分出来”[15]，如果一个奴隶的穿着“高于”其社会地位，根据法律他的衣服可能会被没收。

到20世纪早期，“一滴血原则”的出现意味着，无论一个人的外貌或行为如何，任何一种撒哈拉以南的非洲血统（只要有一“滴”的“非洲血统”）在美国都可以被合法地归类为黑人。许多州还通过了禁止白人和非白人结婚的反“异族”法。对个体而言，不同的种族认同，例如非裔美国人、土著美国人、华裔美国人或者高加索美国人，对一个人的合法权利有着深远的影响，也决定了其获得工作、教育、土地和财产的机会，更不用说生活方式了。在这种情况下，种族认同必须是稳固的，其界限也不能模糊。[16] 但服装有一个极为重要的属性——它可以被穿上也可以被脱下，它既是身份也是伪装；而时尚通过其无常变幻的、充满挪用的无止境循环，进一步加强了这种不稳定性。

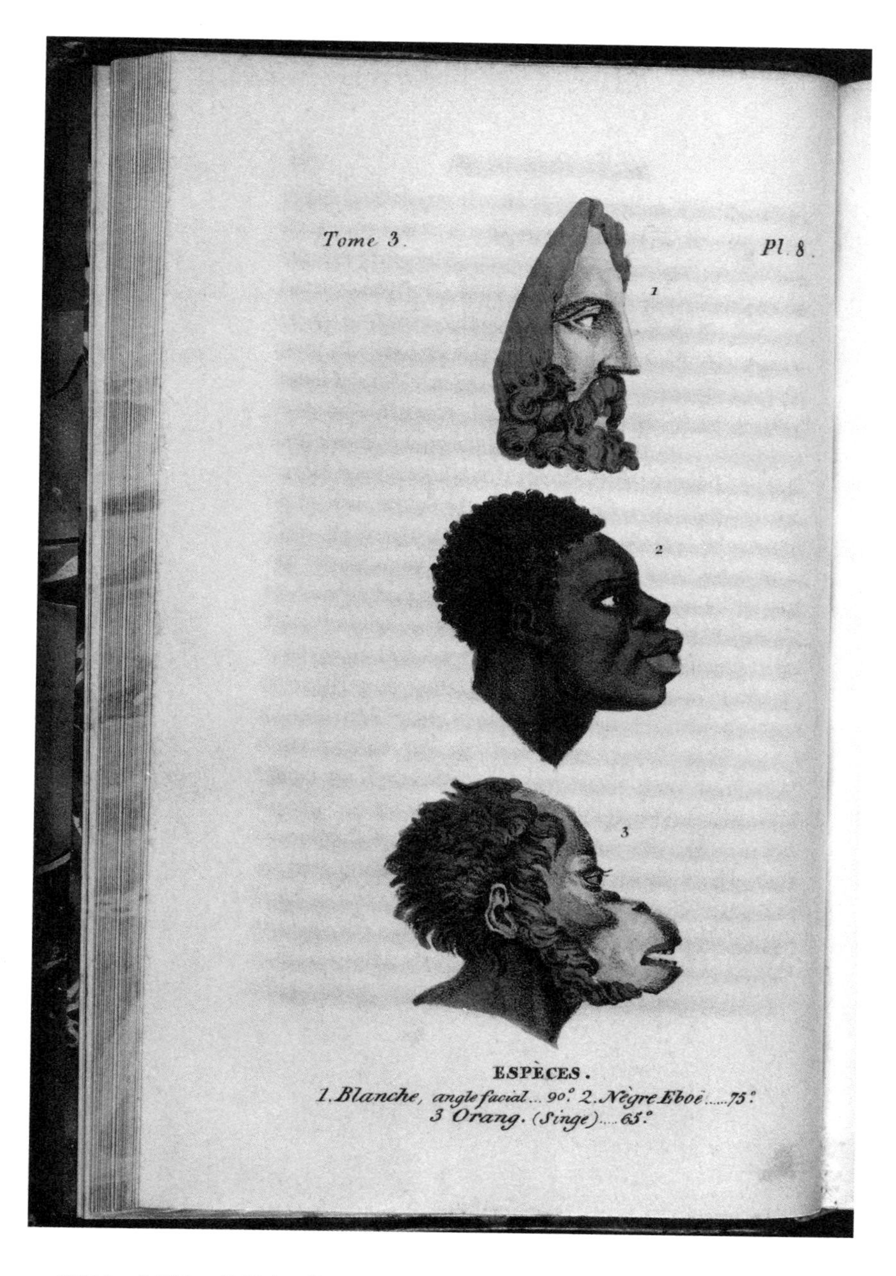

图 7.2　朱利安・约瑟夫・维雷，《人类类型自然史》，奥古。Wahlen, Bruxelles 1826, vol. 2, p. 39, pl. 8. Wellcome Library, London.

人种的塑造：奴隶和黑人花花公子

非洲侨民是一个经常用来表示西非和中非西部后裔的词语，他们生活在北美洲、南美洲，加勒比，以及欧洲，这是 17 世纪中期建立的跨大西洋奴隶贸易的结果。到了 19 世纪初，欧洲向美洲的奴隶运输停止，1865 年美国废止奴隶贸易，1888 年拉丁美洲的全部地区也废除了奴隶制。尽管在美国一直有自由身份的黑人存在，但 19 世纪显然是非洲裔美国人身份发生深刻转变的关键时刻。服装在此是经济贫困、种族隔离和持续种族压迫的标志，同时也为一些个体提供了利用身体作为公开展示场所的自我代言机会。（图 7.3）

在奴隶贸易中，非洲民族之间的多种差异被黑人种族身份这一单一特征取

图 7.3　美国奴隶市场，1852 年，泰勒摄，美国，19 世纪。Photo: DEA Picture Library/Getty Images.

代。奴隶主们强迫他们穿上“主人”给予的衣服，并禁止他们以在非洲生活时的方式去穿着服装和装饰身体，竭力减少他们除了黑人人种之外的所有种族表达。被奴役者甚至连自己的身体都不拥有所有权，衣服作为人类的标志以及在社会秩序中的象征性作用在此惊人地具有相关性。[17] 在最基本的生存层面上，不夸张地说，获取足够的衣服应该是黑人奴隶极为关心的问题，因为当时的科学界正就黑人在人与动物之间所应处的位置展开激烈的讨论。[18] 然而一旦有机会选择服装，时尚与个体的自觉的紧密联系就意味着，服装可以作为一种非裔美国人表达自我意识的有力工具，在此，欧洲和非洲的服装文化就结合到了一起。[19]

在奴隶制被废除之前的“天然”社会秩序中，白人就被认为理应比黑人穿得更高级，比如在服饰上点缀丝带、刺绣等装饰——这让一些贫穷的白人或者富裕的黑人很难去维持服装的种族边界。用奴隶艾迪·文森（Addie Vinson）的话来说，教堂礼拜时，穿着丝绸箍裙的南方白人女子站在身着棉布裙、裙箍（有时候是用葡萄藤之类的东西做成的）的黑人妇女身旁，看起来就像是“仙女皇后”一样。[20] 而在“主人”屋子中工作的奴隶比在田地里工作的奴隶穿得要好一些，与白人家庭生活更加亲密的接触使得他们有机会穿白人家庭的旧衣服或者制服。维持奴隶外表的体面——包括发型和服装——也是“主人”家庭富足的一种延伸体现，所以这些奴隶遵循着比较得体的仆从着装规范，[21] 这让家庭仆人在奴隶中成为一种类似贵族的阶级。不过，这种地位的好处被他们严格的着装限制抵消了，那些在地里工作的奴隶虽然没有什么机会获得比较好的衣服，但他们在穿着选择上比较自由。

海伦·布拉德利·福斯特（Helen Bradley Foster）于 1997 年对美国南

部非洲裔美国人服装的研究表明，虽然没有关于奴隶服装的单一个体经验，但多个相关的历史案例最后都聚焦于服装的赋权属性之上，对奴隶而言，其他自我表达的途径都被完全堵死了。[22] 奴隶的服装来源基本上取决于"主人"，但这些衣服本身可以被进行各种各样的修改、装饰和拼接。在从事布料和服装生产的工作之中，奴隶们逐渐掌握了运用五颜六色的编织和染色条纹来制作礼拜服的技能。他们还把额外劳动和他人赠予的钱都存下来花到服装上，有时候其成效会很显著。某些奴隶可能会用这些钱购买一块布料，把它剪裁成西装并趾高气昂地穿上，让自己看起来就像"主人"一样。[23] 无论真实与否，这个说法道出了对服装的控制会引起社会性焦虑的原因。对于一个围绕着种族叙事而建立的社会结构而言，服装是一种潜在的颠覆因素，不仅如此，服装还具有一种叙事性的力量，即使在最为恶劣的环境之下，时尚的服装也是一种自我定义和自我代言的强有力语言。

学者们特别指出，男性花花公子是一个有着时尚和非裔美国人身份认同构建共同参与的特定形象。黑人花花公子与奴隶制兴起到解放的过程紧密相连，其服装最初是脱胎于节日变装，这些节日服装颠覆了种族等级制度，并造成了权力关系的短暂不对等。[24] 圣灵降临节和黑人选举日这些起源于非洲和欧洲传统的北美奴隶节日的诞生创造了全新的美国认同，举例来说，19 世纪早期在一次圣灵降临节中，一位名叫查理的安哥拉黑人扮成圣王，身着一整套包括带金色系带的红色绒布装、黄色马裤、银扣鞋、蓝色长袜以及三角帽在内的英国军装参加游行。[25] 对非洲传统宗教仪式的戏仿，将欧式服装元素加入高级非洲服装风格之中的历史性融合，以上种种都表明，这些华丽服装的穿着并不仅仅是黑人对白人的滑稽模仿，还有与赋予人们真实社会秩序和尊重的非洲服装习俗的共鸣。[26] 因此，花花公子主义（Dandyism）可以被视为一种对非洲文化的继承，这种继承对于奴隶制废除之后非裔美国人独特的种族认同的建立非常有帮助。

在美国南北各州，无论身份自由与否，非裔美国人都被批评为对华而不实的装扮有种“天然”的喜好，因为他们被认为其种族天生就缺乏自我克制能力。这种武断的说法可能只有在短暂的狂欢节中稍微能被接受，然而随着奴隶制的废止，黑人们的穿着又有了新的价值，穿着华丽服饰的黑人被白人解读为是无礼、放肆的，是黑人群体愈发失控的标志。对于非裔美国人来说，要求能够在大街上自由行走、穿着时尚的权利是新时代的必然要求，在此，公共空间不但提供了社交属性，还同时是观看和被观看的舞台。[27] 例如，1832 年一位欧洲游客来到美国纽约，他对非裔纽约人的着装感到很惊奇，他记录道：这些女人戴着“装饰有丝带、羽毛和花朵的帽子，颜色千差万别，而她们的衣服尤为华丽”，男人们则穿着“开襟宽大的外套，以至于能看到里面穿着衬衫的腋部，彩虹般五颜六色的马甲，帽子很随意地放在一边，手套是黄色的，而且每一个身着貂皮的花花公子都带着一根精美的手杖”。[28]（图 7.4）

在黑人身份被定位为奴隶和处于从属地位的社会系统之中，非裔美国人在自我定义中对于时尚的使用被批评为是一种病态而无节制的种族特征。花花公子主义被矛盾地认为是同时具有内在的非洲劣根性和跨文化的自我伪装，并且这两种品质都被公开嘲弄和讽刺。在黑色面庞们的游唱中，时尚在这场重申白人的社会主导地位的“种族”表演中，与音乐和舞蹈联系在了一起，而这一重申正是通过将非裔美国人描绘成对欧洲时尚毫无威胁的、自娱自乐的模仿者来实现的。在这种以白人时尚权威为社会权力中心的假设之下，花花公

图 7.4 《来自卡罗莱纳州的吉姆》，这份 1843 年的乐谱展示了一个自由黑人，当时其穿着打扮和言行举止被认为都“高”出其地位身份。Mary Evans/Everett Collection.

子主义受到了影响。正如苏珊·凯瑟（Susan Kaiser）、莱斯利·拉宾（Leslie Rabine）、卡罗尔·霍尔（Carol Hall）和凯莉·凯彻姆（Karyl Ketchum）所说：

> 非裔美国人并没有模仿欧美风格，他们其实是从西非文化丰富的审美创造和发明中汲取灵感。这些被强迫穿着欧美服饰的非裔美国人在历史之中一直用符合欧美服装风格的离散（diasporic）式即兴服装创作来进行一种审美反抗……他们借用白人和欧式服装创造出一种更具表现力的时尚模式，并把着装风格作为一种抵抗手段——无论是精神上还是政治上的，然而依旧强调美观——这种抵抗已经渗透到非裔美国人的自我表现之中。[29]

将时尚视为一种解放的观念是建立在个体具备自我呈现的能力之上的。在那些自我呈现能力被剥夺或者这种呈现能力被掌握在白人帝国主义者之手的地方，时尚充当的角色则可能是一种压迫的工具。在整个19—20世纪黑人获取公民权利的道路上，非洲的象征性作用在阐明一种不完全由奴隶制定义的身份方面变得愈发重要。然而，在西方话语之中，“非洲”的概念被一系列以某种特定方式阐述非欧洲文化并最终确保欧洲至上的东方学式概念给过度阐释了。[30]对“野蛮人”被理解为“我们当代人的祖先”的概念的研究，其目的是一窥人类的“过去”，但我们能看到的是，对“原始”服装的研究因其与“文明人种”的联系而变得更为“复杂”了。[31]在非洲的荷兰式蜡染面料这一案例中，我们就可以看到，要协调19世纪欧洲时尚的意识形态和现代性与全球时尚流动的物质现实之间的关系究竟有多么的复杂。

实际上，欧洲专门为活跃于全球纺织品流通的非洲市场生产产品的种种情况与西方和非洲服装系统之间的象征性对立模式并不一致。例如，东非和西非实际上早在 16 世纪就是全球印度棉市场的重要参与者，而欧洲则要晚至 17 世纪。[32]18 世纪的英国厂商试图通过仿制印度产品来争夺非洲市场，不过经过研究他们发现西非人是非常挑剔的消费者，这些人既追求质量又追求新奇，比起欧洲的仿制品，这些人更喜欢印度产品的颜色和饰面[33]。欧洲纺织业随着工业化产能的提升开始扩大，厂商们随之持续尝试寻找在非洲有销路的产品。19 世纪下半叶，与印度尼西亚皇室联系密切的荷兰商人发现，当地产的爪哇蜡染布（Javanese batik）虽然在欧洲销路不好，在非洲却很受欢迎。这种布料具有浓烈的色彩并印有各种各样的图案（无论是传统的还是新奇的），非常符合西非人的口味，双面图案工艺使得蜡染布成为一种很好的服装面料，因为做出来的服装很适合裹或系在身上，也易于缝纫。这促进了使用机械印刷来模仿抗蜡工艺开裂效果的技法的诞生。众所周知，荷兰式蜡染布（图 7.5）的灵感来自爪哇人的传统工艺与美学，以欧洲、印度、印度尼西亚和非洲风格为特色，为了满足非洲消费者的需求，它们生产于荷兰、英国、瑞士这些西方国家。到 19 世纪末，荷兰式蜡染布成为西非时尚认同的一个重要组成部分。那些加纳、科特迪瓦、尼日利亚和扎伊尔的消费者们对于时尚变化的感知很敏锐，他们非常渴求全球化的产品，并穿着那些既能表达非洲民族认同，又能混淆清晰的文化隔离概念的服饰——本质上来说，他们的服装是极具国际性的。

非洲市场中的荷兰式蜡染布这个历史案例，突显了在寻找能够展现非洲性的纺织品时所面临的“真实性”问题，并论证可以通过时尚本身来表达一致性的民族身份认同，而不依赖于本土原材料和图案，同时也不采用欧式服装

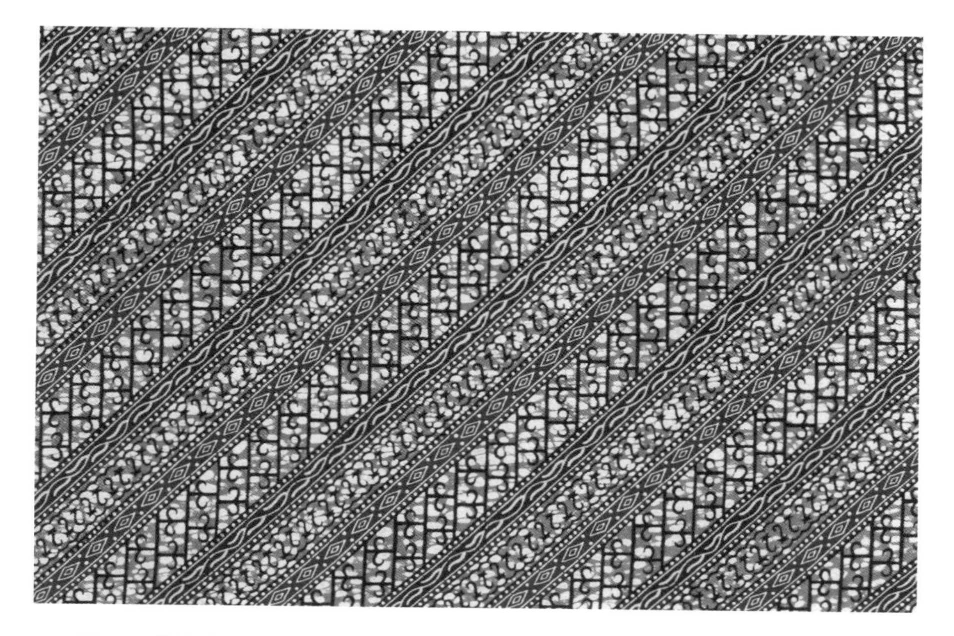

图 7.5　荷兰蜡布于 1929 年引入非洲加纳，花样源自经典的印度尼西亚设计。Vlisco Netherlands B.V.

形式。[34] 对于时尚和文化上的“纯”非洲人而言，非洲并没有它自己的“黄金时代”，这点跟作为欧洲时尚的复制者和接收端的美国是一样的。[35] 非洲印花布（printed cloth）的历史也反映了时尚史之中的世界性，这种世界性能够为民族的文化“内容”增添一个额外的维度。民族作为一种社会组织形式，是文化差异的高度象征，然而民族的表达、经历和感受并不是绝对的，而是一个充满协商的社会策略和持续进行的社会过程，涉及整个群体的内外。在整个 19 世纪，西方帝国主义权力结构中根深蒂固的种族主义抵制着这种灵活性和自决性，于是，试图在帝国主义的领域之中明确而清晰地描绘种族轮廓的着装规范被制定了出来。

帝国统治和种族划分

民族认同可能会受到情感的影响，它深刻地烙印于个体生活之中，并且作为一种社会资源，其实践是具有选择性的。[36]殖民统治这一议题涉及一系列特定的紧张关系，其中就包括试图保护本地文化的愿望和试图改变本地文化的企图之间的矛盾，在此之中，服装以一种很偶然的方式被用来维持种族边界。在英属印度地区，带着“文明使命”的社会改革之中包括这样的假设，即英国服装是优越和现代的，可以发挥带领印度走向“现代”的作用。然而，印度与英国服装规范的交互融合却是高度受到控制的，欧式服装是由某些特定的社会群体使用的，如基督教皈依者、富有的城里商人以及那些受过英国教育的印度精英们。[37]对很多印度人而言，英国服饰风格代表的是一种进步，有些印度人会穿着欧式和印式服装的混搭，比如定制的欧式夹克或皮鞋配上南亚式腰布（dhotis）和莎笼（sarong）。很多人会根据情况选择穿印式还是欧式服装，正如艾玛·塔罗（Emma Tarlo）所说：“为了适应场合而改变自己的服装，可以让一个印度人在必要时保持两种截然不同的服装身份认同。”[38]在英式社会环境之中穿欧式风格的服饰可以避免被奚落为“不体面”，而在家里换上印式服装，则是一种对印度文化的忠诚、尊重和积极保护。印度人和英国人的身份界限的划分是以服饰作为文化信奉的主要社会标志为原则的，但这一划分过程也充满了困境。穿着整套的欧式服装意味着对传统印度种姓制度潜在的冒犯性摒弃，并涉及在来回于印度和英国之间时究竟要在何时、如何进行相应服装规范的转变的实际问题。盎格鲁－印度服装的混杂同时也可能为殖民地的抵抗行为提供了空间，进而威胁到殖民地的稳定，因为如果印度人民在身为“印度人”

时也能表现得同样“文明”，那么英国人在印度殖民的合法性何在呢？[39]

除了对英国服饰进行限制和宣传，在印度殖民地区也曾有过试图描绘和固定某些印度服饰形式的尝试。印度部（India Office）的约翰·福布斯·沃森（John Forbes Watson）曾出版过一本18卷的印度纺织品样本集（1866年），当中包括一卷《纺织品生产商和印度人民服装》（*The Textile Manufacturers and the Costumes of the People of India*），书中提供了不少关于纺织品及其相应穿着方式的详细信息。[40]这些样品集被分发给英国的纺织品制造商，其目的就是向印度市场销售英国工业化生产的纺织品，[41]其样品集从服装的角度为英国人对印度人进行种族分类和定位做出了不少贡献。19世纪，对于印度语言和习俗的全面研究，以及考古学和建筑学的调查使英国人能够详细地了解印度，并在某种意义上“拥有”了印度的传统。对英国政府而言，从1857年发生的反抗英国殖民者的“印度兵变”来看，更加深入地理解印度的社会状况，并相应施加更为直接的控制似乎非常有必要。一套由印度部编制的8卷本照片集《印度人民》（*The People of India*，1868—1865年）也曾尝试记录印度文化群体的外貌，以便更好地了解、管理和利用他们。[42]正如伯纳德·科恩（Bernard Cohn）所写，“英国统治者越来越多地从官方和“客观”的角度去定义印度人，印度人必须看起来像印度人”。[43]

印度军装的“印度化”是英国人试图重申种族服饰标志从而控制印度社会的方式之一。例如，英国军队中的锡克族（Sikhs）就被赋予了独特的制服，这种制服包括大红色头巾、腰带、下半身服装和鞋，从风格上更为符合印度本土服装范式而非英国军装的。旁遮普的锡克人被认为是一个“军事民族”，是一个具有男子气概与“天生”战士品质的民族，甚至在第一次世界大战期间，在为英国服务的过程中，这种对民族差异性的强调仍在继续，在西线战争中英国政府也会向锡克人发放卡其色制服，[44] 他们“规范”的胡须样式和体积巨大的标准化头巾除了是对宗教习俗的让步以外，也传达了符合英国利益的民族信号。

从关于“鞋的争论”中我们也能看出，某些特定的印度习俗被用来展示权威、维持殖民统治。大部分印度人都不穿鞋，而在北欧穿鞋却是一种常态，这些着装规范被用来强调印度人和欧洲人的不同身份，从而将殖民地土著置于一种从属地位。印度人被禁止在有英国人在场时穿着鞋履，而英国人在任何地方都会穿鞋，包括在不允许穿鞋的印度圣地，[45] 无论是正式场合还是日常生活中，鞋履的穿着都被用来维护种族边界、维持种族等级制度。然而，有一个例外是穿欧式服装的印度人，为了不让英式服装看起来不伦不类（或在某种程度上显得可笑），他们在正式的公共场合、有英国人在场的情况下可能也会穿上鞋子来搭配欧式服装。（图 7.6）

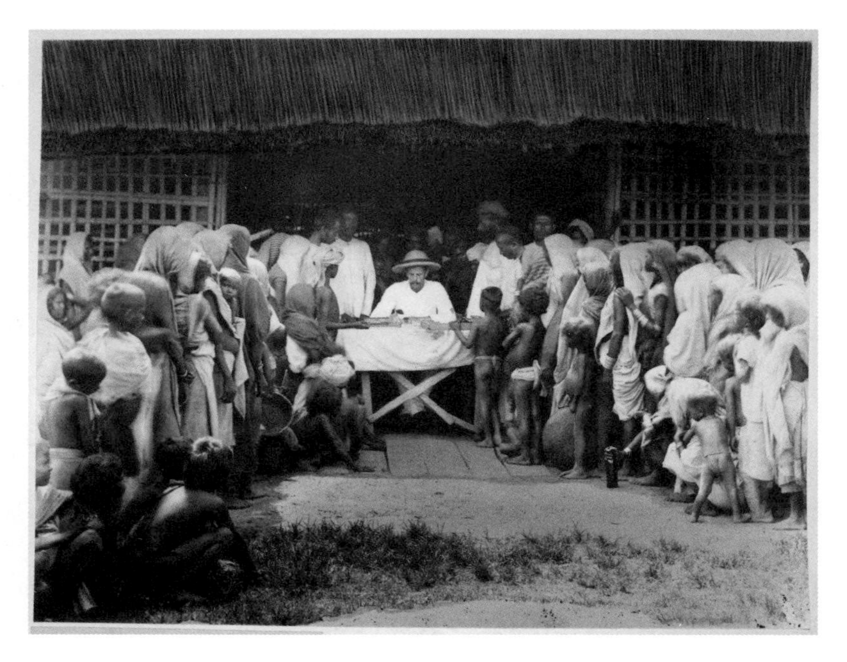

图 7.6　19 世纪 80 年代在西孟加拉邦，一个穿鞋的欧洲男人正在支付酬劳给光着脚的印度茶园工人。©British Library, London.

要求英国人在印度殖民地按照英式标准来着装的观念和与之背道而驰的“入乡随俗”立场形成了鲜明对比。英国人通过穿鞋来展示其高当地人一等的地位，因而在公共场合脱下鞋时，他们将面临一种地位降低的危险——不着鞋履是特属于殖民地臣民的行为，这被视作一种侮辱。在这种情况下，殖民地空间的边界将面临威胁，因而种族身份需要被清晰地强调。对英式服装规范的严格遵守表明殖民统治者在身体、文化和社会方面与他们的土著臣民保持着距离，而不同种族的着装规范交织混合的情况则与对印度土著的同情甚至跨文化婚姻不无关联。[46] 自 1830 年起，东印度公司开始禁止英国人穿着印度服装，作为印度物质文化向英国流通的重要输入渠道的英国太太们在身处印度时也被要求严格遵循英式服装规范。[47] 在印度方面，19 世纪晚期印度女性抗拒穿着欧式衬衣、衬裙和鞋子，因为在民族主义者争取独立的斗争时期，这些服装会使印度的民族认同复杂化。[48] 因此，虽然殖民空间之中的相互接触确实可以增加文化间的时尚交流，但同时也会伴随对跨国服装实践激烈抵抗的压力，因为“种族”与国家的边界和权力以及自我表达之间有着非常实际的关系。

很显然，服装规范对整个帝国都造成了影响，无论是正式的服装立法还是礼仪指南引导，抑或通过某些群体行为心照不宣地达成共识。在 20 世纪初，对身在尼日利亚的英国精英们而言，即使没有其他欧洲人在场，穿晚礼服和燕尾服也是晚餐中的一项强制性要求。[49] 这些僵化并且往往不切实际的着装仪式在帝国空间之中依然存在着，甚至在英国本土都已经废止这些习俗之后依然如此，它们将时尚、服装，以及对围绕维持文化身份和殖民地特权的那些深沉焦虑的展示联系到了一起。当一位身在非洲的英国女子身穿紧身胸衣，这将意味她能够继续保持满满的元气，并通过自我约束的实践以及每当种族支配叙事开始发挥作用之时就会产生持续不断的影响的那些礼仪准则，来继续维持这种种族和殖民的等级制度。

本土产品、工艺和工业

以时尚和民族话语、地区、民族身份以及东西方二分法来进行定义的民族性通常关注各种特定的地名和关于地名生产者的想象。克什米尔披肩（Kashmiri shawls）是一种在 19 世纪欧洲文化中非常重要的印度商品，它促进了时尚的变革以及工业的创新。克什米尔披肩的历史突出了印度以及欧洲的本土原材料、技术和图案在通过时尚生产民族性中的象征价值。不仅如此，它还阐明了工业化生产对于创造和维持西方时尚含义的重要性，这种重要性一直持续到了 21 世纪。

几个世纪以来，从印度和波斯精英之间的贸易往来，到欧洲人之间的礼物赠送，再到给帝国列强们的“贡品”，被称为“帕什米纳（pashmina）”的精制克什米尔披肩早已成为社会和政治系统的一部分。自 15 世纪以来，斯利那加地区的克什米尔市就是披肩布的生产中心，[50] 在印度，这种料子主要用于制作门帘、家居物品、地毯以及男性服装，统治者们有时候也将其作为礼物馈赠或报酬。克什米尔披肩贸易遍布中亚，以及中国、俄罗斯和奥斯曼帝国，其产品会根据当地的需要加以调整。比如从 16 世纪起在伊朗地区克什米尔披肩就大受欢迎，作为一种比波斯披肩更高级、更精致的料子，人们常将其裁剪成服装。[51] 图上这些克什米尔披肩长而窄，在两边还装饰了编织花卉，这反映了它们作为包头巾（patka）的用途。（图 7.7）

图 7.7 19 世纪早期的克什米尔披肩。©Victoria and Albert Museum, London.

西藏羊（或称藏系羊）羊毛的底层绒毛被称为“帕什姆（pashm）”，是制作帕什米纳的原材料。这种毛又被称作“开司米（cashmere）”，其名称来源于“克什米尔（Kashmir）”一词的古英文拼写。因为有着这种在极端天气中能够御寒的特殊长羊毛，西藏羊能够生存于寒冷且高海拔的拉达克地区（克什米尔毗邻西藏的山区）。帕什姆最终会被纺成一种用于生产毛料的细羊毛线，比起别的品种，这种羊毛线每股的纤维数量更多，所以用其生产出来的料子能存贮更多空气，从而具有一种独特的轻质且保暖的效果。帕什姆在斯利那加（克什米尔南部城市）被精梳、洗涤以及根据颜色分类，然后用落下纺锤抽成线，之后在水平脚踏织机上进行斜纹编织，其间织入装饰纹样和图案。这是个很耗时并且非常需要经验的工艺，尽管19世纪初刺绣装饰的使用使织物编织的整体速度有所加快。[52]克什米尔披肩的制造者们不断调整设计以迎合各种各样的市场喜好，并有意识地主动参与跨文化贸易，积极地适应着外部市场的变化。

纵观克什米尔披肩在欧洲的历史，在其生产和消费之中似乎将西方时尚置于所有其他形式的文化因素之上，其结果是出现了一场“兴衰叙事”，这场兴衰演变自18世纪欧洲人发现帕什米纳开始，结束于1870年左右披肩退出欧洲主流时尚市场。在这一逻辑框架中，欧洲的时尚需求是帕什米纳能够兴起的唯一驱动力，印度和中东地区原有的竞争性贸易流通则并不太重要，[53]因为帕什米纳自古以来都只被视为一种边远地区少数民族使用的传统手工艺产品，直到被欧洲人慧眼识珠。而在另一种相对去欧洲中心的逻辑中，克什米尔河谷的人们运用他们出色的经营能力形成了对帕什姆采集行业的垄断，他们将这种原料汇集至克什米尔河谷，并用最专业的技术纺织出帕什米纳这种价值昂贵的奢侈品进行出口，从而主动地创造了一个世界披肩生产中心。[54]

18世纪，英国人在印度发现了克什米尔披肩并开始使用它们，旅行者、东印度公司的员工以及驻扎印度的官员开始把克什米尔披肩作为礼物带回英国赠予女性，很多时候这种礼物还是被特意要求的。[55]拿破仑的埃及之战也使克什米尔披肩开始流入法国，因此到18世纪末乃至19世纪初，克什米尔披肩这种北印度产品连同其布塔（buta）图案和松果装饰图案以各种各样的方式在欧美时尚体系中愈发频繁地出现。由于人们对这些昂贵的进口产品很感兴趣，从18世纪70年代起，英格兰和苏格兰地区那些能够制造轻质羊毛产品的纺织中心也开始生产克什米尔披肩。19世纪初，法国也开始使用新型提花织机来编织克什米尔披肩，这大大提高了编织复杂图案的速度，尤其是在19世纪60年代电力织机投入应用之后。因此，相较于其他欧洲手工织机和印刷织机产品，法国造披肩在市场上占据了优势地位。比起克什米尔地区造披肩，欧洲造产品的价格更加便宜，这为中等收入人群提供了一种大众时尚，苏格兰爱丁堡附近的小镇佩斯利生产的披肩上印着的布塔图案后来在英国还被称为“佩斯利（paisley）”图案。

对于克什米尔披肩（或者说其“佩斯利”版）的消费使得印度和克什米尔的概念被带入了英国，通过这些披肩，英国人与“全球生产、销售和交换循环”连接起来，异国与帝国空间的互动也随之而来。[56]时尚同时催化着对新事物的区别与归化，异国传来的布料和设计一度在欧洲风靡一时，可纵使依然象征着“印度”风情、标志着财富，这些产品也终将从“异国实践”转变为“欧洲时尚”，此中辛酸，大概不会有比1851年万国博览会的照片更能深刻展现的了。这一具有里程碑意义的国际展览在伦敦举行，它展示了英国先进的技术创作、艺术成果和文化声望，在众多大英帝国的展品之中，来自印度的珍宝占据着醒目的位置。[57]一套平版印刷品显示，一些欧洲女子在琳琅满目的展品间闲逛，背上的衣料有着引人注目的布塔图案。印度织工们被想象成为“上层”提供布料的朴素劳动者，而关于欧洲和印度毛料生产的对比明显是按照种族划分的，正如1850年《新月刊》刊登的一篇文章所说的：

编织克什米尔披肩的织机结构非常简单：两根棍子撑着经纱，纬纱完全由人工操作。这缓慢又费力的生产过程制造出的产品的整洁度和图案的精细度超过任何机器产品；这类工艺往往是一种终身的艺术实践，并且大多数情况下都是秘而不传的家庭技艺——“种姓”使得一个家族要世代从事某项工作，因此他们的产品的完美程度毋庸置疑。这些性格温和、易于满足的南亚织工一天的工资从2便士到3.5便士不等；对于这些皮肤黝黑的织工的劳作，人们唯一能想起的画面就是他们穿着曼彻斯特棉布服装，日复一日地辛勤编织那些昂贵的产品，除此以外，别的片段都是模糊的。[58]

19世纪70年代，披肩在欧洲主流时尚体系中开始衰落。首先，裙装的内部支撑结构从钟形的克里诺林裙撑变为重新设计的巴斯尔裙撑，这一过程必然会导致外部裙子的造型和面料质地的改变，同时，时尚变化的社会动因也意味着，随着廉价的披肩的广泛存在，社会精英必然会需要寻求新的服装。然而，纯正的克什米尔披肩由于高昂的成本和稀有性，无论欧美时尚潮流如何起落，在欧洲都能保持较高的价值和地位，在此克什米尔的概念空间似乎重获重视。一条“真正的”克什米尔披肩象征着个性、全球性的知识视野、消费能力以及社会等级。克什米尔的自然风光被想象成喜马拉雅山麓那田园诗般的天堂，并把披肩与一种全新而浪漫的艺术之美联系在一起，这与欧洲那些大众化的仿制品恰好相反。[59]“真正的”印度披肩仍旧保有价值的原因是这些克什米尔的传统手工制品被置于了19世纪发展起来的西方时尚体系之外——它们在地理和概念上都超出了以城市现代性空间、机械化生产和商品文化为特征的时尚概念。19世纪对克什米尔披肩的持续消费促进了维多利亚时代的英国进一步“文化绘制”帝国的版图，这一版图被特定的“时尚”架构支撑着，在这一架构之中，东方与西方、殖民地与大都会以及手工生产与机器制造之间的差异都是非常关键的。[60]同时，种种迹象表明，土著产品的原材料品质非常重要——克什米尔披肩之所以能保有很高的价值，不仅因为产地偏远、图饰独特，还因为它们很轻盈。[61]

对于欧洲市场中克什米尔披肩的考察，其背景应该更加多样和广泛化，比如置于17—18世纪莫卧儿王朝的花卉时尚潮流以及19—20世纪印度本土时尚风格变迁的背景之下。无论是在西方市场的印度披肩风潮之前还是之后，克什米尔披肩在印度本土都是广受欢迎的，而且经历过时尚的变迁。在19世纪末20世纪初，由于为印度人和波斯人制作克什米尔披肩的织工群体开始迁移，披肩的产地发生了变化。[62] 从西方视角来书写的一些克什米尔披肩历史的著述认为克什米尔披肩产业随着西方时尚风格的变化而走向了崩溃，而致力于多时尚体系研究的学者则指出了这种欧洲中心式论述中所存在的固有偏见。

性别、国籍和现代性

现代政治之中的民族国家概念要追溯到18—19世纪的欧洲文化之中，并且与官僚政府（与封建政府或君主专制相对应）、工业化、资本主义以及尤其是公民身份等种种概念均有关联。[63] 也正是在这一历史时期里，时尚形成了明显的、与道德相关联的性别差异化，自19世纪初起，相较于女性服装，男装服装开始以更朴素为特征，这被认为是男性理性和女性非理性特征的反映。[64] 然而，这并不意味着欧洲的男性群体对于时尚以及个人外表缺乏重视，或者反感多变的衣着风格。[65] 准确地说，时尚话语与男性、女性气质的主导性规范交织在了一起，并被构造为一种对立的意识形态，在这种意识形态中，男性服饰淡化了所有的华丽元素，而女性服饰的装饰性则得以尽情施展。在多个19世纪的文化之中，女性都因与母亲角色以及家庭的联系而被定位为“与生俱来的”传统捍卫者，但其同样也因为对于流行时尚显而易见的兴趣以及个人形象的巨大关注和投入而成为时尚的“自然而然的”消费者。在民族文化出现危机的时刻，女性的着装也会在捍卫国家的核心价值上发挥重要作用，但是，新的时尚也同样可能会招致批判，正如阿根廷佩内顿梳（peinetón）的历史所体现的那样。

佩内顿梳是19世纪30年代在阿根廷的欧洲裔女性作为装饰佩戴的一种大型玳瑁梳子。随着1810年阿根廷从西班牙独立，布宜诺斯艾利斯白人女性的服装慢慢开始呈现出一种英国、法国和西班牙风格融合的特征，这种融合风格在清楚地传达出她们的欧洲习俗传统的同时，也逐渐形成并演变为新的阿根廷民族认同形式。虽然西班牙发梳（Spanish hair combs）早在18世纪就已经被引入阿根廷地区，但19世纪后殖民时代阿根廷的潮流服饰风格与西班牙刻意保持着一种文化上的距离。雷吉娜·罗特（Regina Root）认为，西班牙发梳可能与19世纪20年代法国的高发时尚有关，这种时尚要求把头发梳得非常高，并在里面撑上梳子以保持头发的造型。佩内顿梳在这种风潮之下逐渐发展成为一种精致的头饰，这种头饰可以提高佩戴者发型的视觉高度，并像扇子一样向外展开。[66] 在那个对女性而言充满法律和社会权利的不平等的年代，巨大的梳子彰显着女性的阿根廷后殖民文化，也提高了女性的公众存在感；女性不仅在其所到之处占据了更多的视觉和物理空间，而且开始进入一些以前专属于男性的区域。为了男性能够安全地从佩戴了占据巨大空间的佩内顿梳的女子身边走过，有人甚至嘲讽性地提出了男性需在道路左侧行走这样的行为准则。无论是讽刺者还是严肃的批评者都认为，这种梳子对社会的影响是堕落、负面的，还可能导致传统家庭价值观的瓦解，因为梳子高昂的价格会让一个家庭徒增大量负担，其招摇的外观更是与基督徒该有的谦虚品格相悖，而它夸张的体积更会使佩戴者变得具有侵扰性。通过时尚变革，女性对国家政治的参与和性别角色的转变产生了相应的影响力；但同时，她们对男性的社会支配地位的挑战也受到了围绕着时尚的非道德性的反时尚修辞的打击。佩内顿梳的例子提醒人们，关于传达种族性的时尚仍然是存在争议的，无处不在的父权制度以及殖民主义、社会地位等都构成了社会权力结构的重要组成部分，而这一权力结构告诉我们，种族可以通过服装以怎样的方式来进行自我表达。（图 7.8）

对于 19 世纪末的日本和 20 世纪初的中国而言，与其说现代性是其与欧

图 7.8　卡洛斯 · 恩里克 · 佩莱格里尼（Carlos Enrique Pellegrini）创作的水彩画，描绘了 1831 年一群戴着佩内顿梳聚会的女子，阿根廷的布宜诺斯艾利斯。Mary Evans.

洲就殖民关系或者后殖民关系进行协商的过程，倒不如说它是一个关于现代化的内驱力是什么，以及构成了女性服装文化基础的现代性究竟是何面孔的问题。欧美军队通过实行“炮舰外交”获取了贸易权，并催化了对中日两国影响深远的社会变革。中国和日本实际上都是被迫向西方“开放”的，因而此前中日通过文化交流得以实施的影响力被打断了。

关于日本“现代性”的叙事往往是以1854年美国海军准将佩里用入侵来威胁日本签署贸易条约为开端的。随着贸易往来的扩大，欧洲的服饰诸如男士圆顶礼帽、女士羊毛披肩等很快被日本接受。相应地，到了19世纪80年代，和服也成为西方服饰文化的一部分，作为一种具有艺术气质的茶会礼服、晨服或者新奇的潮服来使用。[67] 在日本明治维新时期（1868—1912年），皇权对日本的统治得以恢复，这一时期的新政府仿效西方社会，强调通过工业化和现代化改革来应对外部的殖民威胁，并寻求提高日本的全球地位，尤其是在与中国的关系之中。从1871年起，日本宫廷开始使用欧式着装规范，军队、邮政系统以及学校等开始穿着欧式制服。这一时期西方几乎将裸体和身体暴露与文明行为画上了等号，加上“未分叉”服饰彼时被视为女性服饰，这使得一些日本传统服饰遭遇了危机。[68] 在创造一个在达尔文进化论层面的意义上更高等的“现代”新日本身份的过程中，根据当代观念来对身体进行约束的时尚话语起到了重要的作用。

当然，日本传统服饰并非简单地被抛弃或者被欧式服饰取代，也并非与现代性对立。首先，如前所述，现代日本的服装面貌正是通过将欧洲元素融入日本本土时尚服饰形成的。举例来说，有这样一幅图片，内容为19世纪70年代重建的新东京银座地区，图片上一条繁忙的、有煤气灯的街道“熙熙攘攘，混杂着各国行人、马车和黄包车，甚至还有一辆公共汽车”，男人们“穿着羽织（和服上披着夹克）和裙裤（类似于短裙）以及圆顶礼帽和西式皮鞋。这些服装元素是表达明治时代文明开化理想的关键视觉要素，即文明和启蒙”。[69]

其次，尽管在19世纪80年代之后，明治皇后已经和天皇以及其他宫廷大臣一样开始穿着全套欧式服装（图7.9），但在19世纪晚期的日本，只有上层的富有精英阶层才会践行男性穿西服、女性穿巴斯尔裙撑的服装规范。这些服装和他们的家庭环境根本不搭，如同印度一样，所以他们也可能只是在需要的场合才会穿着全套欧式礼服，回到家中就弃置不用了。此外，不同性别的人将欧式服装作为日常穿着的动因也是不同的，外国人很难准确分辨男式和服与女式和服在结构、颜色、装饰以及穿着方法上的差异，这意味着如果按照欧洲的服装标准来进行评判，那么日本男性的着装风格可能会被认为是娘娘腔，由此产生了一种男性危机，而这种危机通过穿着深色定制西装、皮鞋并梳剪短发得以解决。然而，相较于女性服装规范，那些与西方服饰相关的理性和先进的价值观更适于男性服装规范，它们使得西式服装被认为适宜作为制服穿着，适用于商业活动、外交领域乃至战争。在20世纪的头几十年里，和服被认为体现了“日式的美感和女性气质”。[70]直到20世纪三四十年代，和服仍然是日本女性最合适的服装，其使得女性通过服装从视觉上和身体上代表着传统的日本性。

我们不应当认定在西方时尚进入之前日本本土没有时尚存在，或者认定和服无法成为一个能够同时囊括日本传统、时尚创新和现代性的概念范畴。和服是一种由固定尺寸的长方形布料制作而成的垂坠服饰，其并不在结构和形状上展示时尚变化，却从面料和配饰的选择上为动态的时尚系统提供了充分的

The QUEEN

THE LADY'S NEWSPAPER & COURT CHRONICLE

2234—Vol. LXXXVI. | SATURDAY, OCTOBER 19, 1889. | OFFICE: 346, STRAND, W.C. | Registered.—Price 6d.

HARU-KO.

THE EMPRESS OF JAPAN, AS SHE APPEARED THE FIRST TIME IN EUROPEAN DRESS.

FIFTH SHEET.

图 7.9　1889 年，英国杂志《女王》（*The queen*）封面上的明治天皇的妻子、身着欧洲服装的福知山皇后。©British Library, London.

佐证空间，除了颜色和图案以外，和服的衣领、衣边以及腰带、底衬也都为时尚提供了展示的场所。而欧洲一些受到新艺术和装饰艺术启发的装饰图案也进一步证明，20 世纪早期的和服可以为欧洲的文化移入创造一个关于日本、现代以及女性的空间。（图 7.10）

同样，在 20 世纪早期的中国，在服饰西化的进程中，男性也会把欧式帽子和中国传统服装混搭在一起。19 世纪中叶，中国一系列灾难性的军事失利

图 7.10　穿着和服的昭和天皇的妻子良子，1926 年，显示了和服作为日本女性象征的深远的重要性。照片来自“战后时期”，第 108 幅。©Mary Evans Picture Library/Alamy Stock Photo.

导致欧美列强在中国获得了贸易权以及大量的土地，到 20 世纪初，中国就像 19 世纪 80 年代的非洲那样，面临着被列强瓜分的风险。中国的两个主要民族——汉族和满族，其服饰风格截然不同，但一般来说所有的男性都会穿长袍，女性也都穿长袍、长裤或者长裙以及外套。[71] 汉族女性特别突出的特点是她们的脚，由于从小就缠足，汉族女性的脚往往被束缚成非常小的样子。

1911 年清朝灭亡，随后，中华民国宣告成立，与明治时代的日本一样，民国时期的中国也在努力寻求现代国家地位。民国时期的中国女性服饰风格涉及一种新服装类型的发展，在这一时期，宽松的长袍和外套变得更加紧身，裤子和裙子长到小腿，高跟皮鞋取代了布鞋。20 世纪 20 年代，为女性设计的、改良自男性长袍的旗袍出现了。[72] 旗袍的高领和侧边扣件彰示着它源自中国传统服饰，但更紧密贴身的效果和短袖设计与欧洲女性服饰形式产生了共鸣，并由此诞生出一种属于女性的、跨越种族和性别界限的服装。随着缠足现象逐渐减少，高跟鞋也成为一种合适的替代品。[73] 尽管 19 世纪时西方基督教传教士和女权运动者就已经批判缠足既不文明也不利于女性健康，但直到新的民族认同行将形成之际，作为一种更具有全球化服饰风格的西方服饰和身体美学才逐渐被中国女性接纳，用来表达新的国家现代性。新诞生的旗袍后来成为一种带有性意味的中国象征——因为其形式越来越暴露，但在 20 世纪早期的中国服饰文化中，它被视为一种潜在的威胁，因为它与男性长袍有所关联，这会使女性有一种雌雄同体的观感。旗袍是一个有争议的民族身份象征，它“与西方的影响力和审美标准步调一致”，同时又具有鲜明的中国特色，无论是作为民族服装还是日常服饰，旗袍都可谓非常成功，这可能要归功于其在全球时尚文化之中的发展。[74]（图 7.11）

图 7.11 20 世纪 20 年代，一位身着旗袍的中国女人。Photograph attributed to Fu Bingchang. ©2007 C.H. Foo and Y.W. Foo. Image courtesy of Historical Photographs of China, University of Bristol.

结 语

1931 年人类学家鲁思·本尼迪克特（Ruth Benedict）曾写道，在那些“更为简单”的文明之中，“服饰根据地理区域而产生分化，可是在现代文明里，服饰的分化却是暂时性的”。[75] 本尼迪克特思考了自文艺复兴以来的西方现代性轨迹，她把时尚的变革全部归因于“现代文明”，并回顾了其中那些起作用的力量，这些力量让非裔美国人能够通过时尚表达自己的独立，让印度和日本的男人们利用欧洲的时尚展示彰显和挑战“种族”地位，让披上旗袍的中国女性能够代表中华民族的全新面貌，也让英国的女性享受机器生产的披肩带来的现代性和来自克什米尔的异国情调商品，现代性、文明和时尚变革的定义在此变得模糊不清。无论那些非欧洲文化是“乏善可陈”的还是需要“进步”的，对维护和体验19世纪的帝国主义以及导致了性别与民族主体性关键转变的工业化力量而言，服装都是一种非常有力的工具。通过服装进行表达的民族认同与种族理论关联密切，而这些理论也可能因与时尚的接触而受到挑战。

显然，19世纪是欧洲服饰和时尚文化传播的关键时期，其传播过程和殖民机制与“种族”统治交织在一起。这不仅仅是一段复制的历程或者一部单向传播的历史，也绝不可妄言没有欧洲文化底蕴的文明就不存在其自身的时尚变革历程，因为19世纪和20世纪早期的非洲和日本服饰融入了新的图案和面料元素，而这恰恰正是本已有之的非洲和日本时尚文化的绵延赓续。然而，殖民地、后殖民地和半殖民地之间的关系使得强有力而自觉的民族身份成为必要，在这充满紧张的运作过程中，不同民族之间的服饰文化在追求新时尚的过程中频繁地互相融合，印度、中国的礼帽，以及英国、美国的和服都是个中案例。种族的物质文化包含了许许多多这样的越界行为，这也是人类社会并非孤立存在的一种证明。重要的一点是要认识到调解这种交流的机制，时尚是表达和构建19世纪民族身份认同的一个关键部分，它应被理解为是运行于一系列语域之中的，并且与欧洲中心主义视角下的潮流、服饰以及西方帝国主义关联密切。

第八章　视觉再现

贾斯汀·扬

> “突然，一列模特梦幻般地出现在眼前，她们在庭园树丛中进进出出，优雅地漫步在花园的碎石小道上，身上穿着波烈上个星期刚刚设计出来的新款服装……诞生自摄影机中的女神……真的很难让人相信，在树林中穿梭的如此曼妙的女子，还有那样华美的长袍，这一切竟然都是用机器生产出来的。”[1]

这是一位《纽约时报》（*New York Times*）的记者对著名时装设计师保罗·波烈（Paul Poiret）于1913年环游美国时所展映的一部电影的描述。其奇观体现了在当今时尚视觉呈现中最为常见的陌生化形式之一：摄制时装秀。然而，当今最为常见的种种时尚视觉呈现形式——时尚期刊、摄影广告、时装秀，以及电影（无论是新闻短片还是剧情片）——在19世纪的时候基本上还都未进入大众的视野。

显然，波烈在旅程之中选择带上电影放映而非模特和服装本体——这是再现对现实的一次胜利。事实上，本章恰恰要研究的就是绘画、摄影以及电影等经过艺术视角过滤的媒介服装体验，而非那些通过观看、试穿或日常穿着等所获得的直接体验。因此，本章将不涉及其他一些重要的当代直接观看服装的手段，如杂耍秀（vaudeville show），这是一种以话剧和时尚歌舞剧为主要演出形式的秀。19世纪以来，很多女演员们习惯穿戴成套的时装，或者到公园里、街道上、百货公司中甚至自家的窗口观察时下的流行时尚。

虽然本章将分别探讨不同类别形式的时尚视觉呈现，但有一点非常重要，即不同的艺术形式不可避免地相互影响，并且大多数艺术形式在整个19世纪都非常活跃。以下内容的讨论重点将集中于19世纪的法国，法国在19世纪成为欧洲的时尚之都，许多艺术创新、广告、商业销售、电影和报刊活动都诞生于此，不过，类似的时尚代表性地区在欧洲其他地方和美国也存在一些。

绘画，1800—1860年

著名作家和批评家波德莱尔写道："有两种方法可以理解肖像画——作为历史的记录，或者作为虚构的形象。"[2]18世纪晚期的肖像画似乎两者兼有，在其中古典服装和现代元素的混搭随处可见——比如流苏裙与以灰色粉末装饰的假发的搭配。随着法国大革命爆发，这种贵族式装扮和人为的浮夸慢慢不再流行，时尚变得更为"自然"而真实，并更加青睐当代服饰。关于这种新时尚和新风格在肖像画上的体现，一个很好的例子是弗朗索瓦·杰拉德（François Gérard）于1805年为朱丽叶·雷卡米耶夫人（Madame Juliette Récamier）创作的肖像画（图8.1），这位夫人在督政委员会时期（Directory，1795—1799年）以“米维鲁（merveilleuses）”身份出名，这个法语词被用来形容那个时期一批极度推崇时尚的女性。

在杰拉德的肖像画中，我们可以看到雷卡米耶夫人穿着当时流行的希腊复兴风格服装，赤裸的手臂富有美感，她坐在伊特鲁里亚风格的沙发上，下身盖

图8.1 《朱丽叶·雷卡米耶夫人画像》（*Portrait of Juliette Récamier*），杰拉德，1805年。油画，225厘米×148厘米。卡纳瓦莱博物馆，巴黎。Photo: Art Media/Print Collector/Getty Images.

着一条赭色的羊绒披肩。

拿破仑可能也意识到了这些新的形象所蕴含的力量。他委托画家创作了大量历史绘画，比如雅克·路易斯·大卫（Jacques Louis David）创作的《拿破仑一世加冕大典》（*Coronation of Napoléon*，1805—1807 年），这幅画有 32 英尺长，在这幅画中我们能窥见皇室的服装风格。值得一提的是，大卫也同样曾为朱丽叶·雷卡米耶夫人画过一幅肖像画，画上的服装和家具摆设都跟杰拉德的那幅差不多，但由于两人起了争执，最后这幅画并没有完成——于是朱丽叶·雷卡米耶夫人去找了大卫的学生杰拉德来画。大卫可能是法国宫廷最受欢迎的肖像画家，而托马斯·劳伦斯（Thomas Lawrence）和弗朗西斯科·戈雅（Francisco Goya）则为英国和西班牙宫廷也创作了一些风格相似的作品。

大卫的一位对手，19 世纪上半叶的另一位伟大的法国肖像画家让 - 奥古斯特 - 多米尼克·安格尔(Jean-Auguste-Dominique Ingres)于 1826 年创作的《圣玛丽·马克特夫人肖像画》（*Portrait of Madame Marcotte de Sainte-Marie*，图 8.2）很好地展现了个人风格，画中体现了当代服装风格的转变——很难想象，与雷卡米耶夫人近乎赤身裸体的形象相比，圣玛丽·马克特夫人身裹丝绸礼服的形象反差更大。

安格尔在画中极为细致地描绘了人物身上的各处细节，从身上的大羊腿袖到银丝眼镜挂绳，从极其时髦的阿波罗结(Apollo knot)发型到右边两个纽扣、左边四个纽扣的硬质纱布衣领。波德莱尔对这种细致的效果做了很传神的描述，他写道，安格尔“以外科医生般的敏锐准确地抓住(模特)每一个美的细节，以对待爱人般的谦卑、奉献精神刻画每一根温柔的线条……安格尔的杰作的诞生有赖于其极强的细节洞察力，同样地，对他作品的理解也需要相同的洞察力”。[3]安格尔和他的学生希波丽特·弗兰德林（Hippolyte Flandrin）、亨利·莱曼（Henri Lehmann）以及恩格斯·尼曼努埃尔·阿莫里 - 杜瓦尔（Eugène Emmanuel Amaury-Duval）那些严谨而细致的作品代表着这一时期时尚视觉的顶尖呈现，为肖像画确立了直到 19 世纪中叶都依然适用的艺术标准。

图 8.2 《圣玛丽·马克特夫人肖像画》，让 - 奥古斯特 - 多米尼克·安格尔，1826 年。油画，93 厘米 ×74 厘米。卢浮宫，巴黎。Photo: Fine Art Images/Heritage Images/Getty Images.

时尚插画

在18世纪的法国，大概只有十几种杂志存在着，其中还包括一些时尚报道，但到了19世纪，以时尚为特色的杂志超过400种。[4] 直到1818年，法国早期的时尚杂志《女性时尚报》(*Journal des dames et des modes*，1797—1839年）一直在时尚媒体之中占据着主导地位，这本杂志的内容不仅涵盖时尚，还包括艺术、文学、科学、商业和工业等。编辑皮埃尔·德·拉·梅桑热雷(Pierre de La Mésangère)非常重视高质量的插画，他聘请了像贺拉斯·贝内特（Horace Vernet)、保罗·加瓦尔尼这样有才华的年轻艺术家为杂志创作时尚插画。梅桑热雷称，这些插画的灵感都是从社交界的女性身上获得的，所以内容真实、准确且得体。曾有一位作家对插图中夸张的低胸露肩装感到震惊和难以置信，对此梅桑热雷解释道：

> 我们又一次收到了指责的来信，信里认为我们夸大了巴黎服装的特征，以至于看起来像是在讽刺。有人称这些图样绝无可能是对体面女性的真实描述。对此我们坚定地予以反驳，因为在我们的插画里出现的所有形象都来自生活，来自上流社会和最受尊敬的社会团体。总而言之，插图上的人物都是从那些衣着不够端庄者严禁入内的高级聚会中挑选出来的。[5]

正如梅桑热雷所说，早期的时尚插画都是对社会活动中所能见到的时尚的记录——这些插画仅仅被用来供人们模仿时尚，而不是为了销售服装。毕竟，这是成衣还未全面开花的年代，大多数服装都由裁缝或者家中女性手工制作。

《伦敦与巴黎女性时尚》(*Magazine of Female Fashions of London & Paris*, 1798—1806 年)是英国第一本专门关注时尚的杂志，在这本杂志中每一期都有关于英国和法国时尚的图样，其内容有时是汉密尔顿夫人或雷卡米耶夫人等著名淑女的穿搭，有时候则只是简单地指示了在哪些地方以及什么时间能看到那些时尚服装。[6]

然而，参看贝内特为梅桑热雷(图 8.3)创作的插画，我们可以看到对插画“真实性”的疑惑是如何产生的。虽然说贝内特创作了不少关于当代时尚的讽刺漫画(图 8.5)，但他为《不可思议的精彩》(*Incroyable et Merveilleuse*)所画的、作为系列版画发行给收藏家的时尚图样却是严肃主题的作品。[7] 像贝内特的作品这样具有代表性的早期时尚图样出现于 18 世纪，内容往往都是单个人物配上空白的背景(或者人物脚下的光秃秃的地面)，下面再加上一行解说文字。在这张图里，一位优雅的绅士正摆着造型，只见他头戴一顶高帽，穿着荷叶边衬衫以及黄色外套，下身是一条绑着皮绑腿的淡黄色马裤。最为抢眼的是配饰：他的怀里揣着一把绿色雨伞，一块金链子系在腰上的怀表，在外套口袋里还放着一把望远镜。

与贝内特创作时尚插画在同一时期的英国时尚杂志《美丽穿搭》(*La Belle Assembleée*, 1806—1808 年)很可能是第一份在时尚插画中出现时装商店的刊物，提到的店铺有玛丽·安·贝尔夫人时装店等。[8] 而在法国，直到 19 世纪 40 年代，店铺的名字才开始经常出现于杂志的时尚插画中。[9] 很多读者并不太喜欢这种行为，自 1837 年开始在《女性时尚报》上逐渐出现的硬广告明显导致不少读者选择了退订该杂志。[10]

杂志《女士们的小裁缝》(*Petit Courrier des Dames*, 1828—1844 年)

图 8.3　由巴黎，乔治·雅克·加丁（George Jacques Gatine）雕刻的《不可思议的精彩》系列版画中的 14 号作品，贝内特绘，1814 年。©Victoria and Albert Museum, London.

对时装插画进行了升级，他们在插画里加入一个身着相同样式但通常颜色不同的服装的人物形象，以此详细地展示裙子的前后视图，这种图样创作方式被采用了一段时间，但最终被展示两件不同服装的双重正面视图取代。19 世纪 30 年代，赫洛伊塞·莱洛伊尔（Héloïse Leloir）声名鹊起，他曾为《福莱特》（*Le Follet*，1829—1882 年）、《品味》（*Le Bon Ton*，1834—1884 年）和《贵妇》（*Le Journal des demoiselles*，1833—1922 年）等杂志工作，他是早期时尚插画的重要创作者之一，有着复杂的文化背景。其笔下的场景靠近日常生活，并配有详细的解说和细节描述。朱尔斯·大卫（Jules David）为一家服装店自己出版的流行杂志《风格观察》（*Le Moniteur de la mode*，1843—1913 年）创作了几乎所有时尚插画，他也喜欢在插画里设计一些精致的、有时候有些贵族化的场景。1850 年的一期《巴黎风格》（*Les Modes parisiennes*，1843—1880 年）中的插画就是很好的例子（图 8.4）。

在这幅插画里，我们能看到一对优雅的夫妇正手挽手在散步，从台阶上缓步而下往花园走去；在他们身后有一座富丽堂皇的城堡，旁边立着一座古典雕像和一个水池，这表明图中之人可能为贵族。下面的标语则告诉读者，图中女子的衣服出自塞莱斯汀夫人（Mme Célestine）之手，男子的服装则是由裁缝于曼（tailor Humann）制作。虽然许多早期的时尚杂志同时关注着男性和女性时尚，但到了 19 世纪 60 年代中期，男性时尚在主流的时尚杂志中逐渐消失。

杂志《插画风格》（*La Mode Illustre*，1860—1937 年）以在其高度重视内文插画而闻名。19 世纪 60 年代，杂志上的文字慢慢退居次要地位，取而代之、占据书页的内容是多达几十幅的关于服装、帽子、刺绣、家具装饰、缝纫机等内容的插图。举例来说，1869 年 8 月的一本杂志刊登了三个女士服装

图 8.4　孔特 · 卡利 (Compte Calix),《巴黎风格》, 第 382 张 (1850 年 6 月 23 日)。Author's collection.

部件的黑白插画（其中包括一条披肩、一条围巾，以及一个精致的衣领——全都在同一期推出的服装式样里）、四件家居物什（一个表盒、一个杂志置物架、一个围巾篮子，以及一个火柴盒——打开和关闭状态的展示都有），以及一个以刺绣装饰的围巾样品（包括物品展示和上身展示的效果）。另外，值得注意的是，画报以及最受欢迎的时尚杂志之中的图样和广告一般都是为了推销一些可以在大型百货公司买到的服装和其他商品；要想看到像沃思这样的著名时装设计师的时装插画，人们必须去看像《春天》（*Le Printemps*，1866—1910年）这样小众一些的杂志。艺术家们为《插画风格》《风格观察》以及19世纪六七十年代其他主流杂志创作的时尚插画标志着法国的时装插画达到了全盛时期，而我们还将看到，从19世纪80年代开始，缺乏创造力的插画家们将开始依赖并模仿摄影工作室拍摄的裙子照片，这些插画往往僵硬又失真。此外，巴斯尔裙撑的普及使裙子的外观轮廓变得膨大，时尚图样不得不使用侧视图来进行创作，这进一步降低了早期时尚插画的生动性与交互性。

当然还有一点不应被忘记，即时装插画不仅出现于收藏家们收藏的那些19世纪时尚杂志和时装版画上，还出现在更加广泛的各种印刷媒体上。例如，讽刺报纸《巴黎生活》（*La Vie Parisienne*）就经常对时尚进行评论，也刊登女装广告，并时常报道一些著名的女性在时尚度假场合的穿着。在1866年8月11日的那一期杂志上，《巴黎生活》用了整整一页的篇幅来讲解未提及姓名的x公主（几乎可以肯定就是波琳·德·梅特涅，她是拿破仑三世宫廷中的时尚明星）8月5日在海滨度假胜地特鲁维尔所穿的五套服装。其中包括一件泳装、一件短得吓人的晨袍（这有助于开创1866—1868年及膝短裙的短暂潮流）、一条观看比赛时穿的裙子、一条与阳伞搭配的优雅步行裙，以及一件藏在宽大披肩下的晚礼服，所有的细节都被仔细地在杂志中勾勒、描绘出来。《巴黎生活》将沃思这位大客户的最新服装信息作为新闻进行报道，不过，这份日报更为著名之处则是其诙谐的讽刺漫画。

讽刺漫画

随着19世纪时尚刊物和文章的发展，讽刺漫画也同步发展着。由于印刷费用降低、识字率上升以及人们休闲时间增加，越来越多的中产阶级开始渴望了解精英阶层的时尚——但与此同时也会嘲笑它们。[11] 讽刺漫画将时尚和艺术潮流推向了顶点，很多早期的时尚插画家如贝内特也同样创作过时尚讽刺漫画。（图8.5）

图8.5 “脸贴脸看不见，顶级品味系列第16张”，贝内特，巴黎：马丁内特，约1815年。手绘版画，31厘米×43厘米。Photo: Hulton Archive/Getty Images.

在名为“顶级品味（Le Supréme Bon Ton）”的系列讽刺漫画中，我们能看到，几个女子戴着时髦的前撑阔边女帽（poke bonnets）——这种帽子有着在法国被称为“不见脸（les invisibles）”的巨大突出帽檐以遮挡面部——和几个追求者正在亲密交谈。标题上写着“脸贴脸看不见（Les Invisibles en Tête-a-Tête）”，此处的“脸贴脸”显然是个比喻，但从字面意思来说，这两对男女确实已经是脸挨着脸，画面上两个男子的脑袋因为伸进了体积夸张的帽桶里而已经看不见。虽然女帽是早期漫画家们的最爱，但男性时尚也并未“幸免”，因为帽子的尺寸和形状以及他们衬衫领子的高度（图 8.3），男士也受到了同样的嘲讽，那个作者佚名的法国漫画场景后来还被英国漫画家詹姆斯·吉拉伊（James Gillray）复制并在英国重新出版。就像法国时尚插画在其他国家的盗版市场巨大一样，讽刺漫画同样如此——这一时期整个欧洲的时尚风潮都很接近，这使得讽刺漫画在其他国家很容易被抄袭、盗版。但这并不是说漫画家对国家之间的差异视而不见，法国漫画系列“品味的类型（Le Bon Genre）”——这个标题又是一个讽刺——将法国和英国时尚放在一块进行创作，虽然系列对两者都进行了嘲讽，但对英国的嘲讽总是更辛辣一点。相反，像艾萨克·克鲁克香克（Isaac Cruikshank）和吉尔雷（Gillray）这样的英国漫画家则更喜欢讽刺法国时尚的奢侈。

在一个政治和社会环境发生巨变的时代里，服装仍然是漫画家们的一个安全又可靠的创作主题，尤其是在 19 世纪，人们对时尚的兴趣与日俱增。法国甚至有过一本专门创作时尚讽刺漫画的短命杂志:《今日：可笑的时尚风格》（*Aujourd' hui : journal des modes ridicules*，1838—1841 年）。[12] 天才的讽刺漫画大师 J.J. 格兰德维尔（J.J.Grandville）、保罗·加瓦尔尼和奥诺雷·杜米埃（Honoré Daumier）都曾为创办了《讽刺画报》（*La Caricature*）和《喧闹报》（*Le Charivari*）的查尔斯·菲利蓬（Charles Philipon）工作过，这两本刊物在19世纪上半叶影响深远，不过后来其地位被《娱乐报》（*Le Journal amusant*）和杂志《巴黎生活》取代。同时，时尚也是安德烈·吉尔（André Gill）、查姆（Cham）、保罗·哈多尔（Paul Hadol）、斯托普（STOP）和阿尔伯特·罗比达（Albert Robida）等人在巴黎年度沙龙上展出的肖像和风俗漫画作品里进行评论和批评的重要灵感对象之一。而在英国，像《笨拙报》（*Punch*）或伦敦的《喧闹报》（*Charivari*）这样有着马克斯·比尔博姆（Max Beerbohm）和乔治·杜·莫里尔（Georges du Maurier）等知名漫画家的报刊持续给读者创作关于时尚的滑稽漫画。[13] 直到后来插图逐渐走下坡路，尤其在第二次世界大战之后，摄影成为主流，时尚讽刺漫画才慢慢消亡于诸多媒体形式之中。

摄影，1840—1900年

随着1839年商业摄影诞生，人像拍摄很快成为这项新技术的一种流行用途，因此这一时期有大量关于时尚的影像资料被留存下来。然而，不同于后来的时尚摄影，这些影像并没有被用于服装广告，早期摄影更多是用于服务个人和一些更加私密的需求（虽然之后很快就不是这样了）。本名费利克斯·图尔纳洪（Félix Tournachon）的漫画家兼作家纳达尔（Nadar）于1855年开办了一家商业摄影工作室，专门拍摄著名艺术家和政治人物。搜集名人照片在当时是一种很流行的活动（就像19世纪30年代流行搜集名人肖像小雕塑一样），安德烈－阿道夫－尤热内·迪斯德利（André-Adolphe-Eugène Disdéri）发明了一种卡片大小的全身肖像，他称之为“小名片（cartes-de-visite）”，这种卡片在19世纪60年代特别受收藏家们欢迎。全身肖像意味着比起传统的半身肖像，照片中人物的服装能被看到的部分更多一些，考虑到照片尺寸一般又非常小，因此服装对照片上人物给人的观感有很大影响。除此以外，其他关注时尚的肖像摄影师还包括19世纪五六十年代的阿道夫·布劳恩（Adolphe Braun）、莱奥波尔德·欧内斯特·梅耶（Léopold Ernest Mayer）、路易斯·弗里德里克·梅耶（Louis Frédéric Mayer）和皮埃尔－路易斯·皮尔森（Pierre-Louis Pierson），以及19世纪后期的雅克－亨利·拉蒂格（Jacques-Henri Lartigue）、康斯坦·普约（Constant Puyo）和罗伯特·德马希（Robert Demachy）。

彼时的摄影技术无法记录下那个时代服装的全部鲜艳色彩，却能捕捉到服装面料的材质、光泽和垂感，其细致程度可以说和安格尔等画家的精妙不相上下。[14] 实际上，纳达尔就曾不出意料地表示过，摄影具有无与伦比的优势：“在我看来，关于安格尔先生作为一名肖像画家是否足够有才能的问题在达盖尔（Daguerre）的伟大发明[1]出现那一天就有定论了，现如今摄影对细节描绘的精致程度可能在安格尔的作品里是百中无一的，而其色彩更是他可能用一百年都没法画出来的。”[15] 正如我们所见，摄影深刻地影响了肖像画的创作，但同时，肖像摄影本身的一些惯例也脱胎于绘画。

意大利女贵族弗吉尼亚·奥尔多尼（Virginia Oldoini）是一位很会利用摄

[1] 即摄影技术，达盖尔于1837年发明了一种实用摄影术，其被称为“达盖尔摄影术”，1839年法国政府买下了该发明的专利权。——译注

影来捕捉和展示自己声名在外的美貌（和储量庞大的时尚衣柜）的模特，身为卡斯蒂利欧伯爵夫人（Countess de Castiglione），她甚至曾短暂地做过拿破仑三世的情妇（图 8.6）。从 1856 年开始，她委托梅耶・弗雷尔斯・皮尔逊（Mayer Frères et Pierson）创作了一系列别具一格的肖像摄影，这些作品展示出她的美貌、时髦以及强迫症般的自我欣赏。

在这张照片里——这只是这套共有 400 多幅照片的系列中的一张——我们可以看到这位伯爵夫人穿着一件有着低胸露肩领上衣（décolletage）的克里诺林大裙袍，头发精心地向上梳起。不同于那个时期大多数要靠摄影师来指

图 8.6　弗吉尼亚・奥尔多尼（卡斯蒂利欧伯爵夫人），1861—1867 年，皮埃尔 - 路易斯・皮尔逊，20 世纪 40 年代印刷。照片，36.8 厘米 ×41.6 厘米。The Metropolitan Museum of Art, New York.

导造型的模特，很明显伯爵夫人亲自策划并指导了这张照片的造型，她将自己扮成从红心皇后到修女等各种各样的形象。很有可能正是她对高级定制时装的这份痴迷使得她的丈夫最终走向破产，但这些照片本身很好地展示出摄影这种新媒介对自我以及时尚的展现方式和角度之丰富，这是传统绘画完全无法比拟的。[16]

摄影使新的时尚视觉呈现方式成为可能，特别是在立体视法发明后更是如此，这种视法通过并排呈现同一图像的左眼和右眼视图来创造物体的三维视图。一本并未存续很久的时尚杂志《立体镜》（*La Stéréoscope*, 1857—1859 年）用这项技术来展示流行时装，他们曾在杂志中发布服装的立体视图。与此同时，对时尚精英日常生活场景的“立体式观察”也在 19 世纪五六十年代开始流行起来；时尚的男女演员也会假装喝茶、打牌或阅读，借机悄悄窥探其他人的生活方式。[17]

抛开《立体镜》不谈，19 世纪下半叶的时尚杂志中一般是不会有照片的，因为彼时印刷技术尚有局限，照片不太容易和文字一起印刷成刊。1880 年，《时尚艺术》（*L'Art de la mode*, 1880—1967 年）成为第一本使用时尚照片的杂志。到 20 世纪，半色调印刷（Halftone Printing）的出现使杂志中照片的印刷变得更加便宜、简洁，照片才在杂志中比较普遍地出现。[18] 到了 19 世纪末，像《时尚实践》（*La Mode pratique*，1891—1951 年）这样的杂志开始将照片作为其杂志中时尚图样的主力，但是由于这些照片都经过了大量加工，其原样可能很难被辨认出来。

绘画，1860—1920 年

19 世纪肖像摄影的局限之处在于，照片几乎是于摄影棚的自然光线下拍摄而成；所以很自然当时的一些肖像画家开始青睐户外创作——以达到当代摄影师无法达到的光影效果。差不多同一时期，被称为风俗画（genre- scenes）的现代生活主题绘画开始越来越受到大众以及画家们的青睐，在 19 世纪 60 年代，城市环境发生了剧烈变化，于是画家们尝试着记录整个城市生活的变化，富有“纪念碑意义”的风俗画的大肆流行使得现代服装借机开始在一年一度的巴黎沙龙上浮现身影。法兰西第二帝国时期（1852—1870 年）巴黎城市结构出现变化，拿破仑三世任命奥斯曼男爵负责整个巴黎的公共工程设施建设，我们今日所熟知的巴黎正是诞生于其手。新时尚展示场所如林荫大道、公园、百货公司的出现，以及渴望时尚知识的中产阶级的崛起导致时尚媒体的数量开始爆发式增长，所以画家们迅速转换了创作主题来迎合新的需求。[19]

19 世纪六七十年代，先锋艺术家爱德华·马奈（Édouard Manet）、皮埃尔 - 奥古斯特·雷诺阿（Pierre-Auguste Renoir）以及克劳德·莫奈（Claude Monet）经常会在真人大小的大型风俗画场景中对时装进行描绘。在莫奈的 1865—1866 年的作品《草地上的午餐》（*Luncheon on the Grass*，图 8.7）中有一个特别前卫的场景，这个场景重现了马奈的一幅早期作品的主题，那幅马奈作品中描绘了两个现代男人与一个裸体女人，以及另外一个衣着单薄的女人在草地上一同野餐的场景，在当时那幅作品一经问世就震惊了巴黎的观众。

莫奈的这幅野餐画上没有之前马奈那幅作品中那种挑逗性的裸体场面，而是以四位穿着最新夏季风格服装的女性作为作品的中心，画上还有三位献殷

图 8.7 《草地上的午餐》（左图），1865—1866 年，莫奈。布面油画，418 厘米 ×150 厘米。Musée d' Orsay, Paris. Gift of Georges Wildenstein, 1957.
《草地上的午餐》（右图），1865—1866 年，莫奈。布面油画，248.7 厘米 ×218 厘米。Musée d'Orsay, Paris. Acquired as a payment in kind, 1987. Photo: Peter Willi/Getty Images.

勤的男士以及丰富的野餐物品。这幅画捕捉到了当代服饰上的亮丽的色彩效果以及斑驳的户外光影，这些都是摄影所无法记录的；这幅巨大的油画高达 12 英尺，展开有接近 14 英尺长（由于受到了损坏，它现在被分为两半独立放在嵌板上）。莫奈的作品不仅在尺寸、现代化的题材以及光线处理上非常大胆，在绘画笔法上也较为宽松，不像安格尔那样追求细节。此外，即使是像詹姆斯·蒂索（James Tissot）、阿尔弗雷德·史蒂文斯（Alfred Stevens）和奥古斯特·图尔穆切（Auguste Toulmouche）等这些创作风格更为传统的艺术家，他们也有不少关于现代生活时尚场景的知名作品。

在这场风俗画革命发生的同时，先锋派艺术家们也在重构现代肖像画，关于作画的对象、描画的笔法、画的大小以及人物的着装都发生了变化。在此之前，原尺寸的全幅肖像画是属于皇室和贵族成员的特权，但古斯塔夫·库尔贝（Gustave Courbet）、马奈、莫奈、雷诺阿和其他现实主义画家大胆地创作了不少社会中下层人物主题的原尺寸全幅作品。以前的宫廷画家如爱德华-路易·杜布夫（Édouard-Louis Dubufe）、弗兰茨·克萨威尔·温德尔哈特（Franz Xaver Winterhalter）等人在作品中往往青睐华丽的晚礼服，但在先锋派艺术家的作品中各种各样的服装都有出现——从街头歌者的褐色连衣裙到莫奈午餐中的淡亮色小礼服。现实主义画家和印象派开创了一种展现隐私的肖像画形式，画中人物甚至有时穿着睡袍这样的私密服装——而且人物连即便在最亲密的朋友面前也会穿着的紧身胸衣都没有穿——这在以前的公众肖像画里是不可想象的。[20]

这些新的艺术主题和风格理所当然地对当代时尚插画和人像摄影产生了影响，正如埃德加·德加（Edgar Degas）在关于其家人和朋友主题的精美肖像画中所展现出的摄影对其创作的深刻影响，在那个摄影开始盛行的年代，所有画家都在试图找到肖像画所应该扮演的角色和位置。1865年，哲学家皮埃尔·J. 普劳登（Pierre J.Produhon）赞扬了绘画对于表达深层次的心理强度所具有的可能性，就像德加的肖像画那样："一幅肖像画……如果可能的话，必须具备照片般的精确，但是，它必须比照片更能表达生活、表达人们的生活习惯和私密的想法。（摄影）如果不考虑光线，瞬时的拍摄只能给模特留下一个快速而断裂的影像，但一个艺术家的反应和直觉是过人的，他们能够比光线更为娴熟地在作品中灌注长久的人物情绪。"[21]到了19世纪七八十年代，约翰·辛格·萨金特（John Singer Sargent）和詹姆斯·麦克尼尔·惠斯勒（James McNeill Whistler）开始创作有这般效果的肖像画杰作，而像莱昂·邦纳特（Léon Bonnat）和卡罗鲁斯·杜兰（Carolus Duran）这样更时髦的肖像画家则开始更多地关注服装的细节。

然而，到了 19 世纪 80 年代中期，先锋派艺术家们大部分都对现代时尚创作的主题失去了兴趣，后印象派画家如塞尚（Paul Cézanne）、高更（Paul Gauguin）、梵高（Vincent Van Gogh）以及后来的其他人基本上都放弃了城市生活主题，转而青睐乡村或异域风情创作。不过，有一个例外是点彩派画家乔治·修拉（Georges Seurat），其名作《大碗岛的星期天下午》（*Sunday Afternoon on the Isle of the Grande Jatte*，1886 年）描绘了塞纳河上的一座小岛，这是个人气很旺的休闲去处（图 8.8）。在这幅画里我们能看到巴黎

图 8.8 《大碗岛的星期天下午》，修拉，创作于 1884—1886 年。布面油画，207.5 厘米 ×308.1 厘米。The Art Institute of Chicago. Helen Birch Bartlett Memorial Collection, 1926.224. Photo: DEA Picture Library/Getty Images.

的社会大众周末在公园里享受假期的一个侧影：一对散步的夫妇带着一只猴子，前方有两个穿着制服的男人，一个女人正在钓鱼，还有一个孩子在草坪上跑来跑去。与莫奈用相对写实的手法来表现野餐中人们的服装不同，修拉更加关注形状和色彩，他在作品中去掉了精细的褶饰、蝴蝶结和纽扣这些当代服装上的装饰品。虽然他也涉足现代生活主题，但和很多其他画家一样，他更注重绘画的风格和技巧而非准确性，这标志着作为当代时尚呈现载体的绘画本身发生了巨大的转变。

广告海报

修拉对轮廓的强调也是当代时尚插画和广告海报的一个重要特点。文字式海报在 19 世纪早期的欧洲非常普遍，但在大尺幅图画海报方面，法国走在了前列。19 世纪最早的广告海报都是木刻的，但到了 19 世纪末，彩色平版印刷技术的出现使得图片变得非常普及。实际上在 19 世纪中叶，就已经具备低成本、大规模、快速规模化生产高质量彩色印刷品的能力了，但 19 世纪 50 年代的法律限制以及高昂的税赋限制了海报最初在法国的普及。[22] 直到 19 世纪 60 年代，鼓励政策使得大型百货商场开始崛起，这些百货商场的目标客群既包括女性也包括男性（这和时尚图样里很少出现男性形象的情况不同）。[23] 以当代时尚为主题的广告图片，从小名片卡到窗户上的招贴再到商场门口齐人高的海报，应有尽有；由奥斯曼男爵设立的著名的莫里斯广告柱（Morris advertising column）上很有特色地张贴了关于剧场的广告，而不是商业广告。到了 1881 年，随着广告张贴法的诞生以及新闻进一步自由化，印刷海报数量开始进一步爆发式增长。[24]

朱尔斯·切雷特（Jules Chéret）是最早的杰出海报设计师之一，他于1866年开设了自己的海报印刷店，并设计了一大批以美女为特色的图片，涉及商店宣传以及街头海报等各种类型——从歌舞厅、舞厅海报到油灯和香烟纸，无所不包。[25]他的作品形成了一种高度知名的设计风格，其设计的女性形象被称为“切雷特女孩（chérettes）”，这是一种混合了幻想和现实的人物画风格。修拉也受到切雷特海报中的欢乐和愉悦风格的影响，这一影响在《大碗岛的星期天下午》和之后的诸多作品中都有所体现。[26]美术和海报在19世纪末开始实实在在地密切产生关联，切雷特的海报就与同时代的亨利·图卢兹-劳特雷克（Henri Toulouse-Lautrec）一样，在风格上呈现高度的泛化，画面之上表现的是生动鲜艳的整体轮廓，而非人物所穿衣服的实际细节。海报朝着愈发风格化和美术化的方向发展，像泰菲勒·斯坦伦（Théophile Steinlen）和阿方斯·穆查（Alphonse Mucha）这样的艺术家们更强调引人注目的视觉效果而非实际的准确性，这往往能够增强海报的视觉冲击力，不过却降低了它们作为时尚产品实际呈现的信息价值。

一张19世纪80年代的法国圣马丁僧侣百货（Au Moine St.-Martin）的海报体现了修拉在创作《大碗岛的星期天下午》时影响到他的那种泛化风格：海报和《大碗岛的星期天下午》一样，在前景的右侧描绘了一对散步的时髦情侣、一位带着顽皮孩子的母亲（图8.9）。这张海报是用来给图尔比戈街上的这家百货商场做宣传的，这条街彼时刚由奥斯曼男爵主持修缮一新，海报通过把这家百货公司放到画面的正中间来加强对其的宣传效果，[27]在海报画面上，不但百货商场有着典型奥斯曼风格的统一外立面，其中还有熟悉的奥斯曼式

图 8.9 圣马丁僧侣百货，R. 法兰克，1880—1885 年，杜普伊斯和菲尔斯印刷厂海报，巴黎。

巴黎宽人行道和古典街灯柱。有人可能会认为百货商场的海报理应会强调商品的质量和种类，但这张海报（以及许多类似的海报）聚焦的却并非店内的商品，而是商场外部的东西。

在海报上我们能看到，熙熙攘攘的林荫道上挤满了人，相比这家看上去占据了整个街区的百货商场，其显得非常渺小。一名独自行走的女性正在向驶过的公共汽车招手，这突出了这家百货公司便利的交通环境；旁边有一辆圣马丁僧侣百货的送货车，车上堆满了包裹，显示这家店有便捷的送货服务。单身男女、夫妇、母亲和孩子们成群结队地经过百货公司前巨大的展示橱窗，这个橱窗从协和广场一直延伸到中央市场。值得注意的一点是，这两座广场不仅有助于辨认商场所在位置，也强调了商场的现代性，协和广场的中心矗立着一座由莱奥波尔德（Léopold）和查尔斯·莫里斯（Charles Morice）设计的法兰西第三共和国纪念碑，这座所雕刻人物身着古典服饰的纪念碑用于纪念新成立的法兰西第三共和国（1870—1871 年的普法战争中，在法兰西第二帝国倒台后建立的政权）。[28] 而另外一座由维克多·巴尔塔德（Victor Baltard）于 19 世纪 50 年代建造的独特的钢铁玻璃建筑物——巴黎中央市场，则进一步凸显了这个地区的新颖、时髦，以及便利的地理位置。

圣马丁僧侣百货的海报结合了百货公司海报中最为常见的两种风格：一种是充满活力的日常街道搭配宏伟的百货公司建筑，另一种则是画面上放上巨大的人物形象，旁边围绕着文字描述。那张海报的前景中，散步的夫妇首先吸引了观者的目光，而旁边一个穿着条纹连衣裙的小女孩兴高采烈地招着小手，让人们不自觉地将视线转向了百货公司。小女孩的母亲则穿着一套精致的条纹长裙礼服，弯着腰朝向法兰西第三共和国纪念碑——海报巧妙地把爱国的巴黎女子和巴黎的伟大象征联系在了一起。

雕　塑

事实上，正是那些时尚的现代巴黎女子让一位“古典女神”黯然失色，这位“古典女神”就是雕塑“巴黎女子（La Parisienne）”，这座雕塑是法兰西第三共和国的象征，也是整个法国的象征。1900 年世界博览会期间，这座纪念碑雕塑身着当代服饰，由保罗·莫罗·沃蒂尔（Paul Moreau Vauthier）设计并被放置于比奈港（Port Binet）主入口的大门上（图 8.10）。这座自身高达 5 米的雕塑矗立在 35 米高的港口大门之上，每到夜晚都会被点亮，在博览会期间有近 4 800 万名游客曾参观过它，这使得这座彩绘人身塑像成了 19 世纪几乎最为突出的视觉时尚代表物件之一。[29] 雕塑的长袍和披风设计据说是受到当时还担任博览会时装板块主席的著名时装设计师珍妮・帕昆风格启发（帕昆时装屋成立于 1891 年），[30] 在当时的博览会上，这个时尚板块曾用了 30 多个立体蜡像来展示当代潮流和经典时尚服饰。沃蒂尔创作的这座雕塑身披人造貂皮蓝色长袍外套，自豪地宣告着巴黎作为世界时尚之都的骄傲地位。

L'ILLUSTRATION

Prix du Numéro : 75 centimes. SAMEDI 14 AVRIL 1900 58e Année — N° 2981

LA « VILLE DE PARIS », par M. Moreau-Vauthier

Statue de 6 mètres de hauteur surmontant la coupole de la Porte Monumentale.

图 8.10 “巴黎女子”，保罗・莫罗・沃蒂尔创作的雕塑，位于 1900 年巴黎世界博览会的比奈港入口顶部，插图 58，第 2981 号（1900 年 4 月 14 日）。Harvard University.

这样一个城市象征竟然身着当代服装，这在当时是非常不寻常的，因为在那之前，象征城市的人物雕塑一般都是古典着装。实际上，在雕塑中表现当代时尚本身就是很不寻常的，19 世纪的雕塑家们更倾向于寓言、历史、神话或动物等题材，那时的雕塑形象基本都是裸体或者身穿古典服饰，人像雕塑一般只限于半身像，因而除了衣领之外，其他时尚元素能够展现的空间是非常有限的，并且全身雕塑一般是皇室专属的特权，不仅如此，“在 1830 年以前，知名人士都不怎么喜欢穿着日常服装为雕塑家摆造型”。[31] 正因这样，安东宁・莫因（Antonin Moine）于 1833 年在博物沙龙（Musée Carnavalet）展出的玛丽・阿梅利王后（Queen Marie Amélie）大理石雕塑才因其对当代服饰的采纳而格外引人注目。虽然这件雕塑仍然只是半身像，但莫因捕捉到了王后的全部“华丽服饰：巨大的卷发，镶着蕾丝的宽边帽子上插着浓密的鸵鸟羽毛，用象牙雕刻成的细绳以及衬衫、领子、蝴蝶结、丝带、围巾和肩章”。[32]

19 世纪 30 年代，搜集著名演员、舞蹈家和皇室成员的肖像小雕塑短暂地成了一种时尚（后来“小名片”很快替代了其地位）。与 19 世纪六七十年代风俗画同时期存在的艾美 - 朱尔斯・达卢（Aimé-Jules Dalou）以现代女性情感主题雕塑而闻名，他创作了从城市资产阶级到农民等不同阶层的母亲形象雕塑，雕塑的主题一般是关于母亲哺育孩子、阅读以及做刺绣活等。意大利现实主义雕塑家奥古斯托・里瓦尔塔（Augusto Rivalta）、阿德里亚诺・塞西奥尼（Adriano Cecioni）和文琴佐・贝拉（Vincenzo Vela）则从日常生活中吸取灵感，并创作了不少诸如女人正在佩戴手套这样的时尚场景雕塑。胡安・罗格・y. 索勒（Juan Roig y Soler）在巴塞罗那的一个喷泉顶上创作了别具一格、引人注目的《撑雨伞的女人》（*Woman with Umbrella*, 1884 年）。

这样的雕塑已然是很罕见的例外，可见，彼时世界博览会入口处的“巴黎女子”是如何令人惊奇不已。

时装秀和时尚新闻片

作为1900年的世界博览会上时装板块的负责人和服装宫（Palais du Costume）的组织者的帕昆，在时装秀的早期历史上也是一个非常关键的人物，因为她也是第一批定期举办时装秀的先行者之一。而其他着眼于国际市场的时尚设计师们，诸如露西尔（Lucile）和波烈，对于将时装秀塑造为我们今日所熟知的那种季节性举办的、有秩序的模特们伴随着音乐和灯光列队穿过幔帐、走过T台的样子，也做出了很大贡献。[33] 正如卡罗琳·埃文斯（Caroline Evans）的研究所显示的，到了1910年，所有主流时装公司都已经开始定期举办时装秀了。[34]

在19世纪，随着像沃思这样的时装商店的兴起，非正式的模特秀越来越普及，但一般都是为满足个别客户的需求而不定期进行的私人展示，并非我们今日所想象的那种大秀。[35] 早期的时装秀如这种私人展示会、外国百货公司采买专场等绝大部分直到20世纪初都还是不对公众开放的，因为设计师们不希望自己的服装作品以及这些秀的内容被别人抄袭并被放到杂志媒体上大肆传播。[36] 正因如此，从时尚的视觉呈现来说，直到大约1910年，时装秀才成为大众获取时尚知识的一个可行的手段，时尚新闻片也在这个时期才开始经常播报关于时装模特的内容——这些模特被称为“曼妮奎（mannequins）”——以及雇用模特展示最新服装款式的时装秀的一些片段。

虽然时装秀现场通常仅仅会邀请一些客户，但如果拍成片子，时装秀的内容就能以各种形式在百货公司和时尚新闻片中放映。现存最早的时尚新闻片可以追溯到 1900 年左右；在这部片子中，一个戴着大帽子的模特站在旋转舞台的中央，向四周的观众缓缓展示着帽子的细节。这种转盘式的展示在早期时尚新闻片里很流行，它模仿了百货公司橱窗展示货品的方式（不过，橱窗里展示的是蜡人而非真人）。[37]

法国电影制片厂百代（Pathé-Frères）在其 1909 年的电影《巴黎时尚》（*Paris Fashions*）中带着观众领略了巴黎一些著名的时尚展示场所：隆尚（Longchamp）的赛马场、布洛涅森林（Bois de Boulogne）以及凯旋门旁宽阔的林荫大道。[38] 同年，百代公司推出了《百代周刊》（*Pathé Revue*），周刊每一期的内容都包括一些时尚主题，在其之后为《百代动画公报》（*Pathé Animated Gazette*）拍摄的系列时尚小片子中，对时尚的报道篇幅进一步扩大。自 1910 年开始，高蒙公司（Gaumont）开始在其出品的新闻片中加入时尚内容，到了 1912 年，他们进一步开始起用一些知名女演员作造型模特，为露西尔、拉费里埃（Laferrière）以及卡洛姐妹（Callot Soeurs）等设计师服务。露西尔、帕昆和帕里（Parry）等设计师开始将摄像机带入时装沙龙之中。波烈，这一时期的又一位设计大师，如同本章开头所述，更是干脆拍起了时尚电影。[39] 到了 1915 年，百代开始大量生产时尚新闻片，每周都能吸引多达上千万的观众收看。[40]

时装秀同样也被拍成照片印刷在杂志上。最早的时装秀摄影可能要数 1908 年 5 月《镜报》（*Daily Mirror*）上刊登的三张记录露西尔时装秀的照片（图 8.11），这场秀在露西尔时装屋的花园中举办。照片明显是从出席者的视角

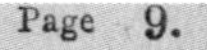

LONDON · MODELS · PARADE IN THE LATEST · GOWNS.

SUMMER FASHIONS EXHIBITED ON MANNEQUINS.

Following the Parisian method, Messrs. Lucile, of Hanover-square, gave, on Thursday, a special show of no fewer than seventy-seven gowns of the latest fashions. They were worn by models who displayed the fashion and fit of the creations to possible purchasers by walking round the garden at the back of the premises, where a dainty tea was provided. (1) A Directoire dinner-gown. (2) The latest creation in summer frocks. (3) Two of the mannequins displaying the costumes.—(DAILY MIRROR photographs.)

图 8.11 《镜报》(1908 年 5 月 23 日)，第 9 页。Volume editor's collection.

进行拍摄的，这给照片营造出了一种具有排他性的感觉。并且，照片拍摄的距离非常近，读者能够看到服装上的细节。在这组照片中，除了 T 台上的四个模特在展示露西尔的服装造型，穿着时髦的观众们也占据了重要的空间，模特们摆出类似的站姿，和旁边坐着的观众形成了对比；如此一来，我们见到了在当今时尚界最为常见的视觉呈现方式之一：T 台时装秀摄影。

20 世纪的时尚摄影和时尚插画

出版于巴黎的《流行时尚》（*Les Modes*，1901—1937 年）是第一本定期刊登照片的时尚杂志，杂志中的照片通常由巴黎鲁特林格工作室（Reutlinger）拍摄，这些照片通常是半色调（half-tone）及全彩光面纸照片，[41] 沃思、帕昆、杜塞和卡洛特・苏厄斯（Callot Soeurs）等设计师都是其中的主角。在全身摄影上，鲁特林格及其竞争对手如菲利克斯（Felix）、塔尔博特（Talbot）、比松奈斯与塔蓬尼尔（Bissonnais et Taponnier）以及曼努埃尔兄弟（Manuel Frères）等摄影工作室一般都会选择在人造布景工作室内完成拍摄，并且遵照肖像画和时尚插图的构图惯例。除了这些传统的静态摄影棚内拍摄之外，还有一种常见摄影方式是在公开场合拍摄富人和名人的最新时尚着装，法国的西贝格尔家族（Seeberger family）就以拍摄巴黎户外社交场所和顶级度假胜地如多维尔、比亚里茨等地的时兴潮流时装而闻名，从 1909 年开始，他们的作品就经常出现在《实用时尚》（*La Mode pratique*）以及《流行时尚》《艺术与风格》（*L' Art et la mode*）、《时尚花园》（*Le Jardin des modes*）、《费加罗报图片集》（*L' Album du Figaro*）、《费米娜》（*Fémina*）、*Vogue* 以及 *Harper' s*

Bazaar 等时尚刊物中。[42] 同时，设计师们也开始越来越多地让他们的模特去更抛头露面的地方进行展示，在 1908 年的春天，三位模特穿着玛盖内 · 拉克鲁瓦（Margaine Lacroix）设计的长裙出现在隆尚赛马场，裙子勾勒出整个臀部的线条、下开衩到膝盖，腿上只覆盖着薄薄的衬裙，在当时引起了不小的轰动（图 8.12）。《插图》（*Illustration*）将照片放在最前页上并配以文字解说，

Ce numéro contient : 1° Une page supplémentaire non brochée : L'INAUGURATION DU HAUT-KOENIGSBOURG, le 13 mai ;
2° *L'Illustration théâtrale* avec le texte complet de SIMONE, de M. Brieux ;
3° Le 3e fascicule du roman nouveau de M. Victor Margueritte : JEUNES FILLES

L'ILLUSTRATION

Prix de ce Numéro : Un Franc. SAMEDI 16 MAI 1908 *66e Année. — N° 3403.*

LES NOUVELLES « MERVEILLEUSES »

Trois robes collantes qui ont fait sensation, dimanche dernier, aux courses de Longchamp.

Voir l'article, page 331.

图 8.12 《插图》66，编号 3403（1908 年 5 月 16 日）。Retouched photograph. Harvard University.

如同 19 世纪贝内特为“时髦男女们”画的插画那样，文字中写着“好消息！”并在旁边标注这件裙子为督政府风格（Directoire）。正是在这种公众富有热情和媒体大肆宣传的环境之下，百代于 1909 年筹拍了电影《巴黎时尚》，在这部电影中出现了不少类似的高级时尚场所。

于 1903 年开设了自己的服装店的波烈不仅仅是服装秀的早期创新者，他还通过插图、照片以及电影来推广自己的设计产品。作为一个市场营销天才，波烈精心策划了一个派对，并要求参加的客人必须穿着他所设计的东方风格服装，这吸引了相当多的媒体关注。波烈还委托当时著名的插画家们来为其制作精美的时尚图样集，比如保罗·伊里贝（Paul Iribe），其创作的《保罗·伊里贝作波烈礼服集》（*Les Robes de Paul Poiret racontées par Paul Iribe*, 1908 年）重现了时尚插画的辉煌，这本由 10 张图样组成的集子没有任何文字描述，以 40 法郎的售价发行了仅 250 套，时尚图样和时尚新闻在此回归了最初的高端范儿——对于一个想要突出作品所隐含的贵族风格的设计师来说，这真是再好不过了。[43]

1911 年，波烈与早期时尚摄影师爱德华·斯泰肯（Edward Steichen）合作推出了一组照片，这是一组拍摄于波烈那优雅的督政府风格时装屋之中的柔和对焦照片，在照片中模特穿着督政府风格的复古裙装（图 8.13）。这些照片出现在保罗·科努（Paul Cornu）的文章《长袍艺术》（*L' Art de la robe*）之中，文中还同时配有乔治·莱帕普（Georges Lepape）所创作的插图。并且，这些照片——11 张黑白照片、2 张彩色照片——还刊登于杂志《艺术与装饰》（*Art et Décoration*）上，这标志着设计师、摄影师和杂志编辑的首次联合协作。[44] 斯泰肯的照片中充满了戏剧性和气氛感，同时也很好地展示了裙子的美丽及其与环境的协调。例如，在这张彩色照片里，模特在门口迎接她的朋友，透过画面上的窗户能看到这位朋友缠着围巾的头部。精致的绿色金丝装饰在礼服的细节处多次出现，这再现了杰拉德的雷卡米耶夫人画像（图 8.1）中所呈现的变式帝国腰身风格，而装饰着珠宝和羽毛的穆斯林头巾正是波烈举办的“一千零二夜”东方主题派对中所要求的服装风格。

1912 年，波烈与当时的一些著名时装设计师（包括沃思、帕昆、杜塞等）联合推出了杂志《品味报道》(*Gazette du Bon Ton*)，该杂志以丰富的插图

图 8.13 爱德华·斯泰肯。彩色照片。《艺术与装饰》(1911 年 4 月)。©2016.White Images/Scala, Florence.

而非最新时装设计照片为卖点。在其开篇，这本杂志简述了法国时尚插画的历史，文中明确提到之所以这本杂志敢于如此大胆创新，是因为其被《女性时尚报》和贝内特插画作品（图 8.3）激发了灵感，并承诺时装设计师和艺术家将紧密合作，为这本杂志创作“肖像画”。[45] 杂志中的每一期都有由当时著名插画家伊里贝、勒帕普（Lepape）、伯纳德·布泰特·德·蒙维尔（Bernard Boutet de Monvel）等人创作的创意插画和彩色印刷图样，其订阅费用高达每年 100 法郎，这使得这本杂志的读者几乎被限定在精英群体。然而，随着摄影的逐步普及，从 1913 年开始，康泰纳仕集团（Condé Nast）出版了阿道夫·德·梅耶男爵（Baron Adolph de Meyer）的摄影集，而 *Vogue* 杂志在之后也聘请阿道夫·德·梅耶为首位全职时尚摄影师。同斯泰肯一样，他在导师阿尔弗雷德·斯蒂格利茨（Alfred Stieglitz）的影响之下创造了“情绪画派”摄影（moody pictorialist photography），这种摄影风格通过对光线、对焦和印刷技术的运用来制造一种动情的唯美效果。阿道夫·德·梅耶为杂志拍摄的作品有时候是社会画像，有时候也会关注单个品类如茶袍的时尚推广。随着阿道夫·德·梅耶进入 *Vogue*，时尚插画风格的工作室摄影时代宣告结束，现代编辑摄影（modern editorial photoshoot）诞生了。

电　影

1895 年，电影短片开始首次向付费观众放映，作为一种大众娱乐方式的电影就此诞生。[46] 由于这些短小的早期电影以日常生活为主题，所以其内容中偶尔也会出现现代服饰的元素。很快，电影人创作出了像美国电影《紧身衣模特忙碌的一天》(*A Busy Day for the Corset Model*, 1904年)这样以时尚为中心的电影作品,在这部片子中出现了不少模特的身影。[47] 在早期的默片之中,由穷变富的故事经常出现,故事里的电影明星会穿上当时的潮流时装——对大多数工人阶级观众来说,这能使他们获得一种满足感——不过早期电影也常把时尚作为一种娱乐对象,例如,《督政府长袍》(*The Directoire Gown*,艾森耐电影公司,1908年)就关注了在隆尚赛马场上引起轰动的那身紧身裙(图8.12)。电影里,明星穿着华而不实的紧身长袍走在街上,"男人们无法控制地被她吸引,跟着她;消防员弃火灾于不顾,男人们丢下自己的妻子,还有一些人直接从窗户跳下来,就为看一眼她的长袍和身体"。[48]

1910年,《电影世界》(*Moving Picture World*)的一篇关于电影"服饰与画面"的文章中,作者指出,戏剧舞台长期以来是时尚创新的场所,他推测:"我们也许会在有生之年看到时尚女性到电影院去研究最新时尚潮流,谁知道呢?"[49] 结果在短短四年之后他就得偿所愿。另一位评论家称:"时尚的女士们最终成为影迷……这些穿着时髦的女士们从电影院里获取穿搭灵感,很多时尚服装师也带着同样的目的到电影院里观摩那些最时兴的小配饰和点缀潮流。"[50] 实际上,在电影中添入大量时兴的时尚元素,其目的正是扩大包括中产阶级在内的观影人群。

20世纪的头十年里,法国的电影制片厂如百代兄弟(PathéFrères)主导了电影工业——在美国本土上映的电影中仅有1/3是国产的。[51] 然而,第一次世界大战打破了法国的这种主宰地位,因为在欧洲电影工业遭到破坏的同时,各地的本土民族情绪也在日益高涨。为了应对关于其生产的电影过于外国化的负面言论,百代开始在美国本土生产电影,并在新泽西设立了片场。类似地，生于加拿大、来自英国的设计师达芙·戈登夫人（Lady Duff Gordon）在 1910 年也将露西尔时装店的分店开到了纽约，这使得她能够为那些在纽约和新泽西拍电影的美国明星如爱丽丝·乔伊斯（Alice Joyce）、克拉拉·金博尔·杨（Clara Kimball Young）、比利·伯克（Billie Burke）和珀尔·怀特（Pearl White），以及一些著名的舞台女演员提供演出服装。[52] 在早期的当代故事片中，演员一般是自备服装，所以对于不同的演员，其服装所展示出的时尚性也是各不相同的。

在此，波烈无疑是一个重要的先驱者，在 1912 年的电影《伊丽莎白女王》（*Queen Elizabeth*）中，他请演员莎拉·伯恩哈特（Sarah Bernhardt）穿着自己设计的服装，并以此向公众展示自己的设计，但在 1914 年他关闭了设计工作室并选择从军，这给整个时尚行业留下了一个巨大的空白，像露西尔这样的设计师急切地想要填补他的位置。1913—1922 年，露西尔为 100 多部电影的女演员设计了服装，[53]1914 年拍摄于新泽西的全美国演员阵容电影《宝琳历险记》（*Perils of Pauline*）是露西尔最早参与的电影之一（图 8.14），这是一部分集电影（也是百代出品的第一部分集电影），宝琳（Pauline）的冒险故事在 1914 年 3 月至 12 月每周上演一次，共持续了 20 周。这一流行的分集电影的故事源于 19 世纪报纸和妇女杂志上的一部连载小说。由于百代和赫斯特报业集团的关系非常好，加上赫斯特报业集团资助了这部电影的拍摄，该电影从一上映就在杂志媒体上被大肆推广。露西尔本人也和赫斯特报业集团有不少关联，自 1910 年开始她就为赫斯特报业的时尚专栏每周供稿，并从 1913 年开始在 *Harper's Bazaar* 的专栏“时尚定论（The Last Word in Fashions）”上每月连载。[54]

这部电影的女主人公宝琳是一位为《时尚 Cosmo》(*Cosmopolitan*，赫斯特报业集团的一份刊物)撰稿的作家，故事中的这位主人公始终有一种信念，她认为要提高自己的写作水平，就必须在生活中经历冒险。《时尚 Cosmo》在影片上映时也撰文介绍了扮演宝琳的女演员珀尔·怀特(Pearl White)，还刊登了两张电影剧照，并在文章中点缀了五个长镜头照片，展示了她在影片中穿过的服装。文章绘声绘色地描述了宝琳的冒险故事:"巨额财富的女继承人，被情人欺骗，被坏蛋追逐，在荒野上开着一辆小破车追逐飞机，又登上一架摇摇晃晃、最后从空中摔下来坠毁的破飞机——这些都是这位美丽又受欢迎的百代电影女主角传奇的职业生涯中的常事。"[55] 在这部电影中，她面临过无数危险，也更换过无数种服装——从晚礼服到运动服，这位主角甚至一度装扮成一名骑师。其中她有一套特别优雅的穿搭(图 8.14)，包括搭配玫瑰花图样和毛

图 8.14 《宝琳历险记》(*Perils of Pauline*)，导演：路易斯·J. 加斯尼尔和唐纳德·麦肯齐。 From the core collection production files of the Margaret Herrick Library, Academy of Motion Picture Arts and Sciences.

边装饰的束腰罩衣——典型的露西尔 1914—1915 年的时装风格元素。[56]

以露西尔礼服为卖点的电影宣传资料经常突出这些华丽的礼服，例如，整张电影海报上是怀特的一张定妆摄影照，照片上怀特穿着豪华的毛边外套、精致的帽子，围着一条巨大的毛边围巾，旁边一行标语写着："怀特小姐的礼服出自达芙·戈登夫人，即著名的露西尔之手。"[57] 随着女演员们的名气越来越大，时尚报道开始越来越多地邀请她们来做杂志模特，1915 年《鎏金电影》（*Motion Picture Classic*）开辟了一个时装企划专题，内容主要是关于电影中女演员的最新潮流穿着以及演员们在工作室拍摄的设计师服装照。精英时尚因此在银幕上得见于普罗大众，正如一名批评家在 1914 年所说："身在印度的时尚领袖可不会如大城市的时尚达人这样有这么多的机会去观摩电影里明星的最新穿搭方式。"这也从侧面解释了为什么波烈和其他法国设计师都觉得，创办《品味报道》这种用高昂的订阅价格来使内容保持小众、高端的杂志是非常重要的。[58]

到 20 世纪 20 年代，随着第一次世界大战后电影工业迁往美国加利福尼亚，电影与时装行业的密切联系开始减弱，认识到服装重要性的电影制片厂成立了自己的服装设计部门。"诞生自摄影机中的女神"深入大众之心，并成为时尚呈现的突出代表，直至今日也依然如此。如此这般，19 世纪最常见的那些时尚视觉呈现形式——绘画、插画和漫画——被我们今天所熟知的那些形式替代：时装秀、时装摄影和电影。

第九章　文学表现

海蒂 · 布列维克 - 正德尔

在德国著名作家约翰 · 沃夫冈 · 冯 · 歌德（Johann Wolfgang von Goethe, 1749—1832 年）的处女作《少年维特之烦恼》（*The Sorres of Young Werther*）中，主人公维特的一身着装很是独特：一件蓝色外套、一件黄色背心和一条相配的黄色马裤(图 9.1)。在现代读者看来维特的服装可能并没有什么出奇之处，但在歌德所处的那个年代，这身行头却象征着这位年轻人对当时社会规范的不满，他那身邋遢的衣裳和他所处环境中的服装规范格格不入，使得他像是一个反社会文化的叛逆者。小说中，当维特的那身外套穿坏，他又让裁缝给他做了一身完全一样的，他希望通过这种方式来重现记忆里穿着这身衣服时经历的重要时刻。“当我决定要丢掉那件我头一次和洛特一起跳舞时穿的素蓝色礼服时，我的内心一直在挣扎。”主角记录道，“我又做了一件新的，连领子都和旧的

图 9.1　维特装，维特的黄色马裤和蓝色外套可能是 18 世纪晚期法国时尚图样的一个灵感来源。时尚服装历史，1864 年。Photo: Culture Club/Getty Images.

那件一模一样，还有一样的黄色背心和配套马裤。”[1] 对维特来说，服装显然是非常重要的，但这身服装的重要性其实已经远远超出小说本身的范畴了。

尽管维特的服装并非小说情节的重点——这部小说是关于一个年轻人意识到自己无法与心爱的女子洛特在一起后最终选择自杀的故事——但小说在那个年代轰动一时，由此引发了当时许多读者的病态效仿。许多读者移情于主人公的境遇并在当时引起了一阵“维特热”，他们穿上书中所描绘的维特身着的蓝色和黄色服装，然后结束自己的生命，后来的心理学家称这种模仿自杀的行为为"维特效应"。[2] 现在的学者可能对这种与服装相关的自杀风潮是否真的存在过还抱有疑问，[3] 但有一点是绝无争议的，即维特的辨识度极高的服装象征着浪漫主义狂热的内部动荡以及躁动的艺术风格。浪漫主义是 19 世纪西方核心的美学运动之一，其诞生正是始于歌德小说开始流行的那个时间段。

一名学者曾宣称，"在全球知名度和影响力方面，很少有哪位作家能超过歌德"。[4] 问题少年维特的蓝色外套、黄色马甲和黄色裤子从时尚和文学的角度为研究这部小说（可能是 19 世纪最为流行的文学类型）提供了一个很恰当的切入点。仅从服装的角度而言，哪怕小说关于服装的描述只有部分真实可信，也可以说维特的制服开创了一种全新的服装风格（尽管有些骇人）：维特装（Werthertracht）在时尚刊物上被大肆推广，一种名叫"维特之香"的香水也走红市场，与此同时还有与维特相关的配饰包括扇子和纽扣问世，狂热的追随者们得以把书中维特的一切都穿戴在自己身上，[5] 种种实践都证明，文学中的时尚能够对社会产生影响，其广泛的流行使得歌德笔下这一忧郁的偶像引发了一种时尚性的概念的出现。并且《少年维特之烦恼》的畅销、流行之所以能迅速吸引如此大量的读者群，也与规模印刷技术的诞生有着密不可分的关系，这项技术使文学文本的发行数量在整个 19 世纪呈指数增长。最后，正如卡特里奥娜·麦克劳德（Catriona MacLeod）所指出的，到 1800 年，歌德的小说已被翻译成多个版本传遍整个欧洲，[6] 与这种文学的跨文化传播相伴随的是全球人民日益增加的相互关联，在时尚领域则表现为由于旅行业和贸易规模的不断增加，一个地区的纺织品或者服装剪裁风格会与另一个地区相互交融并杂交开花。如果说，这种全球性的随机事件能够激发时尚以及小说的创意和灵感，那么它们必然也会和帝国主义产生关联，“帝国主义”这个词因其本身的控制、殖民和暴力的模式而具有黑暗的含义，这些黑暗的主题同样将出现于本书这部关于19世纪服饰的作品之中，恰如书名所示：“帝国时代”。

女性、时尚和英式哥特浪漫

19世纪初是英国女作家的黄金时代，在这一时期出现了简・奥斯汀、夏洛特・勃朗特（Charlotte）、艾米莉・勃朗特（Emily Brontë）和乔治・艾略特（George Eliot）等众多著名女作家。这些作家在创作中经常运用时尚来描绘大英帝国[1]的一些社会状况例如阶级差异，关于服装的描写则有效地传达和加强了这种差异。某种程度上可能因为时尚被视为“女性化”的，并且时尚是一个适合女性讨论的话题，所以服装在她们的作品之中反复地出现。不过，在试图渗透到某些由男性主导的文学场景中的时候，这些女性作家们也会利用服装来批判男权主义姿态以及将女性视为天生次等的偏见——无论她们是作为作家还是作为批评者。

文学中的服装可以迅速传达很多信息，比如一个角色的经济地位，以及他或者她的高尚品格（或者道德上的缺失）。例如，简・奥斯汀的小说《诺桑觉寺》（*Northanger Abbey*，1817年）中的艾伦夫人就痴迷于服装，她是故事的主人公——初出茅庐、易受诱惑的凯瑟琳・摩兰——的人生导师，也是她把凯

[1] 大英帝国由英国的领土、自治领、殖民地、托管地及其他由受英国管理统治的地区组成，被历史学界视为世界历史上最大的殖民帝国，在20世纪初达到鼎盛，第二次世界大战结束后逐渐解体并转型为如今的英联邦。——译注

瑟琳推到了英国上层阶级的婚恋市场之中。在简・奥斯汀的描述中，“服装就是她（艾伦夫人）的激情”，起初艾伦夫人对棉布、丝带之类的玩意的痴迷被描述为一种“无伤大雅的享受”，[7]但在之后，时尚被用来突出这个人物的性格弱点。书中有这样一个场景：当艾伦夫人带着凯瑟琳进入一个拥挤的房间，“比起她的‘女学徒’凯瑟琳是否感到局促不适，艾伦夫人更在乎的是她新礼服是否安全”。[8]简・奥斯汀指出，艾伦夫人首先考虑的是衣服而不是凯瑟琳本人这个行为并非“无伤大雅的”，而是一种肤浅和自私的表现。在《诺桑觉寺》的另一个人物——狡猾的伊莎贝拉・索普身上，装饰品被用来体现人物的肤浅。她装成凯瑟琳的好朋友，只是为了骗凯瑟琳的哥哥和她结婚。文中的凯瑟琳太过天真，以至于看不出伊莎贝拉精于算计、喜欢控制他人，而简・奥斯汀通过服装向读者展示了这一点：在小说的开头，伊莎贝拉哄着凯瑟琳陪她去镇子对面的一家帽店，然而伊莎贝拉感兴趣的不是帽子，而是两个她认为合格的单身男子，他们刚刚离开，她就表示想追求他们：

> 过了一会儿，凯瑟琳高兴地过来和伊莎贝拉说，她不用再觉得不好意思了，因为那两位男士刚刚离开。“那他们走的是哪条路？”伊莎贝拉急忙转过身来问道，“其中有一个好像是个非常英俊的年轻小伙子。”凯瑟琳回答道：“他们好像往教堂走了。”“好吧，真庆幸他们终于走了，那现在你要不要陪我一起去埃德加商店看看新帽子？你说过你想去来着。”凯瑟琳欣然同意，“不过，”她补充说，“我们有可能再碰上那两个小伙子。”“哦！没关系，我们可以走快一点超过他们，我可太想给你看看那新帽子了。”[9]

把时尚当作借口——当时，和女伴一起去看帽子被认为是属于年轻女子的体面活动——掩盖了伊莎贝拉急切地试图引诱一名男子的企图。在此之后，伊莎贝拉又试图引诱一个富有的追求者，却以灾难性的结果告终，于是她转而想与凯瑟琳的哥哥重修旧好，此时帽子又出现在她给凯瑟琳的那封充满花言巧语的信中，在信中她抱怨这一季帽子的新款式“糟糕到无法想象”。[10] 除此以外，小说还提到了一顶大无檐帽，这种大无檐帽是 19 世纪早期欧洲的流行款式，伊莎贝拉刻薄地描述说，这个帽子戴在自己头上看起来相当讨人喜欢，戴在别人身上却看起来“实在可怜”（图 9.2）。

在《诺桑觉寺》中，帽子象征着与时尚相关的一些负面品质，包括肤浅、善变和欺骗等，也凸显了伊莎贝拉的势利和奸诈。然而，简·奥斯汀在小说中

图 9.2　大无檐帽，约 1820 年。这顶壮观的头巾帽体积非常巨大，可能对伊莎贝拉这样喜爱浮夸服装的人很有吸引力。Brooklyn Museum Costume Collection at The Metropolitan Museum of Art, New York.

反复提及的、和那些反类型女主人公相关联的花哨配饰也同时表明了19世纪早期英国女性所面临的一个非常现实的情况，即作为一名既无专长也无继承产业的女性，如伊莎贝拉这样的女子，找到一个富有的丈夫是其获得经济保障的最佳方式。为了确保顺利找到合适的丈夫，伊莎贝拉使出了她最有力的武器即其身体之美，并用服装和帽子进一步增强自己的魅力。事实上，伊莎贝拉在无意中曾透露，她之所以佩戴大无檐帽，是为了迎合她前任爱人的口味（然而她的努力显然没有到位，因为最后这位爱人让她名誉扫地，让她变成了不体面的“卖相不佳货”）。也许，这就是为什么看起来自私自利的艾伦夫人如此小心地对待礼服：她可能早早就在上一代人那里敏锐地意识到服装和女性的经济稳定度之间的因果关系。在那样一个等级森严、女性几乎没有创收能力的社会环境里，要确保自己的幸福，可不能将时尚当作一件随意的事。

在创作文笔优美而诙谐幽默的《诺桑觉寺》时，简·奥斯汀故意模仿了哥特小说的手法，这是浪漫主义小说的一种类型，相比之下，歌德的《少年维特之烦恼》可能更为符合这种严肃而带有戏剧色彩的文学风格。文笔朴素的《简·爱》（*Werther. Jane Eyre*，1847年）是夏洛特·勃朗特的一部作品，其讲述的是一个性格坚定的孤儿被裹挟进一个阴暗多变的无情世界的故事，这部小说是浪漫主义文学的典范，其风格与轻松愉快的简·奥斯汀小说截然不同。然而，尽管两者风格迥异，夏洛特·勃朗特还是同样运用了服装来讲述英格兰北部的一些女性状况，并顺带把虚构的人物故事与更加广泛的一些英国殖民帝国主义相关问题联系起来。

与伊莎贝拉依靠抢眼的服装来吸引男性不同，简从不穿着华丽的服饰，她认为那样非常肤浅，并且极其反感通过艳丽的服饰来装扮成男性的欲望对象和占有目标。在小说中，夏洛特·勃朗特写道，简很高兴罗切斯特先生回应了她的感情，却对这位未婚夫试图让她穿上华丽、美艳服饰的行为感到很不舒服：

> 罗切斯特先生一定要我去一家丝绸店："在那儿我被要求挑半打衣服，我讨厌这样，恳求先离开这儿，晚点再说：不——现在我们就要赶紧完成这件事……我带着焦虑，看着他的眼睛在商店里游移：他看上了一块鲜艳的紫水晶色丝绸和一块成色极好的粉缎子……千辛万苦……我劝他换成另外一种黑色缎子和珍珠灰丝绸……很高兴能把他从丝绸店里拖出来，之后又把他从珠宝店里拖出来：他给我买的东西越多，我就越因为感到堕落和恼火而脸发烫。"[11]

比起昂贵且色彩鲜艳的丝绸服装，简更喜欢实用而朴素的棕色礼服或者长裙，她顽强地抵抗着被"贬低"为昔日罗切斯特先生那衣着光鲜的前任爱人的翻版。值得注意的是，夏洛特·勃朗特将时尚与男性独裁相提并论，在小说中她使用了一些激烈的词语——简"憎恨"新礼服，并"乞求"离开——以表达一种不平等的权力斗争关系，在19世纪，像罗切斯特这样的白人男性地位要高于像简这样的女性，也高于其他被殖民帝国主义压迫至从属地位的少数族裔。

因此，正如凯瑟琳·A. 弥尔顿（Catherine A. Milton）所指出的，当小说中的简接着把自己比作一个东方后宫里被色情化的女奴、把罗切斯特比作一个拥有她们的"苏丹"时，夏洛特·勃朗特在此做了一个"东方式的讽喻"[12]：

我再次鼓起勇气看向我的主人和我的爱人的眼睛……他笑了；我觉得他的笑容就像一个身处幸福而美好的时刻的苏丹把黄金和宝石赏给自己的奴隶时的一样…… “你不用这样看着我，” 我说，“如果你还这么看着我，我就只穿我那条旧裙子直到这个环节结束，那样我可就是穿着丁香格裙结婚了” ……他咯咯笑着，搓着手，“噢，见她一面，听听她说话会很贵吗？” 他喊道，“她是处女吗？她活泼吗？我可绝不会拿伟大土耳其的整个后宫，那些眼睛迷人、性感的美女们，还有其他的一切，去交换这么一个英格兰小女孩！” [13]

这个奴隶和主人的情节虽然是两个角色开着玩笑提出来的，但简非常“焦虑”，这可能是因为她不安地意识到，即便是与她深爱着的罗切斯特走入婚姻，也将会让对方不仅在法律上还在性上完全占有她。简拒绝扮演一个后宫性奴隶的角色，并用英国女学生制服（即“旧式洛伍德长裙”）和朴素的丁香格裙来威胁罗切斯特，用朴素的衣着来反抗他的“统治”（图 9.3），她的这一行为也使罗切斯特试图通过未来妻子的昂贵服饰来炫耀自己财富和威望的所有想法彻底失算。[14] 在这部小说中，夏洛特 · 勃朗特对简的家庭困境给出了一系列异域风情式的比喻，这为这部小说注入了 19 世纪西方文学中非常流行的东方风格，在那一时期，来自海外殖民地或受其灵感启发而诞生的织物、装饰品和家具在西方非常流行。[15] 不仅如此，把简和罗切斯特比作苏丹和后宫女奴还预示着一位具有“异国情调”的角色即将出现，而简对此毫不知情：这个角色就是罗切斯特的第一任妻子、牙买加出生的克里奥尔人——伯莎，伯莎疯了之后，罗切斯特就将她关在了阁楼之中。[16] 在一个凄风苦雨的可怕夜晚，伯莎逃

图 9.3　虽然这件相对朴素的棕色连衣裙也是丝绸制成的，但比起罗切斯特为简做的那些奢侈的服装，它可能更符合简的喜好。The Metropolitan Museum of Art, New York.

到了简的房间里，还穿上了女主角准备在婚礼上穿的婚纱。通过婚纱这一服装意象，简的生活与屈服于英帝国主义压迫的人民联系了起来，弥尔顿注意到，“伯莎穿上了新娘婚纱这一场景既惊悚又充满了辛酸，因为她正是殖民地女性们非人的悲惨地位的一个显而易见又不可否认的例证”。[17] 尽管简和伯莎两人的境遇截然不同，但对其他民族的压迫与奴役（恰如国外血统的伯莎的遭遇）和对英国新娘的物化与驯服（也是简所不愿意成为的）在此处重叠于同一件婚纱上，而正是这样一件薄而透明的婚纱让读者能够彻底“看透”两个女人境遇的相似之处。

“世界性”、男性气质和都市漫游者：扬州—巴黎—伦敦

当简·奥斯汀和夏洛特·勃朗特在英国的帝国主义背景之下致力于探究女性境遇问题时，同一时期的中国也在遭遇着安东篱（Antonia Finnane）所说的“世界性（mondernity）”问题，或者说，“伴随着通信、生产、金融和科学技术的发展，一直以来几乎自给自足甚至在概念上孤立的国家和社会因并入世界而产生的现代性问题，以及随之而来的殖民地社会中的文化霸权”。[18] 从中国这样有着王朝更迭历史的国家的文学作品之中审视时尚，更能够看出19 世纪的现代化是以怎样独具特色却又相似的方式在全球范围内被叙述的。1848 年，一位笔名为“邗上蒙人”的作家撰写的小说《风月梦》（*Courtesans and Opium*）即是一个很有启发性的例子，[19] 此处“寒山”指的是中国繁华的东部城市扬州的一个地区。《风月梦》被学者归类为才子佳人小说中的“妓女文学”，[20] 其讲述了几个年轻人在扬州繁华的妓院和鸦片窟之中的冒险经历，

这部小说意在警示世人不要受到这种危险而刺激的腐败环境的诱惑，如载满“穿着鲜艳服饰、脸上涂满了妆”的妓女的花船，[21] 在小说中，这些诱惑不断吸引着那些聚在大街上玩骰子、喝茶并渴求异性的年轻人。

就像《诺桑觉寺》中的伊莎贝拉一样，《风月梦》中的妓女们也认识到，引人注目的服装和饰品对一个女性在生活中的经济状况是有影响的，因为她们本身就要依靠这些诱惑性的服装来吸引客人。同时，花船上的妓女们也是华丽服饰、女性性欲和低俗不雅之间的假定关联的一种象征，同样的关联在夏洛特·勃朗特描写贞洁、善良的简拒绝罗切斯特给她定做堕落而性欲化的奢华服装时也曾被引用。在《风月梦》中，一个名为“凤凰”的妓女在 12 岁时就被家人包括丈夫强迫卖身，读者在此能清晰地看到她处于受压迫地位的现实，“鲜艳的外表”和精致的妆容无法掩盖妓女身世的不幸，《风月梦》揭露了掩盖于外在美丽之下的丑陋，并表达了对妓女的境遇的深刻同情。[22]

这部小说对妓女的服装、配饰、珠宝和妆容进行了非常丰富而详细的描写，然而穿着招摇的奢华服装的不仅有妓女，还有男人。作者描述道，公子哥们聚集在一起社交和花天酒地时“最喜欢穿当下时兴的华冠丽服”[23]。如前文所述，在 19 世纪的西方，东方美学的时髦审美随着“中国风”或者“和风”的本地化而变得越来越具体、细致，在这部扬州小说中，衣冠楚楚的男性也相应地反映出西方对中国服饰的类似的影响，这种影响被称为“欧化”[24]——或者叫“洋化（occidenterie）”[25]，比如欧洲的羊毛面料被应用于当时中国都市人群的日常服装之中。这种服装上的跨文化混杂现象在《风月梦》的一个男性角色陆书身上有所展现，小说中描述了他去见朋友袁猷时的精心穿戴：

换了一顶朱红贡纬、高桥梁式大呢帽，身穿一件二蓝线绉夹袍，紧了一条白玉螭虎钩丝带，挂了洋表、扇套、荷包、小刀等物，外加一件元色线绉夹外褂。[26]

陆书的长衫虽然是一件传统的中式服装，但作者提到了一个重要的细节，即其帽子是以“大呢（broadcloth）”制成的，这种布料自 18 世纪开始就从英国出口到中国。[27] 陆书这身服装中既有传统的中式服装元素，如服装款式长袍和丝绸料子，也有英国布料大呢和手表这些西式元素，其时尚的穿搭创造了一种风格，即既非传统的中国风格也非欧洲风格的“扬州风格”（图 9.4、图 9.5）。这种服装风格可以用安东篱的“世界性”概念来解读，作为一种叙事性的描述，这一概念鼓励读者对这些互相间距离遥远的 19 世纪现代性进行考察时，要用相互关联的视角而非将其视作各自孤立的概念去理解。

通过将扬州文学视为意蕴更为广阔的“世界性”的一部分，我们能够洞见到《风月梦》中衣冠华丽的男性和同一时期世界其他地区其他文学作品中男性角色的关联。这些衣着考究、魅力非凡的审美对象的花花公子形象恰好提供了这样一个值得比对的视点，保拉·赞佩里尼（Paola Zamperini）如此描述如衣冠楚楚的陆书这样的晚清中国妓女小说中的男性形象：

这些男性形象的共同特点是他们往往与青楼女子的关系密切，他们对待进步和现代显得非常笨拙，要么对西方和外国事物无条件接受，要么对非中国事物全盘拒绝；他们所处的社会和经济环境非常不稳定，他们常常在几天甚至几秒钟之内从贫困潦倒变得极度富有；他们经常居无定所、四

图 9.4　中式长袍。中国，清代，19 世纪。一件华丽的丝绸长袍，上有龙形扣饰，这可能是像陆书这样的花花公子的理想着装。The Metropolitan Museum of Art, New York.

图 9.5　龙形带钩，中国，清代中期。Image courtesy of Los Angeles County Museum of Art.

处漂泊，经常变换职业；他们易于成瘾（一般是性、毒品、赌博，以及自我妄想），有着强烈的性冲动却不能人道；他们道德标准模棱两可，有时如圣徒般无瑕，后来却又可能完全扭曲；他们对于周遭环境的变化总是无能为力。[28]

尽管赞佩里尼总结的是中国晚清小说的特有元素，比如男主人公对西方或者中国事物的彻底排斥（或者完全接受），但这些特点同样适用于在同一年代的法国小说中大量出现的花花公子们。那些穿着讲究的公子哥，比如巴尔扎克的小说《高老头》中的欧也纳·德·拉斯蒂涅，或者莫泊桑的小说《漂亮朋友》（*Bel-Ami*，1885 年）中的乔治·杜洛伊（图 9.6），这些衣冠楚楚的法国人同样强烈关注着对自我形象的塑造，与《风月梦》中那些时尚的年轻男子们遥相呼应。

以《高老头》为例，这是巴尔扎克的小说集《人间喜剧》中的一部小说，该小说集是巴尔扎克从 19 世纪 30 年代到其 1850 年去世之间创作的 90 多部小说及散文的合集。《高老头》依照 19 世纪流行的“成长小说”题材创作，描写了法国某省的破落子弟拉斯蒂涅来到巴黎求学的遭遇。迷人的巴黎诱惑无处不在，主角在巴黎所遇到的人性百态给了他不少教训，种种遭遇也塑造着他的自我认同和处事原则。正如赞佩里尼描述的那些清朝小说中的男性角色，拉斯蒂涅也沉迷赌博，时常在一夜暴富和穷困潦倒间转换，对性充满激情的他最终也同样遭遇了道德上的纠结、矛盾，自我美化的意愿使其最终成为一个花花公子，在这一过程之中，服装扮演了重要的角色。除了创作小说，也常为时尚媒体撰稿的巴尔扎克还在《高老头》里大量插入服装元素，他用奢华的服装

图 9.6　优雅的法国作曲家、花花公子阿尔伯特・卡亨・丹弗斯的肖像，皮埃尔・奥古斯特・雷诺阿，1881 年。布面油画。The J. Paul Getty Museum, Los Angeles.

和配饰来批判包括拉斯蒂涅在内的那些肤浅的趋炎附势者，对这些角色来说，外在的面貌远比内在的品德重要，他们把优雅的浮华等同于权力的象征，对奢靡的渴望到了不惜为此倾家荡产、道德沦丧的地步。巴尔扎克对人性的自私、贪婪和腐败的批判是通过拉斯蒂涅的一个导师、潜逃犯伏脱冷来表达的。伏脱冷一直想当个美国南部的种植园主，这使得他成为法帝国对海外土地和财富掠夺侵占的一个象征；不仅如此，在这个人物身上可以看到，邪恶、贪婪与时尚之间也产生了联系。

在小说中，这体现在伏脱冷向拉斯蒂涅透露他关于时尚的外观对于在上流社会中取得成功的重要性的那愤世嫉俗却极为现实的观点上：

> 你要在巴黎拿架子，非得有三匹马，白天有辆篷车，晚上有辆轿车，统共是9 000法郎的置办费，这只是车钱。要是不在成衣铺花3 000法郎，香粉铺花600法郎，鞋匠那边花300法郎，帽子匠那边再花300法郎，你可配不上那好命！另外还要再花1 000法郎去洗衣服。不过时髦的小伙根本不可能在衬衣上花太多钱，你知道的：而那不是他们最经常要被检查的地儿吗？[29]

通过不洁的衬衣（“脏衣服”的暗喻），伏脱冷的观点以及对性/污秽关系的暗指把男性时尚和低下的道德水准联系了起来，这一联系在拉斯蒂涅脱掉他平时穿的那身破烂衣服并自私地花光姐姐和母亲的积蓄来为自己买了一套新衣服时就曾有所暗示。主人公穿上这套全新的衣服，发现它是如此光彩夺目，让他焕然一新，作者对此描写如下：“看到自己戴好了手套，穿着合脚的靴子，身上的衣服是如此得体，拉斯蒂涅一下子忘掉了原有的高尚的决心。”[30] 在结尾处，这位雄心勃勃的主人公认识到，正如伏脱冷曾告诉他的那样，奢华的外表尤其是帅气的服装的的确确能帮助他在经济上、社交上乃至性上取得成功。巴尔扎克笔下的拉斯蒂涅是19世纪文学中现代都市英雄（或反英雄）的一个极具影响力的原型，它极大推动了在此后的巴黎文学以及其他文本的男性形象中时装元素的介入。

《高老头》里富裕的主人公可以被看作另外一个相关（典型）男性文学形象的原型，这一形象在19世纪文学中经常出现：观察并记录着19世纪迅速发展的大都市中心的现代生活的都市漫游者（flâneur）。关于都市漫游者，最为著名的描写可能见于法国诗人波德莱尔的随笔《现代生活的英雄主义》（*De l'héroïsme De la vie moderne*，1846年）和《现代生活的画家》（1863年）之中。在其描述里，我们可以看到这一形象和衣着显眼的花花公子有些不同，波德莱尔笔下的都市漫游者往往穿着普通的、似乎和满大街男性一样的黑色西装，低调地隐没于拥挤的都市街道和人群之中（图9.7），[31] 这种同质化的服装被波德莱尔比喻成“丧礼制服”。在此他也提到了男性服饰中充满活力的色彩和装饰的衰落，在19世纪中期中产阶级那阴暗的黑色西装兴起之前，这些

图9.7　巴黎街景，雨天，古斯塔夫·凯勒博特，1877年。Photo: Fine Art Images/Heritage Images/Getty Images.

色彩和装饰曾一度主宰法国。然而即使波德莱尔视男装为黑暗、严肃的19世纪的代表，他还是将因男装的量体裁衣而来的优雅、民主、理性和诗意美学联系起来，并表示“燕尾服和大衣不但具有一种表达广泛的平等的政治之美，而且具有表现公众灵魂的诗意之美”。[32] 在他看来，都市漫游者的深色西装能够让他们在拥挤的城市大街上保持低调，同时也展现了他们自己独有的魅力和优雅风度。

巴尔扎克笔下的拉斯蒂涅虽然穿着奢华，也并无民主精神，但这个经常在巴黎大街上漫步穿梭的角色仍然可以算作波德莱尔所说的“都市漫游者”的早期原型。在小说里，遵照伏脱冷的指示，大多数时候，上街的拉斯蒂涅都坐在华丽的马车车厢里，相当于驾着豪华跑车出行。然而在小说的最后一段，巴尔扎克似乎突然预告了都市漫游者的形象即将出现，文中拉斯蒂涅“步行（fit quelques pas）”[33] 到佩雷拉查伊斯公墓顶上一个视野很好的位置，他俯视着下面的城市，大声喊出了他对主宰这座城市的渴望，以及那句著名的台词：“现在只有咱们俩了！——我准备好了！”[34] 拉斯蒂涅的故事似乎并没有结束在这最后一页，而是刚刚从他斗志昂扬的宣言开始。正如《高老头》标志着文学作品中“都市漫游者”形象的一个重要起点，之后，这个形象出现于从左拉到莫泊桑再到马塞尔·普鲁斯特（Marcel Proust）等很多其他著名法国作家的作品之中。

文学中常见的时尚相关比喻——如花花公子和都市漫游者——为“东方”和“西方”，以及在19世纪被错误地认为是为完全相互割裂着的世界其他不知名角落架起了一座美学上的桥梁，西方的都市漫游者在中国都市小说中同样产生了共鸣。那些穿着考究的公子哥四处游荡着，并观察着各自的现代化都市，

《风月梦》中当精心装扮的陆书戴着他引人注目的朱红大呢帽、穿着华丽的丝绸长袍、腰带上装饰着半宝石纽扣和挂件时，他不仅将自己的身体变成了一个像花花公子一样的审美对象，也将自己置于一个流动的扬州城市现代性中的都市漫游者的位置上。小说继续描绘衣饰考究的陆书穿行于城市街道的游历经历，沿途景观、所听所闻乃至周遭气味都被记录下来，陆书所遭遇的各色人群、店铺以及来自不同阶层的扬州城市居民共同构成了巴黎文学中都市漫游者对现代生活的同一关注视角。事实上，赞佩里尼在其所列举的晚清妓女文学的典型男性特征中曾特别提到过“都市漫游者”一词，[35] 也提到了中国和法国小说中那些流动的、注重时尚的男人之间的关联性。帕特里克·哈南（Patrick Hanan）同样提及中国“都市漫游者”的概念，他称《风月梦》为中国“首部都市小说”[36]，并指出“小说家对城市的考量不同于地理学家，他们更倾向于通过角色的观察和行动来描绘一座城市——一座足步可丈、目所能及的城市”，[37] 在这一过程中，漫步（“足”）和观看（“目”）的行为调用了都市漫游者的核心活动：行走及观察，衣冠楚楚的文学都市漫游者形象在此唤起了地理位置迥异的巴黎和扬州之间在文学上的遥相呼应。同样，我们也能看到，19世纪末的伦敦不但在地理空间上与巴尔扎克的巴黎相距甚远，在艺术上更是朝着激进的新方向扬长而去。

爱尔兰出生的英国剧作家奥斯卡·王尔德的长篇小说《道林·格雷的画像》（*The Picture of Dorian Gray*，1890 年）是 19 世纪关于花花公子和都市漫游者描写的一个标志性案例，在 19 世纪末现实主义、象征主义和颓废主义等多种文学思潮风起云涌的背景之下，这部小说展现了一系列不断演变的社会和审美关注。其讲述了一位外形俊美的绅士——虚有其名的道林·格雷的故事，在故事中，每当主角内心堕落，一幅与他相似的画像就会变得更加丑陋一点。在《道林·格雷的画像》中，男性吸引力和城市导航构成了故事情节中两个重要的主题，这两个主题也是王尔德对其艺术表达、性和欲望的哲学探索的隐喻。然而，这本以“关于”纨绔主义而闻名的小说实际上并没有像传统的现实主义作家如法国的左拉、莫泊桑以及英国的艾略特和狄更斯的作品那样，在文中涉及非常多的对奢华服装的描写；恰恰相反，在道林·格雷身上，时尚似乎与特定的服装关系不大，而更多地与刻意的自我审美化（这是一种典型的“花花公子”行为是如何与一种基于拥抱艺术和禁欲乐趣的日常生活新方式）相关联。

道林·格雷的观念在小说的一段文字中表达得很直接，他提到了自己对花花公子的看法，以及不甘于仅仅做一个时尚潮流引领者的雄心壮志：

> 他当然也迷恋于时尚和派头，时尚使真正奇妙的东西风行一时，派头以其独有的方式强调美的绝对现代性。他衣装的式样和时不时摆出的派头，对梅费厄舞厅的花花公子和帕尔莫尔俱乐部的橱窗都产生了明显的影响。这些人模仿他的一举一动，连他出于好玩、偶尔才露出的纨绔子弟的翩翩风度也一个劲儿地要学。他很乐意接受几乎一到成年便被授予的地位。想到自己之于当代的伦敦很可能就是《萨蒂里孔》的作者之于当年尼禄时代的罗马，他便有一种说不出的愉快。但他内心深处不甘于做“时尚的主宰”，被人请教一下戴什么宝石、怎样戴领带、如何用手杖而已。他要建立某种新的生活纲领，内含理性的哲学、有条有理的原则，并使感官脱俗以实现其最高目标。[38]

深陷花哨派头不能自拔的道林·格雷非常乐见自己能够对其他年轻人的“精致”着装和裁制衣物的习惯施加影响，他同时也将优雅的男装风格与一种“感官脱俗”的审美生活方式联系起来，那些有时并不正当的身体和精神愉悦正是这位小说主人公一直享受着的。然而，正如王尔德不遗余力地坚持的那样，小说主人公不仅仅沉醉于享乐主义和感官满足，因为他提出的“新生活计划”是一种具有“有序原则”的“理性哲学”，道林·格雷对精致时尚的欣赏也因此与一种受到理性支配的崇高“哲学”——而非非理性的本能反应、情绪感受或身体感觉——联系在一起。

道林·格雷的“新生活计划”表现在独特的服饰风格，以及如何系领带或拿手杖等精巧的时尚姿势上。这种相对来说有些独特的服装风格和其作者王尔德形成了比照，彼时王尔德声名狼藉的一部分原因即他非常热爱浮夸、华丽、吸引眼球的奇装异服——这在当时被认为是一种女里女气且充满夸耀意味的衣着风格，塔里亚·谢弗（Talia Schaffer）称之为“美学时尚（Aesthetic fashion）”，她认为“美学时尚是维多利亚时代晚期的一个关注焦点，因为其非常清晰地展现了美学运动的焦虑之处、压力所在及其构成内容”[39]（图 9.8），谢弗举例说，王尔德因佩戴鲜花、羽毛饰品以及穿着“颜色、款式、面料和装饰女性化的服装”[40]而被批评“缺乏阳刚”[41]，她很有洞见地将这种对女性服装元素的挪用理解为王尔德和其他美学运动参与者试图染指 19 世纪由女性主导的创作领域如诙谐小说、戏剧并在其中取得优势地位而采取的策略的一部分。与此同时，王尔德所呈现的时尚品味和创作体裁的女性化特质首先是出于其本身利益考虑（这一点和女性相反），他在心理上以贵族自居，并将自己的审美偏好解读为具有一种与生俱来的先进性。[42]如此，王尔德也和 19 世纪殖

图 9.8 王尔德于 1882 年 1 月在纽约拍摄的照片。王尔德以喜欢浮华的服装风格而闻名。Photo: DEA Picture Library/Getty Images.

民帝国主义具有了一种共同的品质，即设定自身天生优越于他人。在这种假设之下，相比那些令人惊叹的男性“天才”，女性被置于了次等地位，就像殖民地人民相较于那些被视为贵族的帝国主义权力者一样。

在《道林·格雷的画像》中，主人公屈服于黑暗的冲动而最终堕落为一个杀人犯，在故事的最后，他撕碎了记录着他日益丑陋的内心的画像，也因此蓦然身死。如此戏剧性的情节使得王尔德这部小说脱离了传统的现实主义，进入了奇幻小说和心理小说的范畴。在平行的现实世界之中，一出悲剧也同时上演，王尔德那些珠光宝气的饰品、华丽的紫色外套和长长的卷发让他成为恐同现象的受害者。彼时英国法律视同性恋为非法行为，判王尔德入狱，因为诽谤者们认为王尔德对华丽服饰的喜好必定与同性恋行为有关。与文字和文学相关的获罪案例——以服饰风格华丽的王尔德和其创作中的花花公子角色为代表——使人们的关注焦点转移到这一时期的文学中其他常见的时尚内涵意象，比如侵犯与危险，这些意象往往在服装那些曾经被认为固定的界限——比如性别、阶级和性——被打破之时为人们所感受到。

时尚、性别和侵犯

王尔德因为女性化的着装而被妖魔化，这也引出了在19世纪经常出现的关于时尚与危险的女人之间的联系，尤其是在19世纪中后期的现实主义小说之中，如商场购衣这样的活动常与女性的行为不端与品行不佳联系在一起。这些现实主义小说中经常出现冗长的描述性段落，它们通过展示生活的“现实”，打破了浪漫主义时期过度戏剧化的创作习惯。对真实场景进行描写的手法体现了作者试图“完整”展示现实的意图，而这也正是批判现实主义文学的主要关注点之一。在法国，杰出的(男性)现实主义作家如古斯塔夫·福楼拜(Gustave Flaubert，1821—1880 年）和左拉在一些关键的文本中表达了他们对危险女人的焦虑。在福楼拜的小说《包法利夫人》(*Madame Bovary*，1856 年）中，出轨的家庭主妇艾玛试图通过购物来缓解她乏味无聊的乡下生活。她购买精美的丝绸和其他昂贵的饰品，用“裙子上的小迷人修饰”[43]来勾搭男子，给生活增加刺激，然而，最终她在服装上花费的心思却让她自己陷入了沉重的债务和悲惨的绝望之中。福楼拜写的这个关于一个女人危险的时尚消费故事为左拉创作卢贡 - 马卡尔家族系列小说的主题奠定了基础，在这套出版于 19 世纪 70 年代到 19 世纪 90 年代的系列小说(共 20 部)中，左拉努力将科学应用于创作，以理解他所认为的现代性社会弊病。通过这一过程，左拉创造了“自然主义”这样一个批判现实主义文学分支，在《贪欲的角逐》(*La Curée*, 1872 年)、《娜娜》(*Nana*, 1880 年)、《家常事》(*Pot-Bouille*, 1882 年）和《妇女乐园》(1883 年）中，左拉将女性与他理解的“无序”行为联系起来——乱伦、卖淫、不忠、性瘾、女同性恋、歇斯底里和盗窃癖——这些“综合症”也常常与服装的购买、穿着或展示联系在一起。

以《妇女乐园》(图 9.9）为例，在这部以巴黎一家货物琳琅满目的百货公司为背景的小说中，女性顾客们无力抵抗商场的诱惑，变成了偷系带的小偷和不可救药的购物狂。而在左拉的厌女讽刺漫画之中，大多数身体羸弱、精神空洞的女性最终被时尚逼至发疯。

同一时期，大西洋彼岸的美国作家们也将女性特质与犯罪及消费主义联系在一起，并且和法国作家一样，他们也在创作中用服装来表现这种联系。

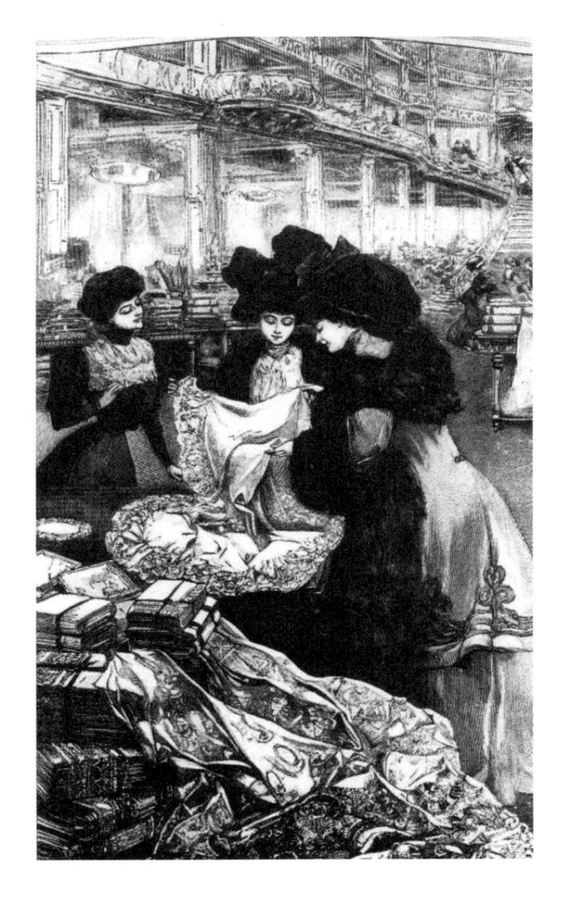

图 9.9 在巴黎大马加辛百货公司购物的女性。印刷版画，约 1890 年。Bibliotheque Nationale de France.

1900 年，西奥多·德莱塞（Theodore Dreiser）在以芝加哥为背景的小说《嘉莉妹妹》（*Sister Carrie*）中塑造了一个女性消费者的形象，这个人物迷失于大城市的消费、时尚魅力和迷人光景之中，被引入歧途并最终走向堕落。在纳撒尼尔·霍桑（Nathaniel Hawthorne）的历史小说《红字》（*The Scarlet Letter*，1850 年）中，主人公海丝特·白兰佩戴的红色字母“A”（表达通奸之意的单词“adultery”的首字母）标志着她罪恶的婚外情，小说的描写将这一时期装饰与女性堕落之间的象征性联系进行了文学化。霍桑笔下生动描绘的红色字母“A”不太能让人想起清教徒时代[2]的囚服装扮，反而更符合左拉对时髦的巴黎人穿着的高级服饰的细致描绘：

> 她身着长裙，胸前亮出一个字母A。这个“A”是用细红布做的，四周用金色丝线精心刺绣勾边而成，手工奇巧。这个“A”做得真可谓匠心独运，饱含了丰富而华美的想象，配在她穿的那身衣服上真成了一件臻善臻美、巧夺天工的装饰品，而她的那身衣服也十分华美，与那个时代的审美情趣相吻合，却大大超出了殖民地崇尚俭朴的规范。[44]

在这里，海丝特胸前的“A”被描述为“与那个时代的审美情趣相吻合”，小说在此处处强调着服装的高级面料、闪闪发光的金线、精心缝制的装饰，使得角色的穿搭看起来是如此灿烂而美丽，所突出的仿佛并非是角色的忏悔之意，而是穿着的奢华与时髦。如果时尚记者看见这个红色字母，那它很可能被理解为礼服胸衣上缝着的一个抢眼装饰，关注者的目光及想象力也将被引到穿着者——这名女子的身体（胸部）之上。然而，对霍桑来说，海丝特的身体是危险的，“A”绝非谦虚之美的代表，而是充满诱惑的蛇蝎女人的象征，小说中通过海丝特“带着骄傲的微笑”露出胸口的字母A来暗示这一点。[45]通过把“A”描绘为一种优雅的风格，霍桑用时尚语言创造了一个如夏娃——一个与用来遮羞护体的衣服存在千丝万缕的联系的女人——二次降临般的故事，并将海丝

[2]　17世纪初，受到迫害的英国加尔文宗新教徒前往北美建立殖民地，因而北美殖民地时期也被称作清教徒时代。《红字》的故事正发生于这一时期的北美波士顿地区。——译注

特的种种不当行为归结为一种圣经叙事的回归，如面对诱惑时人性弱点的暴露等。对这个角色周围的男性来说，这个弱点可能是致命的（对她自己也是一样的）。

霍桑对海丝特这个角色时有同情，但还是以谴责为主，这一观点在小说里通过妇女们的谈话反映得很清楚。在目睹了带着字母 A 的海丝特被示众游行之后，她们赞扬了海丝特的针线活手艺，却对她把这种缝纫手艺用到奢华的刺绣装饰上非常不满，因为海丝特把字母 A 这样的本来社会对她的谴责变成了一件引人注目的装饰：

> “她做得一手好针线活，那没错。”一个围观的女人说，“不过，还有哪个女人，会像这个不要脸的贱货想到用这来露一手！哎，娘儿们，这不是在当面嘲弄我们那些规规矩矩的地方长官吗？不是利用那些尊敬的大人们对她的惩罚来卖弄自己吗？”
>
> 在场的老妇人中最铁面无情的那个老婆子叽咕道：“要是我们能够把海丝特太太那件华丽衣裳从她那好看的肩膀上扒下来就好了。至于那个红字，那个她缝得那么稀奇古怪的红字，我倒愿意给她一块我自己患风湿时裹关节的法兰绒破布，那才更合适呢！”[46]

海丝特的几个女邻居的对话阐明了动词“to close”和“to fashion”之间的区别。根据《牛津英语词典》的解释，前者强调对身体的覆盖（“close”来自中古英语，意为“用衣服覆盖”），而后者则暗指对观众或“旁观者”观感上的美化（“fashion”来自法语，意为“使好看，美化”），就像霍桑笔下第一个说话的女人所讲的那样。海丝特并没有像另一个评论者说的那样给自己“覆盖”上衣服，或者把自己的身体藏在一块“给风湿病人裹关节用”的“法兰绒破布”里来昭示她的羞耻行为。相反，她穿上“富丽堂皇”的长袍，还用造型优雅的“A”来美化它，展示着自己的性感，成功吸引了人们的注意。她通过服饰尽情地展示了自己的“美貌”，对那些批判者而言，海丝特的情欲之罪在物质上呈现为一种时尚之罪。

本书的其他章节论证了在漫长的19世纪中服装能够达到的精美而繁复的程度。即使是深受厌恶奢侈的新英格兰（几乎没有人认为这是一个高级的时尚之都）清教主义影响的霍桑也曾在创作中大量描绘过服装。然而正如我们所看到的，这一时期那些备受推崇的小说对时尚服装的描写并没有涉及太多值得颂扬的品质，比如对想象力的激发、对艺术创造力的培育，还有对性别解放的支持作用（例如在19世纪后期，女权运动者开始穿上长裤）等；相反，服装似乎常常用来表达作家对现代生活中不稳定、疏离或压抑的现代生活体验的关切。诚然，服装与现代性之间有所关联并不令人惊讶，正如波德莱尔和其他作家所真切感受到的那样，时尚是现代瞬间本身的一个极好的体现——服装和现代性之中都蕴含着变与不变（或者如波德莱尔的著名言论，“转瞬即逝”和“永恒”）的对立力量。因此，时尚是现代性的一个很好的表达方式——一个角色的服装选择可以立刻传达给读者他/她是否“现代”的信息——同时，这也是一种在不变的（永恒的）范式、作者和写作手法的前提之下界定文学本身如何始终处于不断变化的（转瞬即逝的）状态的手段。

那么，我们该如何理解人类与时尚之间潜在的积极联系和这一时期文学作品中对服饰的描绘方式之间的紧张关系呢？这一章的标题提供了一个线索，也就是说，19 世纪时以华丽的高级定制、精湛的手工、丰富的想象力和艺术创新著称的时尚之所以在小说中经常遭到批判，很可能与这样一个现实情况有关，即曾经以殖民统治为稳定根基的帝国时代本身就处于危机之中，因为曾经在帝国建设和殖民霸权的名义之下为其人民生活和贸易流通所攫取的海外土地正变得越来越危机四伏，很多地方当时都处于暴力之中。[47] 这可能会让那些眼睁睁看着这些现象发生的既得利益者惶恐不安，也会让那些持不同观点的学者感到困惑。文学不同于其他创作类型，其能够反映更为广阔的社会面貌和文化思潮，这一时期，时尚是作家具有现代性的共同标志，所以一个合乎逻辑的解释是，文学中的服装可能起到了引导产生对当代问题更深层次关注的作用。

时尚、性别、权力

在作家们对时尚的种种负面描述中有一个明显的例外，即当服装被政治化并作为一种被赋予权力的工具，或者作为一种帝国主义压迫之下的反抗象征之时。阿根廷作家戈里蒂（1818—1992 年）的作品是一个很好的例子，弗朗辛 · 马西埃洛（Francine Masiello）称她为“19 世纪阿根廷最重要的女作家”。[48] 戈里蒂出生于阿根廷，她在小时候流亡至玻利维亚，后又移居秘鲁，在那里她创办了一所女子学校并举办了一个文学沙龙。作为一位杰出的公众人物，1885 年她定居阿根廷的布宜诺斯艾利斯，直至去世。[49] 戈里蒂是一位多产的小说家、散文家和记者，她以一种多样而有力的方式把服饰融入她的创作中，例如在其 1882 年的小说《生活中的绿洲》（*Oasis en la vida*）中，她将服装融入了她对布宜诺斯艾利斯的城市现代性的描述中。里贾娜 ·A. 鲁特（Regina A. Root）

称戈里蒂阐明了后殖民地的繁荣经济和现代化社会中女性所扮演的角色，她认为这部小说“转向了对时尚的修辞，讨论了社会变革的背景之下女性解放的议题”。[50]

然而，描绘时尚且国际化的布宜诺斯艾利斯并非戈里蒂唯一的创作主题。戈里蒂的父亲是一位曾为阿根廷独立而奋斗的将军，她本人也是一位终身致力于独立事业的活动家，在其小说中经常会涉及政治动荡的主题内容，这一创作过程与 19 世纪拉丁美洲许多前欧洲殖民地和她曾移居过的一些国家为争取独立而进行的激烈斗争的进程相伴随，正如马西埃洛对戈里蒂毕生文学作品的评价:“政治从未远离过她的创作。”[51] 政治主题同样出现在《黑手套》（*El guante negro*，1865 年）中，这是一部关于阿根廷后殖民冲突的中短篇小说，故事以家庭内部的暴力谋杀为特色，并以充斥着血腥的战场和尸体为结局。这部小说印证了苏珊·海纳（Susan Hiner）的一个观点:“由于地位的微不足道，女性时尚配饰可以在不知不觉之中完成意识形态上的工作，在承认的同时又否认了其与现代性的某些复杂过程之间的联系。”[52]《黑手套》讲述了一个三角恋的故事，其取材于刚刚独立、政治环境紧张的阿根廷的真实事件和人物，小说中的角色包括时尚的联邦党女领导曼努埃利塔·罗萨斯（图 9.10），其对立方——保皇党的美丽女子伊莎贝尔，以及深爱着伊莎贝尔，甚至为了她背弃自己父亲、背叛自己国家的联邦士兵温塞斯劳。小说使用了一件看似无关紧要的时尚配饰作为性别政治批评的有力象征，这件精美的手工配饰——“绣有阿拉伯花纹的黑色网眼手套”[53] 是时尚、端庄的曼努埃利塔送给温塞斯劳的礼物，用来感谢温塞斯劳捍卫了自己的名誉，这个礼物首先象征着两个角色之间充满性与冲动的童年友谊，同时也象征着他们共同效忠于联邦阵营。但是，伊

图 9.10　曼努埃利塔·罗萨斯肖像，普里利迪亚诺·普耶雷登，1851 年。曼努埃利塔·罗萨斯（1818—1992 年）是联邦党领袖胡安·曼努埃利塔·德·罗萨斯的女儿。尽管这部中篇小说直到 19 世纪 60 年代之后才出版，但戈里蒂可能在普耶雷登画这幅肖像画的时候就已经在创作《黑手套》了，这幅肖像画表现了戈里蒂的创作中的服装风格以及经常出现的红色这一色彩特征，这可能和她父亲的军队背景有关。Photo: DeAgostini/Getty Images.

莎贝尔在发现那只刻有曼努埃利塔名字的手套时，那只手套令她嫉妒不已并最终成为温塞斯劳悲剧的催化剂：为了挽回伊莎贝尔，温塞斯劳为保皇党拿起了武器，犯下了叛国罪。温塞斯劳的妥协导致一系列的杀戮，他绝望的母亲为了阻止他愤怒的父亲杀死温塞斯劳而不得不杀死了他父亲，之后温塞斯劳自己也牺牲于战场上。故事的结尾处，伊莎贝尔身着"白色长袍"[54]在两军阵亡将士的尸体旁悲伤地吟唱，穿着白袍的伊莎贝尔好似一个"幽灵新娘"，虽然她再也没有机会真的成为新娘了。

戈里蒂小说中的服装色彩有明显的象征意义：黑手套寓意着诱惑、冲突和死亡，白色长袍代表着鬼魂以及处女的纯洁。在故事的结尾，戈里蒂描写了"一个长相奇怪的女人……裹着一条长长的裹尸布"[55]，每当"布宜诺斯艾利斯的暴君即将布法施令……可怕的屠杀让城市变得凄惨荒凉"[56]之时，她就会游荡在夜晚的城市里，喃喃念唱着哀歌。利用小说结尾的这个角色，一直致力于女权事业并"强烈呼吁重视女性在公共活动中的作用"[57]的戈里蒂鼓舞女性去抵抗男性为争夺权力和土地而打着民族主义旗号挑起的残忍的战争或冲突。因为白色象征着和平[58]，因此小说里反复出现的那个幽灵般的女性形象身着的白色长袍可能代表着对停战的呼吁，这一呼吁并非来自专注于征服的军人，而是来自女性，因为她们更能够使人意识到战争给所有人带来的苦难是多么深重。

普鲁斯特的福图尼裙

本章的论述从对19世纪文学产生深远影响的歌德的《少年维特之烦恼》开始，在此将以普鲁斯特（1871—1922年）的作品结束，他的多卷本长篇小说《追忆似水年华》(*A la recherche du temps perdu*，1913—1917 年）的内容涵盖 19—20 世纪的法国社会文化风俗，并对后来的作家如歌德造成了深刻而广泛的影响。正如海纳所指出的,《追忆似水年华》是“一场名副其实的‘美好年代（Belle Epoque)’时装秀”，[59] 一方面是因为普鲁斯特在小说中对众多人物的服装进行了夸张的描写；另一方面，在这部小说的最后，他说创作这部小说类似“耐心地把内容缝在一起……一块块缝起来……就像做一件衣服一样”。[60] 这一关于服装的隐喻唤起了一种怀旧情结——这是小说所探讨的一个核心主题——在小说中，叙述者想象他在从小就熟悉的女仆弗朗西斯的帮助下“缝”他的“纸片”。对普鲁斯特而言，写作这一过程本身就令他沉浸在记忆中，实际上，这部小说的叙事常常把他带回 19 世纪末的时尚社会，与此同时，这些记忆又经过了他对 20 世纪早期几十年的社会所见所闻的过滤，这些在他所谓的“非自愿记忆”中产生的突然性回忆引发了大量意识流，比如在小说中有一个用玛德琳蛋糕蘸茶吃的情节，这些意识流最终构成了这部小说。

《追忆似水年华》是 20 世纪现代主义文学的分水岭。和同时代的爱尔兰当代作家詹姆斯·乔伊斯（James Joyce）一样，普鲁斯特以一种与 19 世纪现实主义作家截然不同的创作方式记录了现代经验，他打破了传统的叙事结构，在创作中经常使用整段、近乎连续意识流的句子，并且摒弃线性时间顺序，采用一种将过去和当下混合在一起的年表式时间线，从而形成了一整套新的文学表现模式。在普鲁斯特创作《追忆似水年华》时，时尚，尤其是与现实生活有关的东西在书中被突出引用。由威尼斯高级时装设计师马瑞阿诺·福图尼（Mariano Fortuny,1871—1949 年）设计的长裙（图 9.11）就是一个例子，这件长裙的设计受到古典风格的启发，由小说叙述者的爱人阿尔贝蒂娜穿着：

图 9.11 晚礼服。马瑞阿诺·福图尼设计，20 世纪 20 年代。福图尼关于晚礼服的灵感可能来自古典时代的长袍，但这些晚礼服的贴身褶皱、玻璃珠装饰和色调明亮的宝石也完美地表达了 20 世纪 20 年代服装设计的大胆前卫。©2015.Image copyright The Metropolitan Museum of Art/Art Resource/Scala,Florence.

这些古色古香却又前卫、创新的福图尼裙就好像一组舞台装饰一样出现在眼前……她赞赏的既不是威尼斯、圣马克教堂，也不是那些宫殿，那些曾使我十分喜欢的一切她都不屑一顾，她赞赏的是探照灯在空中产生的效果，她对这些探照灯提供了以数字为依据的情况。这样一代一代下去，在对至今仍被欣赏的艺术做出反对的反应时，重新产生了一种现实主义。[61]

对于这位年轻女子服饰的描述揭示了故事的叙述者试图思考的一些东西：威尼斯和阿尔贝蒂娜，或者说它们所象征的那些过去以及未知。荒谬的是，在“联结”这座古老城市的福图尼裙之上以及在对其的描写之中，作者在某种程度上最终“找到”[62]了这些东西。

普鲁斯特通过追忆过去来对现代进行了叙事性的探索，我们也得以从服装和文学的角度建立起一个逻辑闭环，因为在这一章中，我们同样见识到少年维特的浪漫烦恼、伊莎贝拉的潇洒的大无檐帽、“壮丽东方”式叙事、东西方花花公子——都市漫游者城市“群居生活”之间的联系，乃至时尚的阿尔贝蒂娜那充满诱惑的危险女性化身的形象。通过其笔下小说中叙述主体对帝国主义和贵族特权历史的怀念，普鲁斯特表达出对帝国时代行将就木那充满挣扎的妥协困境。也正是在这一令人焦虑的光景中，普鲁斯特作为一名作家的灵感得以显现，并带动了这一时期许多其他具有时尚意识的文学创作的诞生，这些都为即将到来的20世纪先锋文学潮流奠定了良好的基础。

原书注释

Introduction

1. For the etymology of the term *modernité* as a nineteenth-century neologism, see Robert Kopp, "Baudelaire: Mode et modernité," *48/14: La revue du Musée d'Orsay* 4 (1997): 51.
2. "La modernité, c'est le transitoire, le fugitif, le contingent," Charles Baudelaire, *Curiosités esthétiques, L'Art romantiques, et autres Oeuvres critiques de Baudelaire* (Paris: Éditions Garnier Frères, 1962), 467. Translated by Jonathan Mayne in *The Painter of Modern Life and Other Essays by Charles Baudelaire* (London: Phaidon, 1964), 13.
3. "La haute spiritualité de la toilette" and "la majesté des formes artificielles," Baudelaire, *Curiosités esthétiques*, 491; *The Painter of Modern Life*, 32.
4. "La femme est bien dans son droit, et même elle accomplit une espèce de devoir en s'appliquant à paraître magique et surnaturelle; l faut qu'elle étonne, qu'elle charme; idole, elle doit se dorer pour être adorée. Elle doit donc emprunter à tous les arts les moyens de s'élever au-dessus de la nature pour mieux subjuguer les coeurs et frapper les esprits. Il importe fort peu que la ruse et l'artifice soient connus de tous, si le succès e nest certain et l'effet toujours irresistible." *Éloge du maquillage* in *Le Peintre de la vie moderne*, Baudelaire, *Curiosités esthétiques*, 492; *The Painter of Modern Life*, 33.
5. "La morale et l'esthétique du temps," cited in *Achille Devéria: Temoin du romantisme parisien, 1800–1857* (Paris: Musée Renan-Scheffer, 1985), 43.
6. For a recent discussion of the fashionable progression from the cage crinoline to the bustle, see Lina Maria Paz, "Crinolines and Bustles: The Reign of Metallic Artifices," in the exquisite exhibition catalogue, *Fashioning the Body: An Intimate History of the Silhouette*, ed. Denis Bruna (New Haven and London: Yale University Press for the Bard Graduate Center, 2015), 176–97.
7. For an excellent investigation of the crinoline empire corresponding to France's Second Empire, see the Musée Galliera's publication to accompany its 2008–9 exhibition, *Sous l'empire des crinolines* (Paris: Paris musées, 2008).
8. F. Th. Vischer, *Mode und Cynismus* (Stuttgart, 1879), 6, cited in Walter Benjamin, *The Arcades Project*, trans. Howard Eiland and Kevin McLaughlin (Cambridge, MA and London: Belknap Press of Harvard University Press, 1999), 70.
9. Egon Friedell, *Kulturgeschichte der Neuzeit*, vol. 3 (Munich, 1931): 203 cited in Benjamin, 75.
10. For the resurgence of the rococo in the arts and culture of the Second Empire, the classic text is Carol Duncan, *The Pursuit of Pleasure: The Rococo Revival in French Romantic Art* (New York and London: Garland, 1976). See also the more recent, Allison Unruh, "Aspiring to La Vie Galante: Reincarnations of Rococo in Second Empire France," (Ph.D. diss.: Institute of Fine Arts at New York University, 2008).
11. Karl Marx, "The Fetishism of the Commodity," in *The Visual Culture Reader*, 2nd edition, ed. Nicholas Mirzoeff (London and New York: Routledge, 2002), 122.
12. Eric Hobsbawm, *The Age of Empire, 1875–1914* (New York: Pantheon, 1987); *The Age of Revolution, 1789–1848* (Cleveland: World Publishing Co., 1962); and *The Age of Capital, 1848–1875* (New York: Scribner, 1975).
13. Anne McClintock, *Imperial Leather: Race, Gender, and Sexuality in the Colonial Conquest* (New York: Routledge, 1995), 5.

14. Key texts that exemplify these new approaches include Kathleen Wilson (ed.), *A New Imperial History: Culture, Identity and Modernity in Britain and the Empire, 1660–1840* (Cambridge: Cambridge University Press, 2004) and Catherine Hall and Sonya O. Rose (eds), *At Home with the Empire: Metropolitan Culture and the Imperial World* (Cambridge: Cambridge University Press, 2006).
15. See, for instance, Auguste Racinet, *Le costume historique* (Paris: Firmin-Didot et Cie., 1888).

Chapter 1

1. Lesley Ellis Miller, "Perfect Harmony: Textile Manufacturers and Haute Couture 1947–57," in *The Golden Age of Couture: Paris and London 1947–57*, ed. Clare Wilcox (London: V&A Publishing), 116.
2. Isabella Ducrot, *Text on Textile* (Lewes: Sylph Editions, 2008), 25.
3. Jane Austen, "Letter from Jane Austen to Cassandra Elizabeth Austen, January 25, 1801," in *Jane Austen's Letters to Her Sister Cassandra and Others, Vol. 1: 1796–1809*, ed. R.W. Chapman (Oxford: Clarendon Press, [1801] 1932), 266.
4. Eric T. Svedenstierna, *Svedenstierna's Tour: Great Britain 1802–3: The Travel Diary of an Industrial Spy*, trans. E.L. Dellow (Newton Abbot: David & Charles, [1804] 1973), 174.
5. Wigan Heritage Service, Charles Hilton & Son Archive: B78.530 and B78.541.
6. Philipp Andreas Nemnich, *Beschreibung einer im Sommer 1799 von Hamburg nach und durch England geschehenen Reise* (Whitefish, MT: Kessinger Publishing Legacy Reprint, [1800] 2010).
7. Ibid., 302–3.
8. "Twist wird sowohl zum Einschlag, als zum Zettel genommen. Der Einschlag muss wenigstens zwey Numern höher zehn, als der Zettel; z. B. ist der Zettel No. 32, so ist der Einschlag No. 34. Alle Nankine werden im Garn gefärbt, und da die Farben nur gemein sind, so gehen sie beym Bleichen fast alle aus. Indessen bleicht die gewöhnliche Fleischfarbe (Buff, Chamois) der Nankine nich leicht aus; denn die Farbe wird aus dem sogenannten Iron-liquor bereitet. Iron-liquor ist Eisenrost mit Säure aufgelöset." Nemnich, *Beschreibung einer im Sommer 1799*, 298. Author's own translation.
9. Florence Montgomery, *Textiles in America 1650–1870* (New York: W.W. Norton), 308.
10. Anon., "Topographical and Commercial History of Manchester," *The Tradesman; or, Commercial Magazine*. 5, no. 26 (August 1810): 144.
11. Sonia Ashmore, *Muslin* (London: V&A Publishing, 2012).
12. Commissioners and Trustees for Fisheries, Manufactures and Improvements in Scotland, "Premiums, on Various Articles of Scotch Manufacture." *Caledonian Mercury* (May 7, 1794): 4.
13. William Watson, *Advanced Textile Design*, 2nd ed. (London: Longmans, Green and Co., 1925), 297.
14. Manchester Archives: Calico Printers' Association: M75/ Design Dept. 3.
15. Ducrot, *Text on Textile*, 26.
16. Linda Theophilus, *Peter Collingwood-Master Weaver* (Colchester: Firstsite, 1998), 11.
17. Rosemary Crill, "Mashru in India," in *Indian Ikat Textiles* (London: V&A Publications, 1998), 119–47.
18. Rudolph Ackermann, *The Repository of Arts, Literature, Commerce, Manufactures, Fashion, and Politics,* 1 (March 1809): 186.
19. P. Cusack, "Classified advertisement," *Norfolk Chronicle*, January 16, 1814: 1.
20. G.P. & J. Baker Archives: Inv.096: Order Book 1821–3.
21. No record of an actual patent has been found.
22. Fox and Co., "Classified advertisement," *Morning Post*, December 18, 1823: 1.
23. Gentleman's Magazine of Fashions, "A Riding Frock Coat," *Dublin Morning Register*, June 3, 1828: 3.

24. Gentleman's Magazine of Fashions, "Gentlemen's Fashions," *Morning Post*, September 30, 1831: 4.
25. Anon., *The Rhenish Album, or Scraps from the Rhine: The Journal of a Travelling Artist . . .* (London: Leigh & Son, 1836), 2.
26. Sylvanus Swanquill, (pseud.), "The First of September," *The New Monthly Magazine*, 39 (1833): 54.
27. Fox & Co., "Advertisement," in John Stephens, *The Land of Promise being an authentic and impartial history of the rise and progress of the new British province of South Australia . . .* (London: Smith, Elder & Co., 1839), n.p.
28. John James, *History of the Worsted Manufacture in England* (London: Frank Cass & Co., [1857] 1968), 445.
29. National Archives. Buckley: BT42/3. Ibotson & Walker: BT42/1–BT42/4. Harrison: BT42/1.
30. G.P. & J. Baker Archives: Inv. 077: Swaisland *Gambroons 1838–9*.
31. Charles Dickens (ed.), "A Manchester Warehouse," in *Household Words*, 9 (1854): 270.
32. Thomas E. Lightfoot, "History of Broad Oak," unpublished ms.: Accrington Library, 1926.
33. Charles Dickens (ed.), "The Great Yorkshire Llama," in *Household Words*, 6 (1852): 253.
34. William Walton, *A memoir addressed to proprietors of mountains and other waste lands, and agriculturalists of the United Kingdom, on the naturalization of the alpaca* (London: Smith, Elder & Co., 1841), 39.
35. Dickens (ed.), "The Great Yorkshire Llama": 253.
36. Anon., "The Llama or Paco," *The Treasury of Literature and The Ladies' Treasury*, April 1, 1869: 136.
37. H.B., "The Adulteration of Dress Materials," *The Ladies' Treasury*, April 1, 1881: 209–10.
38. Anon., "The Llama or Paco": 136.
39. Natalie Rothstein, "The Introduction of the Jacquard Loom to Great Britain," in *Studies in Textile History*, ed. Veronika Gervers (Toronto: Royal Ontario Museum, 1977), 281–304.
40. See Jacques Anquetil with Pascale Ballesteros, *Silk* (Paris: Flammarion, 1995); Chiara Buss (ed.), *Silk and Colour* (Como: Ratti, 1997); Musée Carnavalet, *L'Art de la Soie: Prelle 1752–2002* (Paris: Paris Musées, 2002); and Mary Schoeser, *Silk* (New Haven: Yale University Press, 2007).
41. Old Draper (pseud.), *Reminiscences of an Old Draper* (London: Sampson Low, Marston, Searle & Rivington, 1876), 102.
42. Edmund Potter, "Calico Printing as an Art Manufacture," *Manchester Guardian*, July 14, 1852: 3.
43. Anon., "Selected Patterns for Dress: Calico, Printed by Thomas Hoyle and Sons," *Journal of Design and Manufactures*, 2 (November 1849): 108.
44. Edmund Potter, *Calico Printing as an Art Manufacture: a lecture read before the Society of Arts, 22 April 1852* (London: John Chapman, 1852), 51.
45. Anon., "A Word for the Servant Girl," *The Cornishman*, November 1, 1883: 6, extracted from *The Queen*.
46. Joan L. Severa, *Dressed for the Photographer: Ordinary Americans and Fashion, 1840–1900* (Kent, OH: Kent State University Press, 1995), 204.
47. Adelheide Rasche and Gundula Wolter (eds), *Ridikül! Mode in der Karikatur 1600 bis 1900* (Berlin: SMB-DuMont, 2003), 308.
48. Société Industrielle de Mulhouse, *Histoire documentaire de l'Industrie de Mulhouse et de ses environs au XIXe siècle* (Mulhouse: Veuve Bader & Cie, 1902), 399.
49. Joanna Bourke, "The Great Male Renunciation: Men's dress reform in interwar Britain," *Journal of Design History* 9, no. 1 (1996): 23–33.
50. Entry for November 21, 1660 in *The Diary of Samuel Pepys: a new and complete transcription, vol. 1 (1660)*, eds, Robert Latham and William Matthews (London: G. Bell and Sons, 1970), 298.

51. James Trilling, *The Language of Ornament* (London: Thames & Hudson, 2001), 203.
52. L.C. Otway, L.C. "Report on the Commerce of Lombardy," in House of Commons [2757], *Further Correspondence relating to the Affairs of Italy*, LXIII (1861), 192.
53. Hon. Eleanor Eden, *False and True* (London: n.p., 1859), 153.
54. Harriet M. Carey, "Woman in Daily Life: or Shadows on Every Hill-Side," in *The Rose, the Shamrock, and the Thistle* 2 (November 1862): 81.
55. Miles Lambert, *Fashion in Photographs 1860–1880* (London: B.T. Batsford, 1991), 47.
56. Fabio Giusberti, "The Riddle of Secrecy," in *Les Archives de l'Invention: Écrits, Objects et Images de l'Activité Inventive*, eds, Marie-Sophie Corcy, Christiane Douyère-Demeulenaere, and Liliane Hilaire-Pérez (Toulouse: CNRS-Université de Toulouse-Le Mirail, 2006), 73–88.
57. Lou Taylor, *Mourning Dress: A Costume and Social History* (London: George Allen & Unwin, 1983), 216–17.
58. Ibid., 217–19.
59. Anon., "New Styles and Coming Fashions," *Western Daily Press*, June 20, 1870: 4.
60. *Journal des Modes*, "Fashions for December," in *Lincolnshire Chronicle*, December 9, 1870: 3.
61. Anon., "Ladies' Fashions," *Royal Cornwall Gazette*, May 7, 1872: 7.
62. D.C. Coleman, *Courtaulds: An Economic and Social History* (Oxford: Oxford University Press, 1969).
63. G.W. Armitage, "A History of Cockhedge Mill, Warrington," unpublished ms., Warrington Library Archive and Local Studies Collection, 1938.
64. Friedrich Carl Theis, *'Khaki' on cotton and other textile material*, trans. E.C. Kayser (London: Heywood & Co, 1903), 5.
65. Jane Tynan, *British Army Uniform and the First World War: Men in Khaki* (Basingstoke: Palgrave Macmillan, 2013).
66. Cecil Cowper (ed.), "Colour as an Influence," in *The Academy and Literature*, 2227, January 9, 1915: 23.
67. Thomas Burberry, "BP 17,928 Compound fabrics," in Patent Office, 1896, *Patents for Inventions: Abridgments of Specifications: Class 142, Weaving and Woven Fabrics, 1884–88* (London: HMSO, [1888] 1896), 266.
68. C. Willett Cunnington, *English Women's Clothing in the Nineteenth Century* (London: Faber & Faber, 1937), 431.
69. Thomas Burberry and Frederick D. Unwin, "BP 4065," in Patent Office, 1903, *Patents for Inventions: Abridgments of Specifications: Class 142, Weaving and Woven Fabrics, 1897–1900* (London: HMSO, [1897] 1903), 9.
70. Anon., *The Cornishman*, October 17, 1889: 4.
71. Cunnington, *English Women's Clothing in the Nineteenth Century*, 426.
72. Burberrys, *Burberry for Ladies*, XIX edition. (London, Paris, and Basingstoke: Burberrys, c. 1910): 5.
73. Ibid.: 13.
74. Victoria & Albert Museum: Furniture, Textiles and Dress. Joseph Lockett engraving book, 1806–8.
75. Rothschild Archive. 1/218/45, "Manchester Stock Price & Printing Book 1802/1807."
76. Milnrow (pseud.), "Coloured stripe designing.–II," *The Textile Manufacturer*, September 15, 1925: 296.
77. For example, in January 1767, Lady Mary Coke recalls Lady Suffolk setting her ruffle on fire "which immediately blazed up her arm . . ." See J.A. Home (ed.), *The Letters and Journals of Lady Mary Coke* (Bath: Kingsmead Reprints [1889] 1970), 107.
78. Anon., "Caution to Parents," *Lincolnshire Chronicle*, October 28, 1842: 3.
79. W.H. Perkin, "The Permanent Fireproofing of Cotton Goods," *Popular Science Monthly*, 81 (October 1912): 397–408.

80. See Nancy E. Rexford, *Women's Shoes in America, 1795–1930* (Kent, OH: Kent State University Press, 2000), 279–87 and Sarah Levitt, "Manchester Mackintoshes: A History of the Rubberized Garment Trade in Manchester" *Textile History* 17 (1986): 51–69.
81. Rexford, *Women's Shoes in America,* 285.
82. Robin W. Doughty, *Feather Fashions and Bird Preservation: A Study in Nature Protection* (Berkeley: University of California Press, 1975).
83. W.H. Flower and R. Lydekker, *An Introduction to the Study of Mammals Living and Extinct* (London: Adam & Charles Black, 1891), 237.
84. Anon., "Epitome of News—Foreign and Domestic," *Illustrated London News*, September 5, 1857: 254.
85. Anon., "Skeleton of the Greenland Whale in the Museum of the College of Surgeons," *Illustrated London News*, February 24, 1866: 176.
86. Priscilla Wakefield, *Mental Improvement: or, the Beauties and Wonders of Nature and Art* (Dublin: P. Wogan, 1800), 4–7.
87. Ibid., 4–7.
88. C.T. Hinckley, "Calico-Printing," *Godey's Magazine and Lady's Book* 45 (1852): 121.
89. Ducrot, *Text on Textile*, 26.

Chapter 2

1. Raymond Carré, "Les Couturières à La Recherche d'un Statut Social," *Gavroche: Revue d'Histoire Populaire* 36 (1987): 8.
2. Nancy L. Green, *Ready-to-Wear and Ready to Work: A Century of Industry and Immigrants in Paris and New York* (Durham: Duke University Press, 1997), 26–7.
3. Susan Kaiser, *Fashion and Cultural Studies* (New York: Berg, 2012), 14.
4. Ibid., 19.
5. Clare Haru Crowston, *Fabricating Women: The Seamstresses of Old Regime France 1675–1791* (Durham: Duke University Press, 2001), 49.
6. Regina Lee Blaszczyk, "The Hidden Spaces of Fashion Production," in *The Handbook of Fashion Studies*, eds Sandy Black, et al. (New York: Bloomsbury, 2013), 187.
7. See Heidi Brevik-Zender, "Interstitial Narratives: Rethinking Feminine Spaces of Modernity in Nineteenth-Century French Fashion Plates," *Nineteenth-Century Contexts* 36:2 (May 2014): 91–123; see also Margaret Beetham, *A Magazine of Her Own? Domesticity and Desire on the Woman's Magazine, 1800–1914* (New York: Routledge, 1996).
8. Valerie Steele, *Paris Fashion: A Cultural History* (New York: Berg, 1999), 3.
9. Gavin Waddell, *How Fashion Works: Couture, Ready-to-Wear, and Mass Production* (Oxford: Blackwell, 2004), xi.
10. Susan Hiner, *Accessories to Modernity: Fashion and the Feminine in Nineteenth-Century France* (Philadelphia: University of Pennsylvania Press, 2010).
11. Philippe Perrot, *Fashioning the Bourgeoisie: A History of Clothing in the Nineteenth Century*, trans. Richard Bienvenu (Princeton: Princeton University Press 1994) and Rosalind H. Williams, *Dream Worlds: Mass Consumption in Late Nineteenth-Century France* (Berkeley: University of California Press, 1982).
12. Piedade da Silveira, "Les magasins de nouveautés," in *Au Paradis des dames: nouveautés, modes et confections 1810–1870* (Paris: Paris-Musées, 1992), 23.
13. H. Hazel Hahn, *Scenes of Parisian Modernity: Culture and Consumption in the Nineteenth Century* (New York: Palgrave McMillan, 2009).
14. Jennifer Jones, *Sexing la Mode: Gender, Fashion, and Commercial Culture in Old Regime France* (New York: Berg, 2004).
15. Waddell, *How Fashion Works*, 71.
16. See Crowston, *Fabricating Women*.
17. Green, *Ready-to-Wear and Ready to Work*, 22, 31.

18. Ibid., 26. See also Perrot, *Fashioning the Bourgeoisie*.
19. Rebecca Arnold, *Fashion: A Very Short Introduction* (New York: Oxford, 2009), 14.
20. Françoise Tétart-Vittu, "Couture et nouveautés confectionnées," in *Au Paradis des dames: nouveautés, modes et confections 1810–1870* (Paris: Paris-Musées, 1992), 35.
21. See Yvonne Verdier, *Façons de dire, façons de faire: la laveuse, la couturière, la cuisinière* (Paris: Gallimard, 1979).
22. Perrot, *Fashioning the Bourgeoisie*, 40.
23. Ibid.
24. "The Tailor. He walks with an arched back, his shoulders like a coat-hanger and his elbows out. His clothes are of the latest cut, but often clashing with his boots and hat. He nearly always has a very melodious name such as Wahaterkermann or Pikprunman."
25. Christopher Breward, *Fashion* (Oxford: Oxford University Press, 2003), 32.
26. Theresa M. McBride, "A Woman's World: Department Stores and the Evolution of Women's Employment, 1870–1920," *French Historical Studies* 10, no. 4 (Autumn, 1978): 668.
27. Crowston, *Fabricating Women*, 66.
28. Ibid., 67.
29. Arnold, *Fashion: A Very Short Introduction*, 13.
30. Jones, *Sexing la Mode*, 95.
31. See Hollis Clayson, *Painted Love: Prostitution in French Art of the Impressionist Era* (New Haven: Yale University Press, 1991) and Anne Higonnet, "Real Fashion: Clothes Unmake the Working Woman," in *Spectacles of Realism: Gender, Body, Genre*, eds Margaret Cohen and Christopher Prendergast (Minneapolis: University of Minnesota Press, 1995), 137–62.
32. Daniel Roche, *The Culture of Clothing: Dress and Fashion in the "ancien régime"*, trans. Jean Birrell (Cambridge: Cambridge University Press, 1994 (Fayard, 1989)), 309.
33. See Clayson, *Painted Love*, and Judith Coffin, *The Politics of Women's Work: The Paris Garment Trades, 1750–1915* (Princeton: Princeton University Press, 1996).
34. Perrot, *Fashioning the Bourgeoisie*, 36; Verdier, *Façons de dire, façons de faire*, 254.
35. Susan Hiner, "Monsieur Calicot: French Masculinity between Commerce and Honor," *West 86th: A Journal of Decorative Arts, Design, and Material Culture* 19, no. 1 (2012): 46.
36. See Michael Miller, *The Bon Marché: Bourgeois Culture and the Department Store, 1869–1920* (Princeton: Princeton University Press, 1981) and Williams, *Dream Worlds*.
37. Elizabeth Ann Coleman, *The Opulent Era: Fashions of Worth, Doucet, and Pingat*, exhibition catalog, December 1, 1989–February 26, 1990 (Brooklyn: The Brooklyn Museum, 1990), 39.
38. Anne Hollander, "When Worth was King," in *The Fashion Reader*, eds Linda Welters and Abby Lillethun (New York: Berg, 2007), 314.
39. Hollander, "When Worth was King," 315.
40. For an original and nuanced reading of the haptic in Winterhalter's painting and the gendered pleasures of the crinoline, see Lynda Nead, "The Layering of Pleasure: Women, Fashionable Dress, and Visual Culture in the mid-Nineteenth Century," *Nineteenth-Century Contexts* 35, no. 5 (2013): 489–509.
41. Susan North, "From Neoclassicism to the Industrial Revolution 1790–1860" in *The Fashion Reader*, eds Linda Welters and Abby Lillethun (New York: Berg, 2007), 31.
42. For a fascinating look at the cultural significance of the omnibus in nineteenth-century Paris, see Masha Belenky, "Transitory Tales: Omnibus in Nineteenth-Century Paris," *Dix-Neuf* 16, no. 3 (November 2012): 283–303. I am grateful to Professor Belenky for generously sharing this image, which she discovered at the Musée Carnavalet, with me.
43. Alison Matthews David, *Fashion Victims: The Pleasures and Perils of Dress in the Nineteenth Century*, exhibition catalog (Toronto: The Bata Shoe Museum, 2014), 26.
44. Kevin Seligman, *Cutting for All: The Sartorial Arts, Related Crafts, and the Commercial Paper Pattern* (Carbondale: Southern Illinois University Press, 1996), 22. See also Joy Spanabel Emery, *A History of the Paper Pattern Industry: The Home Dressmaking Fashion Revolution* (London: Bloomsbury, 2014).

45. Perrot, *Fashioning the Bourgeoisie*, 54.
46. See Rosalind Williams, *Dream Worlds*.
47. Walter Benjamin, "Paris: Capital of the Nineteenth Century," *Perspecta* 12 (1969): 165.
48. Perrot, *Fashioning the Bourgeoisie*, 51.
49. Green, *Ready-to-Wear and Ready to Work*, 77.
50. Waddell, *How Fashion Works*, 23.
51. Ibid., 26.
52. Perrot, *Fashioning the Bourgeoisie*, 52.
53. Ibid., 58.
54. See Susan Hiner, "Becoming (M)other: Reflectivity in *Le Journal des Demoiselles*," *Romance Studies* 31, no. 2, (2013): 84–100.
55. See Rhonda K. Garelick. *Mademoiselle: Coco Chanel and the Pulse of History* (New York: Random House, 2014).
56. On the subject of contemporary sweatshops, see in particular the 2005 documentary film by Micha X. Peled, *China Blue*. Available on line: http://www.argotpictures.com/ChinaBlue.html

Chapter 3

1. George Ellington, *The Women of New York, or the Under-World of the Great City* (New York City: The New York Book Company, 1869), 82.
2. Ibid., 90.
3. Ibid., 89.
4. Joanne B. Entwistle, *The Fashioned Body: Dress, Fashion, and Modern Social Theory* (Cambridge, MA: Polity, 2000).
5. Anne Hollander, *Seeing Through Clothes* (New York: Viking Press, 1978).
6. Charles Baudelaire, *The Painter of Modern Life and Other Essays*, trans and ed. Jonathan Mayne (London: Phaidon Press, 1964), 32–3.
7. Ibid.
8. A distinction between empire and Empire styles should be mentioned here, as empire carries with it connotations of colonialism and the political expansion of European countries, while Empire refers to contemporary styles in fashion and decorative arts. This style—which is described in several of the following paragraphs—is alternatively referred to as *Directoire*, Regency or Georgian dress, depending on the country in which it was worn.
9. Aileen Ribeiro, *Fashion in the French Revolution* (New York: Holmes & Meier Publishers, Inc., 1988), 53, 58.
10. Valerie Steele, *The Corset: A Cultural History* (New Haven and London: Yale University Press, 2001), 28–31.
11. Hollander, *Seeing Through Clothes*, 122.
12. Aileen Ribeiro, *Ingres in Fashion: Representations of Dress and Appearance in Ingres's Images of Women* (New Haven and London: Yale University Press, 1999), 36.
13. Susan Hiner, "'Cashmere Fever': Virtue and the Domestication of the Exotic," in *Accessories to Modernity: Fashion and the Feminine in Nineteenth-Century France* (Philadelphia: University of Pennsylvania Press, 2010), 83.
14. Daniel Delis Hill, *American Menswear: From the Civil War to the Twenty-First Century* (Lubbock: Texas Tech University Press, 2011), 40.
15. Ribeiro, *Ingres in Fashion*, 15.
16. See Carl Flügel, *Psychology of Clothes* (London: Hogarth Press, 1930).
17. See further Ann Hollander, *Sex and Suits* (New York: Alfred A. Knopf, 1994).
18. While many scholars, commencing with Carl Flügel, discuss the "Great Renunciation" of men's fashion after the early nineteenth century, this has been challenged, importantly:

Christopher Breward, *The Hidden Consumer: Masculinities, Fashion and City Life 1860–1914* (Manchester: Manchester University Press, 1999); Brent Shannon, *The Cut of His Coat: Men, Dress, and Consumer Culture in Britain, 1860–1914* (Athens, Ohio: Ohio University Press, 2006); Christopher Breward, "The Politics of Fashion and the Pleasures of Youth: Young Men and Their Clothes, 1814–1914" in *Artist/Rebel/Dandy: Men of Fashion*, eds Kate Irvin and Laurie Anne Brewer (New Haven: Yale University Press, 2013), 72–87.

19. Hollander, *Seeing Through Clothes*, 130.
20. Thorstein Veblen, *Theory of the Leisure Class: An Economic Study of Institutions* (New York: Macmillan, 1899).
21. Ibid., 179.
22. For further: Ludmilla Jordanova, *Sexual Visions: Images of Gender in Science and Medicine between the Eighteenth and Twentieth Centuries* (Madison: University of Wisconsin Press, 1989).
23. Mary S. Gove Nichols, "The New Costume, and Some Other Matters," *The Water-Cure Journal* (August 1851): 30.
24. Harold Koda, *Extreme Beauty: The Body Transformed* (New York: Metropolitan Museum of Art, 2001), 11.
25. D.C. Bloomer, *Life and Writings of Amelia Bloomer* (Boston: Arena Publishing Company, 1895), 72.
26. Aileen Ribeiro, "Fashion and Whistler," in *Whistler, Women and Fashion*, ed. Margaret F. MacDonald (New York: Frick Collection; New Haven, Connecticut: in association with Yale University Press, 2003), 25.
27. Susan Vincent, *The Anatomy of Fashion: Dressing the Body from the Renaissance to Today* (London: Berg, 2010).
28. Mrs. M.S. Gove Nichols, "A Lecture on Woman's Dress," *The Water-Cure Journal* (August 1851): 35.
29. For further: Patricia Cunningham, *Reforming Women's Fashion, 1850–1920* (Kent, Ohio: Kent State University Press, 2003).
30. Mary B. Williams, "The Bloomer and Weber Dresses: A Glance at their Respective Merits and Advantage," *The Water-Cure Journal* (August 1851): 33.
31. Text originally published in *The Lily* in February 1851. Reprinted in *Hear Me Patiently: The Reform Speeches of Amelia Jenks Bloomer*, ed. Anne C. Coon (Westport, CT: Greenwood Press, 1994), 10.
32. Bloomer's relationship to, and opinions of, reform dress varied greatly over her lifetime. For a thorough discussion refer to Bloomer, *Life and Writings of Amelia Bloomer*.
33. "Hasbrouck, Lydia Sayer," *Notable American Women, 1607–1950*, ed. Edward T. James (Cambridge, MA: Belknap Press of Harvard University Press, 1971), 151. This quotation was originally published in *Sybil*, December 1875.
34. James Whorton, *Crusaders for Fitness: The History of American Health Reformers* (Princeton, NJ: Princeton University Press, 2014).
35. "Springfield Bloomer Celebration by a Patient of the Water-Cure," *The Water-Cure Journal* (October 1851): 83–4.
36. Dress reformers, with their varying ways of approaching their clothing and their bodies, employed a wide range of rhetorical approaches in justifying their unconventional clothing. For more: Carol Mattingly, *Appropriate[ing] Dress: Women's Rhetorical Style in Nineteenth-Century America* (Carbondale, IL: Southern Illinois University Press, 2002); Gayle Fischer, *Power and Pantaloons: A Nineteenth-Century Dress Reform in the United States* (Kent, OH: Kent State University Press, 2001); and Catherine Smith and Cynthia Greig, *Women in Pants: Manly Maidens, Cowgirls, and Other Renegades* (New York City: Harry N. Abrams, Inc., 2003).
37. Examples of these paired images of fashionable and reform bodies—both men and women—can be found in the October 1851, November 1853, and October 1854 issues of *The Water-Cure Journal*.

38. See Alison Mathews David, *Fashion Victims: The Dangers of Dress Past and Present* (New York and London: Bloomsbury, 2015). I am grateful to Dr Matthews David in generously allowing me pre-publication access to her research.
39. Hollander, *Seeing Through Clothes*, 364.
40. Leigh Summers, *Bound to Please* (Oxford: Berg, 2001) and Steele, *The Corset*.
41. For an illustrated guide to nineteenth-century waistlines, refer to Richard Martin and Harold Koda, *Waist Not: The Migration of the Waist, 1800–1960* (New York: Metropolitan Museum of Art, 1994).
42. Summers, *Bound to Please*, 27.
43. *Lady's Gazette of Fashion* (July 1879).
44. Summers, *Bound to Please*, 66.
45. Ibid.
46. Kimberly Wahl, *Dressed as in a Painting: Women and British Aestheticism in an Age of Reform* (Durham, NH: University of New Hampshire Press, 2013), 10.
47. Mary Eliza Haweis, *The Art of Beauty* (New York: Harper & Brothers, 1878), 40.
48. Ibid., 31.
49. Wahl, *Dressed as in a Painting*, p. 11.
50. Ibid., p. 143.
51. Diana Crane, "Clothing behaviour as non-verbal resistance: Marginal women and alternative dress in the nineteenth century," in *The Fashion History Reader: Global Perspectives*, eds Giorgio Riello and Peter McNeil (London: Routledge, 2010), 339.
52. Frances Mary Steele and Elizabeth Livingston Steele Adams, *Beauty of Form and Grace of Vesture* (New York: Dodd, Mead, and Company, 1892), 78–9.
53. Ibid., 80.
54. Patricia Campbell Warner, *When the Girls Came Out to Play* (Amherst, MA: University of Massachusetts Press, 2006).
55. Ibid., 109–10, 137.

Chapter 4

1. See, in particular, the edited volumes of Linda B. Arthur, *Religion, Dress, and the Body* (Oxford and New York: Berg, 1999) and *Undressing Religion: Commitment and Conversion from a Cross-Cultural Perspective* (Oxford and New York: Berg, 2000), as well as Lynne Hume, *The Religious Life of Dress: Global Fashion and Faith* (London: Bloomsbury, 2013).
2. For a nineteenth-century historiography, see Robert Alexander Stewart Macalister, *Ecclesiastical Vestments: Their Development and History* (London: E. Stock, 1896). For a more contemporary consideration, see Janet Mayo, *A History of Ecclesiastical Dress* (London: Batsford, 1984).
3. Sally Dwyer-McNulty, *Common Threads: A Cultural History of Clothing in American Catholicism* (Chapel Hill: University of North Carolina Press, 2014), 8.
4. For this history, see Ralph Gibson, *A Social History of French Catholicism, 1789–1914* (London: Routledge, 1989).
5. The most significant of these French Marian apparitions include those to Catherine Labouré in Paris in 1830, Mélanie Calvat at La Salette in 1842 and Bernadette Soubirous in Lourdes in 1858.
6. Henry Rousseau, *William Joseph Chaminade, Founder of the Society of Mary*, trans. J.E. Garvin (Dayton: Brothers of Mary, 1914), 294.
7. William J.F. Keenan, "Clothed with Authority: The Rationalization of Marist Dress-Culture," in Linda B. Arthur, *Undressing Religion*, 88.
8. Elizabeth Kuhns, *The Habit: A History of the Clothing of Catholic Nuns* (New York: Doubleday, 2003), 17.

9. "There is a sect called Roman Catholics—a sect, that in my young days I was taught to look upon as monsters, capable of any crime in the calendar of human frailties, who have hospitals under their own charge, attended by? Sisters of Charity . . . If a soldier is dangerously sick, you will see . . . one of these heaven-born angels, ministering to his every want." "Hospital Scenes—Heartrending Sights," *Advocate*, January 23, 1863, cited in Katherine E. Coon, "The Sisters of Charity in Nineteenth-Century America: Civil War Nurses and Philanthropic Pioneers" (MA thesis: Indiana University, 2010), 131–2.
10. Ruth Vickers Clayton, "Clothing and the Temporal Kingdom: Mormon Clothing Practices, 1847–1887," (Ph.D. diss.: Purdue University, 1987), 40 and Gayle Veronica Fischer, "The Obedient and Disobedient Daughters of the Church: Strangite Mormon Dress as a Mode of Control," in *Religion, Dress, and the Body*, ed. Linda B. Arthur, 75.
11. This is true in both the case of the established Mormon community in Utah as well as the splinter Strangite Mormons in Michigan. For the former, see Clayton, "Clothing and the Temporal Kingdom" and for the latter, Fischer, "The Obedient and Disobedient Daughters of the Church."
12. Gayle V. Fischer, *Pantaloons and Power: A Nineteenth-Century Dress Reform in the United States* (Kent, OH: Kent State University Press, 2001), 75–6.
13. For an account of how this controversy played out in the courts, see Sarah Barringer Gordon, "The Mormon Question: Polygamy and Constitutional Conflict in Nineteenth-Century America," *Journal of Supreme Court History* 28, no. 1 (March 2003): 14–29.
14. Philippe Perrot, *Fashioning the Bourgeoisie: A History of Clothing in the Nineteenth Century*, trans. Richard Bienvenu (Princeton: Princeton University Press, 1994), 20.
15. *Cris*, such as the *Cris de Paris*, refer to both the calls of various merchants and the prints that depicted them in their specificity of dress. For a nineteenth-century compilation of *cris de Paris*, see Victor Fournel, *Le cris de Paris: Types et physiognomies d'autrefois* (Paris: Firmin-Didot, 1888).
16. Perrot, *Fashioning the Bourgeoisie*, 81–2.
17. For the extent of these editions, see Graeme Tytler, *Physiognomy in the European Novel: Faces and Fortunes* (Princeton: Princeton University Press, 1982); Melissa Percival and Graeme Tytler (eds), *Physiognomy in Profile: Lavater's Effect on European Culture* (Newark, DE: University of Delaware Press, 2005); and Sharrona Pearl, *About Faces: Physiognomy in Nineteenth-Century Britain* (Cambridge, MA: Harvard University Press, 2010).
18. For the relationship between Lavater's goals, connoisseurship, and artistic and art historical practice, see Joan K. Stemmler, "The Physiognomical Portraits of Johann Caspar Lavater," *The Art Bulletin* 75, no. 1 (March 1993): 151–68; Melissa Percival, *The Appearance of Character: Physiognomy and Facial Expression in Eighteenth-Century France* (Leeds: Modern Humanities Research Association, 1999); and Melissa Percival, "Johann Caspar Lavater: Physiognomy and Connoisseurship," *British Journal for Eighteenth-Century Studies* 26, no. 1 (March 2003): 77–90.
19. [Johann Caspar Lavater], *The Pocket Lavater, or, The Science of Physiognomy*, Second edition (New York: C. Wiley & Co., 1818), n.p.
20. Joan K. Stemmler, "The Physiognomical Portraits of Johann Caspar Lavater," 153.
21. Louis-Sébastien Mercier, *Tableau de Paris*, Nouv. éd., corr. & augm. (Amsterdam, 1782).
22. Ernest Desprez, *Paris, Ou Le Livre Des Cent-Et-Un* (Paris: Librairie Ladvocat, 1832); Jules Janin, *Les français peints par eux-mêmes: Encyclopédie morale du dix-neuvième siècle* (Paris: L. Curmer, [1840] 1862); and Louis Huart, *Physiologie de la grisette* (Paris: Aubert, 1841). For a sampling critical engagements with these texts and images as classificatory strategies, see Courtney Ann Sullivan, "Classification, Containment, Contamination, and the Courtesan: The Grisette, Lorette, and Demi-Mondaine in Nineteenth-Century French Fiction," (Ph.D. diss.: University of Texas at Austin, 2003); Denise Z. Davidson, "Making Society 'Legible': People-Watching in Paris after the Revolution," *French Historical Studies* 28, no. 2 (Spring 2005): 265–96; Jillian Taylor Lerner, "The French Profiled by Themselves: Social Typologies,

Advertising Posters, and the Illustrations of Consumer Lifestyles," *Grey Room* 27 (Spring 2007): 6–35; and Denise Amy Baxter "*Grisettes, Cocottes,* and *Bohèmes:* Fashion and Fiction in the 1820s," in *Fashion in Fiction: Text and Clothing in Literature, Film, and Television*, eds Peter NcNeil, Vicki Karaminas, and Catherine Cole (Oxford: Berg, 2009), 23–33.

23. John Conolly's "The Physiology of Insanity," originally published in *The Medical Times and Gazette* (1858), is reproduced in Sander L. Gilman (ed.), *The Face of Madness: Hugh W. Diamond and the Origin of Psychiatric Photography* (Secaucus, NJ: Citadel Press, 1976). For more on the photographs of Hugh Welch Diamond and the subsequent use to which the prints after them by John Conolly were used, see Adrienne Burrows and Iwan Schumacher, *Portraits of the Insane: The Case of Dr. Diamond* (London and New York: Quarto Books, [1979] 1990); and Andrée Leigh Flagollé, "The Demystification of Dr. Hugh Welch Diamond," (Ph.D. diss: University of New Mexico, 1994).
24. For an initial study of the power of dress within the nineteenth-century asylum context, see Jane Hamlett and Lesley Hoskins, "Comfort in Small Things? Clothing, Control, and Agency in County Lunatic Asylums in Nineteenth- and Early Twentieth-Century England," *Journal of Victorian Culture* 18, no. 1 (2013): 93–114.
25. For more on the photographic element of Dr. Barnardo's project see Valerie Lloyd, *The Camera and Dr. Barnardo* (London: National Portrait Gallery, 1974) and, more recently, the work of Susan Ash, such as "Heroin Baby: Barnardo's, Benevolence, and Shame," *Journal of Communication Inquiry* 32, no. 2 (2008): 179–200.
26. Similar texts circulated widely throughout Western Europe and the United States, with frequent translations and reprints. For an exploration of the profusion of etiquette guides within the French context during the Second Empire, see Perrot, *Fashioning the Bourgeoisie*, 88, 91.
27. Philip Nicholas Furbank and Alex M. Cain (eds), *Mallarmé on Fashion: A Translation of the Fashion Magazine, La Dernière Mode, with Commentary*, trans. Philip Nicholas Furbank and Alex M. Cain (Oxford and New York: Berg, 2004), 2016.
28. Explorations of the history of the wedding dress include Shelley Tobin, Sarah Pepper, and Margaret Willes, *Marriage à la Mode: Three Centuries of Wedding Dress* (London: The National Trust, 2003) and exhibition catalogs Edwina Erhman, *The Wedding Dress: 300 Years of Bridal Fashion* (London: V&A Publishing, 2014) and, for the American context, *American Brides: Inspiration and Ingenuity* (Denton, TX: Greater Denton Arts Council, 2014).
29. For details on the dress, see Kay Staniland and Santina M. Levey, "Queen Victoria's Wedding Dress and Lace," *Costume: The Journal of the Costume Society* 17 (1983): 1–32 and Jane Roberts, *Five Gold Rings: A Royal Wedding Souvenir Album from Queen Victoria to Queen Elizabeth II* (London: Royal Collection Publications, 2010). For the influence of the wedding of Queen Victoria and Prince Albert more generally, see Jennifer Phegley, *Courtship and Marriage in Victorian England* (Santa Barbara, CA: Praeger, 2012).
30. For an account of Queen Victoria and the media, see John Plunkett, *Queen Victoria: First Media Monarch* (Oxford: Oxford University Press, 2003).
31. The subsequent collaboration between Fenton and watercolorist Edward Henry Corbould in hand-coloring the albumen silver print rendered the scene even more nuptial, with the photographed pedestal now readable as an altar. Anne M. Lyden, *A Royal Passion, Queen Victoria and Photography* (J. Paul Getty Museum, 2014). For details of when Queen Victoria wore which parts of her bridal lace and when she allowed others to wear it, see Kay Staniland and Santina M. Levey, "Queen Victoria's Wedding Dress and Lace."
32. Eric Hobsbawm, "Introduction: Inventing Traditions," in *The Invention of Tradition*, eds Eric Hobsbawm and Terence Ranger (Cambridge: Cambridge University Press, 1983), 1.
33. *The Etiquette of Courtship and Matrimony: With a Complete Guide to the Forms of a Wedding* (London: David Bogue, 1852), 62; *The Mystery of Love, Courtship, and Marriage Explained* (New York: Wehman Bros., 1890).

34. For international reinterpretations of French fashion plates, see Karin J. Bohleke, "Americanizing French Fashion Plates: *Godey's* and *Peterson's* Cultural and Socio-Economic Translation of *Les Modes Parisiennes*," *American Periodicals: A Journal of History, Criticism, and Bibliography* 20, no. 2 (2010): 120–55. For specifically British commercial tie-ins, see Phegley, *Courtship and Marriage in Victorian England*, 108. For the rise of the wedding industry within the American context, see Vicki Jo Howard, "American Weddings: Gender, Consumption, and the Business of Brides" (Ph.D. diss., University of Texas, 2000) and Barbara Penner, "A Vision of Love and Luxury, the Commercialization of Nineteenth-Century American Weddings" *Winterthur Portfolio* 39, no. 1 (Spring 2004): 1–20.
35. For a survey of dress for these rites of passage, see Phillis Cunnington and Catherine Lucas, *Costumes for Births, Marriages, and Deaths* (London: A.&C. Black, 1972). For the relationships between invented traditions and commercial culture within the American context, see Leigh Eric Schmidt, *Consumer Rites: The Buying & Selling of American Holidays* (Princeton: Princeton University Press, 1995).
36. The key text for understanding mourning dress is Lou Taylor, *Mourning Dress: A Costume and Social History* (New York: Routledge, [1983] 2010). See also Anne Buck, "The Trap Re-Baited: Mourning Dress 1860–1890," *Costume* 2, no. 1 (March 1968): 32–7 and, for mourning jewelry, Patricia Campbell Warner, "Mourning and Memorial Jewelry of the Victorian Age," *Dress* 12 (1986), 55–60.
37. To take as a single example, what was printed as a letter from Mme L . . . ., TOULOUSE to *La Dernière mode*, published in the October 4, 1874 issue in which the author—Mallarmé—replies, "For you will be glad to question me on the strict etiquette of mourning: black cashmere and crêpe during the first six months, black silk and smooth black crêpe during the six which follow; finally, grey, violet or black during the last six weeks. Yes, one wears mourning for a father-in-law just as for a father." Philip Nicholas Furbank and Alex M. Cain, eds, *Mallarmé on Fashion*, 86–7.
38. Annette Becker, "Walker's Mourning Ensemble: Mourning Practices and Local Culture in Late Nineteenth-Century Aberdeen, Mississippi," unpublished ms., 2013.
39. In "The Trap Re-Baited," Anne Buck claims that "Letters to women's journals reveal that the etiquette of mourning was a matter of concern to many who, not accustomed to its rules and restrictions, were anxious not to transgress them," 32–7. Yet, as mourning was a consistently repeating occurrence, the anxiety appears generated rather than relieved by women's journals. Buck also points to the formation in England in 1875 of The National Funeral Mourning Reform Association to address issues of "excessive mourning" becoming conventionalized to the financial detriment of the populace—save the funeral industry, 37.
40. Lou Taylor, *Mourning Dress*, 188.
41. See James Steven Curl, "Funerals, Ephemera, and Mourning," in *The Victorian Celebration of Death* (Thrupp: Sutton, 2000), 194–221. For mourning culture and the technological transformations—such as embalming—that came about in order to deal with the deaths of 620,000 American soldiers, see Mark S. Schantz, *Awaiting the Heavenly Country: The Civil War and America's Culture of Death* (Ithaca and London: Cornell University Press, 2008).
42. Lou Taylor, *Mourning Dress*, 136.
43. J.C. Flügel, *The Psychology of Clothes* (London: Hogarth Press and the Institute of Psycho-analysis, [1930] 1950), 111.
44. Flügel, *The Psychology of Clothes*, 110–11.
45. For an exploration of the relatively hushed manifestation of masculine sartorial display in the era, see Christopher Breward, "Renouncing Consumption: Men, Fashion, and Luxury, 1870–1914," in *Defining Dress: Dress as Object, Meaning, and Identity*, eds Amy de la Haye and Elizabeth Wilson (Manchester and New York: Manchester University Press, 1999), 48–62.
46. Perrot, *Fashioning the Bourgeoisie*, 127.

47. Deborah Cherry and Griselda Pollock, "Woman as Sign in Pre-Raphaelite Literature: The Representations of Elizabeth Siddal," in *Vision and Difference: Femininity, Feminism, and the Histories of Art*, ed. Griselda Pollock (London and New York: Routledge, 1988), 113.
48. Abigail Solomon-Godeau, "The Other Side of Venus: The Visual Economy of Feminine Display," in *The Sex of Things: Gender and Consumption in Historical Perspective*, ed. Victoria de Grazia (Berkeley: University of California Press, 1996), 113–50.
49. See also Kaja Silverman, "Fragments of a Fashionable Discourse," in *Studies in Entertainment: Critical Approaches to Mass Culture*, ed. Tania Modleski (Bloomington: Indiana University Press, 1986), 139–52.
50. Veblen explicitly points to the display aspect of the wife, describing her "vicarious leisure and consumption." Thorstein Veblen, *The Theory of the Leisure Class* (Oxford and New York: Oxford University Press, [1899] 2007), 57.
51. For other analyses of the corset, see the contributions of both Annette Becker and Ariel Beaujot in this volume.
52. Veblen, *The Theory of the Leisure Class*, 58 and Helene E. Roberts, "The Exquisite Slave: The Role of Clothes in the Making of the Victorian Woman," *Signs* 2, no. 3 (Spring 1977): 554–69.
53. William Tait, *Magdalenism: An Inquiry into its Extent, Causes, and Consequences of Prostitution in Edinburgh* (Edinburgh: P. Rickard, 1840), 63.
54. Susan Buck-Morss, "The Flâneur, the Sandwichman, and the Whore: The Politics of Loitering," *New German Critique* 13, no. 39 (Fall 1986): 120.
55. Legally regulated *maisons de tolerance* began in France around 1810. Women twice caught soliciting were obliged to register as prostitutes and take up residence in one of these establishments. For the French context, see Alain Corbin, *Women for Hire: Prostitution and Sexuality in France after 1850*, trans. Alan Sheridan (Cambridge, MA: Harvard University Press, [1978] 1990); Alexandre Parent-Duchâtelet, *La Prostitution à Paris au XIXe siècle*, ed. Alain Corbin (Paris: Éditions du Seuil, 1981); and Jill Harsin, *Policing Prostitution in Paris in the 19th Century* (Princeton: Princeton University Press, 1985). For the British context, see Judith R. Walkowitz, *Prostitution and Victorian Society: Women, Class, and the State* (Cambridge: Cambridge University Press, 1979).
56. Lynda Nead, *Myths of Sexuality: Representations of Women in Victorian Britain* (Oxford: Basil Blackwell, 1988), 92. See also Nead's later work, *Victorian Babylon: People, Streets and Images in Nineteenth-Century London* (New Haven and London: Yale University Press, 2000).
57. Hollis Clayson, *Painted Love: Prostitution in French Art of the Impressionist Era* (New Haven and London: Yale University Press, 1991), 58.
58. William Acton, *Prostitution Considered in its Moral, Social and Sanitary Aspects in London and Other Large Cities and Garrison Towns with Proposals for the Control and Prevention of its Attendant Evils* (London: John Churchill and Sons, 1857), 56.
59. "Quelle difference y-a-t-il à première vue, entre une grande dame et une petite dame? Leur costume est le même, ells vont au bois à la même heure, ells reçoivent les mêmes Messieurs . . ." Lithograph reproduced in Charles Bernheimer, *Figures of Ill Repute: Representing Prostitution in Nineteenth-Century France* (Cambridge, MA: Harvard University Press, 1989), 91.
60. "Peut-on et doit-on obliger les prostituées à porter un costume particulier?" Alexandre-Jean-Baptiste Parent-Duchâtelet, *De la prostitution dans la ville de Paris*, 3rd ed. (Paris: J.-B. Ballière et fils, 1857), 338.
61. Clayson, *Painted Love*, 56.
62. Tait, *Magdalenism*, 87.
63. Henry Mayhew, *London Labour and the London Poor*, vol. 4 (London: Griffin, Bohn & Co., 1862), 214.
64. Theodore Dreiser, *Sister Carrie* (New York: Doubleday, 1900). For a classic study of the manifestations of consumer culture in contemporary literature, see Rachel Bowlby, *Just*

Looking: Consumer Culture in Dreiser, Gissing, and Zola (New York: Methuen, 1985). For British representations of the "fallen woman," see Linda Nochlin, "Lost and Found: Once More the Fallen Woman," *Art Bulletin* 60, no. 1 (March 1978): 139–53. For an exploration of medical and political discourses framing the construction of a "love of finery" as causal to prostitution, see Mariana Valverde, "The Love of Finery: Fashion and the Fallen Woman in Nineteenth-Century Social Discourse," *Victorian Studies* 32, no. 2 (1989): 168–88.

65. Émile Zola, *The Ladies' Paradise: A Realistic Novel* (London: Vizetelly & Co., [1883] 1886), 8.
66. Peter Stallybrass, "Marx's Coat," in *Border Fetishisms: Material Objects in Unstable Spaces*, ed. Patricia Spyer (London: Routledge, 1998), 183–207.
67. For more on the second-hand circulation of clothes in the British context, see Vivienne Richmond, *Clothing the Poor in Nineteenth-Century England* (Cambridge: Cambridge University Press, 2013), as well as her chapter in this volume.
68. For an exploration of middle class women who did not "fall" into prostitution, but shoplifting instead, see Elaine S. Abelson, *When Ladies Go a-Thieving: Middle-Class Shoplifters in the Victorian Department Store* (New York and Oxford: Oxford University Press, 1989).
69. Michael B. Miller, *The Bon Marché: Bourgeois Culture and the Department Store, 1869–1920* (Princeton: Princeton University Press, 1981), 3.
70. See Louisa Iarocci, "Dressing Rooms: Women, Fashion, and the Department Store," in *The Places and Spaces of Fashion, 1800–2007*, ed. John Potvin (New York and London: Routledge, 2009), 169–85 and Christopher Breward, "Images of Desire: The Construction of the Feminine Consumer in Women's Fashion Journals, 1875–1890" (MA thesis: Royal College of Art, 1992).
71. Erika Diane Rappaport, *Shopping for Pleasure: Women in the Making of London's West End* (Princeton: Princeton University Press, 2000).

Chapter 5

1. Anne Oakley, *Sex, Gender, and Society* (London: Temple Smith, 1979); Sherry B. Ortner, *Making Gender: The Politics and Erotics of Culture* (Boston: Beacon Press, 1996); Robert Stoller, *Sex and Gender: On the Development of Masculinity and Femininity* (London: Hogarth Press Institute of Psychoanalysis, 1968). Many second wave feminist thinkers have made the argument that sex and gender are different phenomenon. Sex is defined by them as the biological difference between men and women in terms of genitalia and reproductive functions. Gender is defined as the cultural construction of masculinity and femininity. More recently it has been shown by scholars such as Judith Butler and Thomas Laqueur that sex has been culturally constructed. For Butler this has been done through the creation of the heterosexual normativity and Laqueur has made the argument for sex as a cultural construction by historicizing the one- and two-sex models. Thomas Walter Laqueur, *Making Sex: Body and Gender from the Greeks to Freud* (Cambridge: Harvard University Press, 2003); Judith Butler, *Gender Trouble: Feminism and the Subversion of Identity* (New York: Routledge, 1990).
2. Butler, *Gender Trouble*, viii.
3. Ibid., viii.
4. Ibid., viii–ix.
5. Joanne Entwistle, *The Fashioned Body: Fashion, Dress and Modern Social Theory* (Cambridge: Polity Press, 2000), 152.
6. Anne Hollander, *Sex and Suits* (New York: Alfred A. Knopf, 1994), 66.
7. For an overview about the ways in which finery and fashion were depicted as vices and attached to women through Christian texts and interpretations see: Efrat Tseëlon, *The Masque of Femininity: The Presentation of Woman in Everyday Life* (London: Sage, 1997), 12–16.

8. Laqueur, *Making Sex*.
9. Leonore Davidoff and Catherine Hall, *Family Fortunes: Men and Women of the English Middle Classes* (London: Hutchinson, 1987).
10. Thorstein Veblen, *The Theory of the Leisure Class: An Economic Study of Institutions* (New York: Macmillan, 1953); J.C. Flügel, *The Psychology of Clothes* (London: Hogarth Press, 1930).
11. Valerie Steele, *Fetish: Fashion, Sex, and Power* (Oxford: Oxford University Press, 1996), 22.
12. Entwistle, *The Fashioned Body*, 183.
13. Steele, *Fetish*, 9.
14. Sigmund Freud, *Three Contributions to the Theory of Sex*, trans. Abraham Brill (Auckland: The Floating Press, 2003), 45.
15. Ibid., 27–8.
16. Sigmund Freud, "Fetishism," trans. J. Strachey, in *The Complete Psychological Works of Sigmund Freud* XXI (London: Hogarth and the Institute of Psychoanalysis), 153–4.
17. Michel Foucault, *The History of Sexuality Volume I: An Introduction*, trans. Robert Hurley (New York: Vintage Books, 1990), 127–8.
18. Foucault, *The History of Sexuality Volume I*, 154.
19. Butler, *Gender Trouble*, 11. Butler criticizes feminists for essentializing womanhood, or thinking of women as having particular traits she calls maternal. For Butler, this understanding of womanhood is false because sex/gender is an illusion. The maternal feminist position has become powerful and hegemonic, according to Butler, and the framework reinforces the idea of masculinity and femininity as real positions rather than cultural constructs. See Butler, 84.
20. Ibid., 180.
21. Ibid., 67.
22. Ibid., 58.
23. Ibid., 90.
24. Ibid., 172–3.
25. Ibid., 187.
26. Ibid., 179.
27. Matt Houlbrook, "'The Man with the Powder Puff' in Interwar London," *The Historical Journal* 50, no. 1 (March, 2007): 147–71.
28. Flügel, *The Psychology of Clothes*, 111.
29. Ibid., 113.
30. This argument is also made by American sociologist Thorstein Veblen. Veblen, *The Theory of the Leisure Class*.
31. Flügel, *The Psychology of Clothes*, 118.
32. Hollander, *Sex and Suits*, 65–6, 79.
33. Hardy Amies, *The Englishman's Suit* (London: Quartet Books, 1994), 2–3.
34. David Kuchta, "The Making of the Self-Made Man: Class, Clothing and English Masculinity, 1688–1832," in *The Sex of Things: Gender and Consumption in Historical Perspective*, eds Victoria de Grazia and Hellen Furlough (Berkeley: University of California Press, 1996), 55–62. See also David Kuchta, *The Three-Piece Suit and Modern Masculinity England, 1550–1850* (Berkley: University of California Press, 2002).
35. Christopher Breward, *The Hidden Consumer: Masculinities, Fashion, and City Life 1860–1914* (Manchester: Manchester University Press, 1999); Brent Shannon, *The Cut of His Coat: Men, Dress, and Consumer Culture in Britain, 1860–1914* (Athens: Ohio University Press, 2006); Brent Shannon, "Refashioning Men: Fashion, Masculinity, and the Cultivation of the Male Consumer in Britain, 1860–1914," *Victorian Studies* 46, no. 4 (Summer, 2004): 596–630.
36. Ariel Beaujot, "If you want to get ahead, get a hat: Manliness, power, and politics via the top hat," forthcoming.

37. For a discussion of dandies in real life and fiction see Rhonda K. Garelick, *Rising Star: Dandyism, Gender, and Performance in the Fin De Siècle* (Princeton: Princeton University Press, 1998), 6–10. The first dandy is said to have been Coke of Norfolk, a British landowner who rode to London in the 1760s and had a meeting with King George wearing his riding clothes. Riding clothes, according to Amies, was the origin of the three-piece suit, the future dandy uniform. Amies, *The Englishman's Suit;* Susan Fillin-Yeh, "Introduction: New Strategies for a Theory of Dandies" in *Dandies: Fashion and Fineness in Art and Culture* (New York: New York University Press, 2001), 8.
38. Shannon, *The Cut of his Coat*, 130. For information on how clothes were made so that men appeared like Greek athletes see Hollander, *Sex and Suits*, 90–1.
39. Shannon, *The Cut of his Coat,* 130.
40. Garelick, *Rising Star*, 3; Christopher Breward, "The Dandy Laid Bare: Embodying practices and fashion for men," in *Fashion Cultures: Theories, Explorations, and Analysis,* eds Stella Bruzzi and Pamela Church Gibson (London: Routledge, 2000), 223.
41. Garelick, *Rising Star*, 3.
42. Susan Fillin-Yeh, *Dandies: Fashion and Finesse in Art and Culture* (New York: New York University Press, 2001), 4.
43. Garelick, *Rising Star*, 5.
44. Shannon, *The Cut of his Coat*, 131; for a discussion of types of ideal masculinity see Christopher Breward, "Renouncing consumption: Men, fashion and luxury, 1870–1914," in *Defining Dress: Dress as Object, Meaning, and Identity,* eds Amy de la Haye and Elizabeth Wilson (Manchester: Manchester University Press, 1999), 53.
45. Ellen Moers, *The Dandy: Brummel to Beerbohm* (London: Secker and Warburg, 1960), 229.
46. James Eli Adams, "Dandyism and late Victorian masculinity," in *Oscar Wilde in Context,* eds Kerry Powell and Peter Raby (Cambridge: Cambridge University Press, 2013), 223–4.
47. "Mr. Oscar Wilde," *Freeman's Journal and Daily Commercial Advertiser* (Dublin, Ireland), Tuesday, February 21, 1882: 7.
48. "Mr. Oscar Wilde," *Freeman's Journal and Daily Commercial Advertiser* (Dublin, Ireland), Tuesday, February 21, 1882: 7. See also David Friedman, *Wilde in America: Oscar Wilde and the Invention of Modern Celebrity* (New York: W.W Norton & Co., 2014).
49. Sean Nixon, "Exhibiting Masculinity," in *Representation: Cultural Representations and Signifying Practices*, ed. Stuart Hall (Thousand Oaks: Sage, 1997), 297; Jon Stratton, *The Desirable Body* (Manchester: Manchester University Press, 1996), 120–1, 182.
50. Shannon, *The Cut of his Coat*, 158.
51. Breward, "The Dandy Laid Bare," 231.
52. Ibid., 232.
53. Shannon, *The Cut of his Coat*, 132–46.
54. Steele, *The Corset*, 33.
55. Ibid., 44, 52. For more details about the size of Victorian waists see Christine Bayles Kortsch, *Dress Culture in Late Victorian Women's Fiction: Literacy, Textiles, and Activism* (Surrey: Ashgate, 2009), 75.
56. Entwistle, *The Fashioned Body*, 196.
57. Steele, *The Corset*, 26–7, 36.
58. Ibid., 15–16. While the French called their corsets "corps" early English corsets were similarly called "whalebone bodies."
59. Ibid., 60; Jill Fields, *An Intimate Affair: Women, Lingerie, and Sexuality* (Berkeley: University of California Press, 2007), 62.
60. Steele, *The Corset*, 6.
61. Ibid., 12.
62. Hollander, *Sex and Suits*, 139.
63. Steele, *The Corset*, 13.

64. Hollander, *Sex and Suits*, 138–40.
65. Steele, *The Corset*, 28, 36.
66. Leigh Summers, *Bound to Please: A History of the Victorian Corset* (Oxford: Berg, 2001); Lois Banner, *American Beauty* (New York: Knopf, 1983), 48–9.
67. Veblen, *The Theory of the Leisure Class*, 172.
68. Hélène Roberts, "The Exquisite Slave: The Role of Clothes in the Making of the Victorian Woman," *Signs* 2, no. 3 (Spring 1977): 557.
69. David Kunzle, *Fashion and Fetishism: Corsets, Tight Lacing, and other Forms of Body Sculpture* (New York: Rowman and Littlefield, 1982), 2.
70. David Kunzle, "Dress Reform as Antifeminism: A Response to Hélène E. Roberts's 'The Exquisite Slave: The Role of Clothes in the Making of Victorian Women,"' *Signs* 2, no. 3 (Spring, 1977): 570–9.
71. Hollander, *Sex and Suits*, 140–1.
72. Steele, *The Corset*, 50–1.
73. Michel Foucault, *Discipline and Punish: The Birth of the Prison*, trans. Alan Sheridan (New York: Vintage Books, 1979), 25–6.
74. Fields, *An Intimate Affair*, 48.
75. Havelock Ellis, "An Anatomical Vindication of the Straight Front Corset," *Current Literature*, 48 (February, 1910): 172–4.
76. Ellis, "An Anatomical Vindication of the Straight Front Corset."
77. Valerie Steele, *Fashion and Eroticism: Ideals of Feminine Beauty from the Victorian Era to the Jazz Age* (New York: Oxford University Press, 1985), 169.
78. Mme. Roxey A. Caplin, *Health and Beauty; or corsets and clothing constructed in accordance with the physiological laws of the human body* (London: Darton & Co., 1854) as quoted in Steele, *The Corset*, 41.
79. Patricia Anderson, *When Passion Reigned: Sex and the Victorians* (New York: BasicBooks, 1995), 31.
80. Steele, *Fashion and Eroticism*, 161, 176.
81. Ibid., 176.
82. Ibid., p. 176; Steele, *The Corset*, 45–6; Anderson, *When Passion Reigned*, 32.
83. Entwistle, *The Fashioned Body*, 196.
84. Elizabeth Wilson, *Adorned in Dreams: Fashion and Modernity* (Berkeley: University of California Press, 1987), 97.
85. Steele, *Fetish*, 58. Hollander also views tight lacing as uncommon, Hollander, *Sex and Suits*, 141.
86. Steele, *Fetish*, 59.
87. A Male Wasp Waist, *The Family Doctor* (June 26, 1886), 263, as quoted in Valerie Steele, *Fashion and Eroticism*, 180.

Chapter 6

1. Wilkie Collins, *The Moonstone* (London: Penguin, [1868] 1994), 198.
2. Beverly Lemire, *The Business of Everyday Life: Gender, Practice, and Social Politics in England, c. 1600–1900* (Manchester: Manchester University Press, 2005), 110.
3. John Styles, *The Dress of the People: Everyday Fashion in Eighteenth-Century England* (New Haven and London: Yale University Press, 2007), 109.
4. Beverly Lemire, *Cotton* (Oxford: Berg, 2011), 126.
5. Robert Woods, *The Population of Britain in the Nineteenth Century* (Cambridge: Cambridge University Press, 1995), 10, 15.
6. Mark Blaug, "The Myth of the Old Poor Law and the Making of the New," *The Journal of Economic History* 23, no. 2 (June 1963): 151–84; Jose Harris, *Private Lives, Public Spirit: Britain 1870–1914* (London: Penguin, 1994), 41–3, 127; Woods, *Population of Britain*, 14.

7. Dudley Pope, *Life in Nelson's Navy* (London: Allen and Unwin, 1981), 163; Diana de Marly, *Working Dress: A History of Occupational Costume* (London: Batsford, 1986), 7; Vanda Foster, *A Visual History of Costume: The Nineteenth Century* (London: Batsford, 1992), 15.
8. Brian Maidment, "101 Things to do with a Fantail Hat: Dustmen, Dirt, and Dandyism, 1820–1860," *Textile History* 33, no. 1 (May 2002): 86.
9. Vivienne Richmond, *Clothing the Poor in Nineteenth-Century England* (Cambridge: Cambridge University Press, 2013), 123–4. See also Angela V. John, *By the Sweat of Their Brow: Women Workers at the Victorian Coal Mines* (London: Croom Helm, 1980).
10. Styles, *The Dress of the People*, 31–45.
11. For the growing working-class use of cotton fabrics in the eighteenth century, see Styles, *Dress of the People*, Chapter 7 and Beverly Lemire, *Fashion's Favourite: The Cotton Trade and the Consumer in Britain, 1660–1800* (Oxford: Pasold Research Fund and Oxford University Press, 1991), 96–108.
12. Edward Boys Ellman, *Recollections of a Sussex Parson* (London: Skeffington & Son, 1912), 21, 23.
13. Lemire, *Cotton*, 26.
14. Ibid., 58–60.
15. Jan de Vries, *The Industrious Revolution: Consumer Behavior and the Household Economy, 1650 to the Present* (Cambridge: Cambridge University Press, 2008), 137.
16. Friedrich Engels, *The Condition of the Working Class in England* (London: Penguin, [1845] 1987), 102.
17. Before decimalization in 1971, Britain used a monetary system of pounds (£), shillings (s), and pence (d). There were twelve pence/12d to one shilling/1s, and twenty shillings/20s to one pound/£1. Decimalization replaced this with a system of new pence and pounds (no shillings), in which one hundred new pence (100p) equals one pound (£1); 2½d were worth approximately 1p.
18. Engels, *The Condition of the Working Class*, 103.
19. Mary Thale (ed.), *The Autobiography of Francis Place* (Cambridge: Cambridge University Press, 1972), 51–2. Linsey woolsey was a flax and wool mix fabric, subsequently cotton and wool, often home-woven and coarse.
20. Engels, *The Condition of the Working Class*, 102.
21. Sarah Levitt, "Cheap Mass-produced Men's Clothing in the Nineteenth and Early Twentieth Centuries," *Textile History* 22, no. 2 (January 1991): 179–80.
22. See, for example, *The Family Economist* 1 (1854): 22.
23. Engels, *The Condition of the Working Class*, 102–3.
24. For an introduction to the 1832 Reform Act, see Eric J. Evans, *The Great Reform Act of 1832* (London: Methuen, 1983).
25. For an introduction to the Poor Law, see Anne Digby, *The Poor Law in Nineteenth-century England and Wales* (London: The Historical Association, 1982). For an introduction to Chartism, see Malcolm Chase, *Chartism: A New History* (Manchester: Manchester University Press, 2007).
26. Paul Pickering, "Class Without Words: Symbolic Communication in the Chartist movement," *Past and Present* 112 (August 1986): 144–62. The Chartists had six aims, contained in the People's Charter from which the movement's name derived: universal male suffrage, equal-sized electoral districts, vote by secret ballot, payment for MPs, no property qualification to stand as an MP. The sixth, annual Parliaments, has never been introduced.
27. John Belchem, *Popular Radicalism in Nineteenth-Century Britain* (Basingstoke: Macmillan, 1996), 93–4. See also Lemire, *Business of Everyday Life*, 132–3.
28. Lemire, *Cotton*, 126–7.
29. A Journeyman Engineer, *Some Habits and Customs of the Working Classes* (London: Tinsley Brothers, 1867), 188–9.

30. F.K. Prochaska, "Philanthropy," in *The Cambridge Social History of Britain 1750–1950*, vol. 3., ed. F.M.L. Thompson (Cambridge: Cambridge University Press, 1990), 357.
31. Steven King and Christiana Payne, "The Dress of the Poor," *Textile History* 33, no. 1 (May 2002): 3.
32. Richmond, *Clothing the Poor*, 134–5; Laura Ugolini, *Men and Menswear: Sartorial Consumption in Britain 1880–1939* (Aldershot: Ashgate, 2007), 29.
33. Steven King, *Poverty and Welfare in England 1700–1850* (Manchester University Press, 2000), 158; Eric J. Evans, *The Forging of the Modern State: Early Industrial Britain 1783–1870* (Harlow: Longman, 1983), 402.
34. Richmond, *Clothing the Poor*, 189–93.
35. Ibid., 272–8.
36. Boyd Hilton, *The Age of Atonement: The Influence of Evangelicalism on Social and Economic Thought, 1795–1865* (Oxford: Clarendon, 1988).
37. Samuel Smiles, *Self-Help; With Illustrations of Character and Conduct* (Boston: Tickner & Fields [1859] 1861), 285.
38. F.K. Prochaska, *Women and Philanthropy in 19th Century England* (Oxford: Clarendon Press, 1980).
39. F.K. Prochaska, "A Mother's Country: Mothers' Meetings and Family Welfare in Britain, 1850–1950," *History* 74, no. 242 (1989): 390.
40. Collins, *The Moonstone*, 198–9.
41. Richmond, *Clothing the Poor*, Ch. 8.
42. Prochaska, "A mother's country."
43. Richmond, *Clothing the Poor*, 193–211.
44. A Lady, *The Workwoman's Guide Containing Instructions to the Inexperienced in Cutting out and Completing Those Articles of Wearing Apparel, &c, Which are Usually Made at Home* (London: Simpkin, Marshall and Co.; Birmingham: Thomas Evans, 1838), 16, 29.
45. *Rules for the Clothing Club at Stutton* (Ipswich, 1833).
46. Ibid.
47. *The Fifth Annual Report of the Ladies' Benevolent Society, Liverpool* (Liverpool, 1815), 9; *St. Jude's, S. Kensington Parish Magazine* 11, no. 1 (1894). Linsey was a shortened form of linsey-woolsey. Grogram was a coarse fabric of silk, or silk mixed with wool and mohair.
48. It must be acknowledged that sincere evangelicals decried the wearing of finery by all classes, but not all evangelicals were sincere.
49. Jennifer Craik, *Uniforms Exposed: From Conformity to Transgression* (Oxford: Berg, 2005), 4.
50. Except when parents (or other close relatives) and children were employed in the same factories. See Jan Lambertz, "Sexual Harassment in the Nineteenth Century English Cotton Industry," *History Workshop Journal* 19 (1985), 29–61.
51. Richmond, *Clothing the Poor*, 144–5, 148–9.
52. *Census of Great Britain, 1851. Population Tables. II. Ages, Civil Condition, Occupations, and Birth-place of the People: With the Numbers and Ages of the Blind, the Deaf-and-Dumb, and the Inmates of Workhouses, Prisons, Lunatic Asylums, and Hospitals, Vol. I*, (London: HMSO, 1854), cxxii, cxxvi.
53. *Census of England and Wales. 1901. General Report with Appendices* (London: HMSO, 1904), 272, 278.
54. Edward Higgs, "Domestic Service and Household production," in *Unequal Opportunities: Women's Employment in England 1800–1918*, ed. Angela V. John (Oxford: Basil Blackwell, 1986), 125–50; Theresa M. McBride, *The Domestic Revolution: The Modernisation of Household Service in England and France, 1820–1920* (London: Croom Helm, 1976), 20. For an excellent general introduction to nineteenth-century domestic service see also *Useful Toil: Autobiographies of Working People From the 1820s to the 1920s*, ed. John Burnett (London: Routledge, 1994), 127–71.
55. Lemire, *Fashion's Favourite*, 96.

56. Burnett, *Useful Toil*, 144–5.
57. Emma Leslie, *Myra's Pink Dress* (London: Sunday School Union, 1873).
58. John Trusler, *Trusler's Domestic Management, or the Art of Conducting a Family, with Economy, Frugality & Method* (Bath: 1819), 41, 56.
59. Anon. [The Brothers Mayhew], *The Greatest Plague of Life: or The Adventures of a Lady in Search of a Good Servant* (Philadelphia: Carey and Hart, 1847), 55–6, 124.
60. Anon., *The New Female Instructor. Or, Young Woman's Guide to Domestic Happiness; Being an Epitome of all the Acquirements Necessary to Form the Female Character, in Every Class of Life: With Examples of Illustrious Women, etc.* (London: Thomas Kelly, 1824), 373; Anon., *The Management of Servants. A Practical Guide to the Routine of Domestic Service* (London: Warne and Co., 1880), 79.
61. Alison Adburgham, *Shops and Shopping 1800–1914: Where and in What Manner the Well-dressed Englishwoman Bought Her Clothes*, 2nd ed. (London: Allen & Unwin, 1981), 195.
62. Anon., *Every Woman's Encyclopaedia* (London: Amalgamated Press, 1910–11), 14.
63. John Burnett (ed.), *Destiny Obscure: Autobiographies of Childhood, Education and Family from the 1820s to the 1920s* (London: Routledge, 1994), 308.
64. William Lanceley, *From Hall-Boy to House Steward* (London: E. Arnold, 1925), 190.
65. *Daily News*, 9 September 1897: 6.
66. For a discussion of these challenges, and for examples of wealthier people adopting working-class dress styles, see Richmond, *Clothing the Poor*, 42–50. Philippe Perrot also points out men's exchange of breeches for trousers as an example of the upward spread of a plebeian dress style. Philippe Perrot, *Fashioning the Bourgeoisie: A History of Clothing in the Nineteenth Century* (Princeton: Princeton University Press, 1994), 31.
67. Richmond, *Clothing the Poor*, 220.
68. Prochaska, "Philanthropy," 366.
69. Anna Davin, *Growing Up Poor: Home, School and Street in London 1870–1914* (London: Rivers Oram, 1996), 69–74; Ellen Ross, *Love and Toil: Motherhood in Outcast London, 1870–1918* (Oxford: Oxford University Press, 1993), 12.
70. Richmond, *Clothing the Poor*, 130–4.
71. *Census of Great Britain, 1851. Population Tables. II*, cxxii, cxxvi.
72. Herbert P. Miller, *The Scarcity of Domestic Servants; The Cause and Remedy. With a Short Outline of the Law Relating to Master and Domestic Servant* (London, 1876), 16–17.
73. Richmond, *Clothing the Poor*, 223–41.

Chapter 7

1. Mary Ellen Roach-Higgins and Joanne B. Eicher, "Dress and Identity," *Clothing and Textiles Research Journal* 10, no. 4 (1992): 2.
2. Joanne B. Eicher and Barbara Sumberg, "World Fashion, Ethnic and National Dress," in *Dress and Ethnicity: Change Across Space and Time*, ed. Joanne B. Eicher (Oxford: Berg, 1995), 299.
3. See Elizabeth Wilson, *Adorned in Dreams: Fashion and Modernity* (Berkeley: University of California Press, 1987); Fred Davis, *Fashion, Culture, and Identity* (Chicago: University of Chicago Press, 1992); and Diana Crane, *Fashion and Its Social Agendas* (Chicago: University of Chicago Press, 2000).
4. See Leslie W. Rabine, *The Global Circulation of African Fashion* (Oxford: Berg, 2002); Jennifer Craik, *The Face of Fashion: Cultural Studies in Fashion* (London: Routledge, 1993); and Suzane Baizerman, Joanne B. Eicher, and Catherine Cerny, "Eurocentrism in the Study of Ethnic Dress," in *The Visible Self: Global Perspectives on Dress, Culture, and Society*, eds, Joanne B. Eicher, Sandra Lee Evenson, and Hazel A. Lutz (New York: Fairchild, 2008).
5. Jan Morris, *Pax Britannica: The Climax of Empire* (London: Penguin, 1979), 46.
6. Eric J. Hobsbawm, *The Age of Empire: 1875–1914* (New York: Vintage, 1989), 14.

7. Stephen E. Cornell and Douglas Hartmann, *Ethnicity and Race: Making Identities in a Changing World* (Thousand Oaks, CA: Sage, 2007), 20.
8. See Christopher Breward, *The Culture of Fashion* (Manchester: Manchester University Press, 1995), 8–40 and Wilson, *Adorned in Dreams*, 16–26.
9. Ruth Benedict, "Dress," in *Fashion Foundations: Early Writings on Fashion and Dress*, eds, Kim K.P. Johnson, Susan J. Torntore, and Joanne B. Eicher (Oxford: Berg, 2003), 29–34.
10. See Baizerman, Eicher, and Cerny, "Eurocentrism in the Study of Ethnic Dress."
11. See Michael Banton, *Racial Theories* (Cambridge: Cambridge University Press, 1998) and Richard Jenkins, *Rethinking Ethnicity* (London: Sage, 2008).
12. See Christine Bolt, *Victorian Attitudes to Race* (London: Routledge and Kegan Paul, 1971) and Stephen Jay Gould, *The Mismeasure of Man* (London: Penguin Books, 1997).
13. Charles Darwin, *The Descent of Man* (London: John Murray, 1871).
14. Sophie White, *Wild Frenchmen and Frenchified Indians: Material Culture and Race in Colonial Louisiana* (Philadelphia: University of Pennsylvania Press, 2012), 1.
15. Helen Bradley Foster, *"New Raiments of Self": African American Clothing in the Antebellum South* (Oxford: Berg, 1997), 134.
16. Jenkins, *Rethinking Ethnicity*, 111–27.
17. Foster, *"New Raiments of Self,"* 1–4.
18. Sarah Cheang, "Roots: Hair and Race," in *Hair: Styling, Culture, and Fashion*, eds, Geraldine Biddle-Perry and Sarah Cheang (Oxford: Berg, 2008), 31–2.
19. See Shane White and Graham White, *Stylin': African American Expressive Culture from Its Beginnings to the Zoot Suit* (Ithaca, NY: Cornell University Press, 1998).
20. Foster, *"New Raiments of Self,"* 136–7.
21. Ibid., 139.
22. Ibid.
23. Ibid., 78.
24. See White and White, *Stylin'*, and Monica L. Miller, *Slaves to Fashion: Black Dandyism and the Styling of Black Diasporic Identity* (Durham: Duke University Press, 2009).
25. Miller, *Slaves to Fashion*, 85–7.
26. Ibid., 90.
27. White and White, *Stylin'*, 85–124.
28. Cited in White and White, *Stylin'*, 94.
29. Susan Kaiser, Leslie Rabine, Carol Hall, and Karyl Ketchum, "Beyond Binaries: Respecting the Improvisation in African-American Style," in *Black Style*, ed. Carol Tulloch (London: V&A Publications, 2007), 51. See also Carol Tulloch, *The Birth of Cool: Style Narratives of the African Diaspora* (London: Bloomsbury, 2016).
30. See Martin W. Lewis and Kären E. Wigen, *The Myth of Continents: A Critique of Metageography* (Berkeley: University of California Press, 1997), 104–23.
31. See Sylvia H. Bliss, "The Significance of Clothes," in *Fashion Foundations: Early Writings on Fashion and Dress*, eds, Kim K.P. Johnson, Susan J. Torntore, and Joanne B. Eicher (Oxford: Berg, 2003), 19.
32. See Foster, *"New Raiments of Self,"* 61–4 and Pedro Machado, "Awash in a Sea of Cloth: Gujarat, Africa, and the Western Indian Ocean, 1300–1800," in *The Spinning World: A Global History of Cotton Textiles, 1200–1850*, eds, Giorgio Riello and Prasannan Parthasarathi (Oxford: Oxford University Press, 2009), 161–80.
33. See Ruth Nielsen, "The History and Development of Wax-Printed Textiles Intended for West Africa and Zaire," in *The Fabrics of Culture: The Anthropology of Clothing and Adornment*, eds, Justine M. Cordwell and Ronald A. Schwartz (The Hague: Mouton Publishers, 1979), 467–98, and Nina Sylvanus, "The Fabric of Africanity: Tracing the Global Threads of Authenticity," *Anthropological Theory* 7, no. 2 (2007): 201–16.
34. See Rabine, *The Global Circulation of African Fashion*, 135–68, and Jean Allman, "Fashioning Africa: Power and the Politics of Dress" in *Fashioning Africa: Power and the Politics of Dress*, ed. Jean Allman (Bloomington, IN: Indiana University Press, 2004).

35. See Ulf Hannerz, *Transnational Connections: Culture, People, Places* (London: Routledge, 1996).
36. See Christian Karner, *Ethnicity and Everyday Life* (London: Routledge, 2007), 21–3 and Jenkins, *Rethinking Ethnicity*, 93.
37. See Emma Tarlo, *Clothing Matters: Dress and Identity in India* (London: Hurst, 1996), 23–61.
38. Tarlo, *Clothing Matters*, 52.
39. See Homi Bhabha, *The Location of Culture* (London: Routledge, 1994).
40. John Forbes Watson, *Textile Manufactures and the Costumes of the People of India* (London: George Edward Eyre & William Spottiswoode for the India Office, 1866).
41. See Felix Driver and Sonia Ashmore, "The Mobile Museum: Collecting and Circulating Indian Textiles in Victorian Britain," *Victorian Studies* 52, no. 3 (Spring 2010): 353–85.
42. John Forbes Watson and John William Kaye, *The People of India: A Series of Photographic Illustrations with Descriptive Letterpress, of the Races and Tribes of Hindustan* (London: C. Whiting, 1868–75). See also Christopher Pinney, *Camera Indica: The Social Life of Photographs* (London: Reaktion Books, 1997), 16–71.
43. Bernard S. Cohn, "Representing Authority in Victorian India," in *The Invention of Tradition*, eds, Eric Hobsbawm and Terence Ranger (Cambridge: Cambridge University Press, 1983), 183.
44. Jane Tynan, *British Army Uniform and the First World War: Men in Khaki* (Basingstoke: Palgrave Macmillan, 2013), 131–42.
45. See Cohn, "Representing Authority in Victorian India," 176–7.
46. Ibid., 106–62, Donald Clay Johnson, "Clothes Make the Empire: British Dress in India," in *Dress Sense: Emotional and Sensory Experiences of the Body and Clothes*, eds Donald Clay Johnson and Helen Bradley Foster (Oxford: Berg, 2007), xx.
47. Nupur Chaudhuri, "Shawls, Jewelry, Curry, and Rice in Victorian Britain," in *Western Women and Imperialism: Complicity and Resistance*, eds, Nupur Chaudhuri and Margaret Strobel (Bloomingon: Indiana University Press, 1992), 231–46.
48. See Nandi Bhatia, "Fashioning Women in Colonial India: The Political Utility of Clothes in Colonial India," *Fashion Theory* 7 no. 3/4 (September 2003): 327–44.
49. See Helen Calloway, "Dressing for Dinner in the Bush: Rituals of Self-Definition and British Imperial Authority," in *Dress and Gender: Making and Meaning in Cultural Contexts*, eds, Ruth Barnes and Joanne B. Eicher (Oxford: Berg, 1992), 232–47.
50. Chitralekha Zutshi, "'Designed for Eternity': Kashmiri Shawls, Empire, and Cultures of Production and Consumption in Mid-Victorian Britain," *Journal of British Studies* 48, no. 2 (April 2009): 422.
51. Michelle Maskiell, "Consuming Kashmir: Shawls and Empires, 1500–2000," *Journal of World History* 13, no. 1 (Spring 2002): 33–4.
52. See Rosemary Crill, "Embroidery in Kashmir Shawls," in *Kashmir Shawls: The Tapi Collection*, eds, Steven Cohen, Rosemary Crill, Monique Lévi-Strauss, and Jeffrey B. Spurr (Mumbai: The Shoestring Publisher, 2012).
53. See Maskiell, "Consuming Kashmir."
54. Steven Cohen, "What is a Kashmir Shawl?" in *Kashmir Shawls*.
55. See Chaudhuri, "Shawls, Jewelry, Curry, and Rice in Victorian Britain."
56. Zutshi, "Designed for Eternity," 421.
57. See Lara Kriegel, "Narrating the subcontinent in 1851: India at the Crystal Palace," in *The Great Exhibition of 1851: New Interdisciplinary Essays*, ed. Louise Purbrick (Manchester: Manchester University Press, 2001), 146–78.
58. "A Chapter on Shawls," *Harper's New Monthly Magazine* 2, no. 7 (1850): 40–1.
59. Zutshi, "Designed for Eternity," 430.
60. Ibid., 440.
61. Chaudhuri, "Shawls, Jewelry, Curry, and Rice in Victorian Britain," 231–6.

62. See Jeffrey B. Spurr, "The Kashmir Shawl: Style and Markets," in *Kashmir Shawls*, 54–63.
63. Jenkins, *Rethinking Ethnicity*, 149.
64. Craik, *The Face of Fashion*, 177–203.
65. See Christopher Breward, *The Hidden Consumer: Masculinities, Fashion, and City Life 1860–1914* (Manchester: Manchester University Press, 1999).
66. See Regina Root, "Fashioning Independence: Gender, Dress and Social Space in Postcolonial Argentina," *The Latin American Fashion Reader*, ed. Regina Root (Oxford: Berg, 2005), 31–44.
67. See Elizabeth Kramer, "'Not So Japan-Easy': The British Reception of Japanese Dress in the Late Nineteenth Century," *Textile History* 44, no. 1 (May 2013), 3–24, and Penelope Francks, "Was Fashion a European Invention? The Kimono and Economic Development in Japan," *Fashion Theory* 19, no. 3 (June 2015), 331–62.
68. Toby Slade, *Japanese Fashion: A Cultural History* (Oxford: Berg, 2009), 41–9.
69. Kramer, "'Not So Japan-Easy' The British Reception of Japanese Dress in the Late Nineteenth Century," 9–10.
70. Francks, "Was Fashion a European Invention?" 337.
71. See Verity Wilson, *Chinese Dress* (London: V&A Publishing, 1986).
72. See Antonia Finnane, *Changing Clothes in China: Fashion, History, Nation* (London: Hurst, 2007), 139–67.
73. See Dorothy Ko, "Jazzing into Modernity: High Heels, Platforms and Lotus Shoes," in *China Chic: East Meets West*, eds Valerie Steele and John S. Major (New Haven: Yale University Press, 1999): 141–54.
74. Wessie Ling, *Fusionable Cheongsam* (Hong Kong: Hong Kong Arts Centre, 2007), 21.
75. Benedict, "Dress," 32.

Chapter 8

1. "Poiret, Creator of Fashions, Here," *The New York Times*, September 21, 1913.
2. Charles Baudelaire, "Salon of 1846," in *The Mirror of Art: Critical Studies by Charles Baudelaire*, ed. Jonathan Mayne (New York: Doubleday Anchor Books, 1956), 92.
3. Ibid., 88.
4. For a list, see Raymond Gaudriault, *La gravure de mode féminine en France* (Paris: Éditions de l'Amateur, 1983), 193–6.
5. As translated in Alice Mackrell, *An Illustrated History of Fashion: 500 Years of Fashion Illustration* (London: Batsford, 1997), 85.
6. Alison Adburgham, *Women in Print: Writing Women and Women's Magazines from the Restoration to the Accession of Victoria* (London: Allen and Unwin, 1972), 208.
7. The title is misleading as the original *merveilleuses* (like Mme Récamier) and *incroyables* were associated with the Directory and Vernet's father, Carle, had caricatured them, but these plates describe a new set of fashionable men and women at the end of the First Empire (c. 1810–14).
8. Alison Adburgham, *Women in Print*, 226.
9. Hazel Hahn, "Fashion Discourses in Fashion Magazines and Madame de Girardin's *Lettres parisiennes* in July-Monarchy France (1830–48)," *Fashion Theory* 9, no. 2 (June 2005): 211–12.
10. Annemarie Kleinert, *Le "Journal des dames et des modes": ou la conquête de l'Europe féminin (1797-–1839)*, Beihefte zu Francia, Bd. 46 (Stuttgart: J. Thorbecke, 2001), 286.
11. For more on this, see Catherine Flood and Sarah Grant, *Style and Satire: Fashion in Print, 1777–1927* (London: V&A Publishing, 2014).
12. Gaudriault, *La gravure de mode féminine en France*, 70.
13. Peter McNeil, "Caricature and Fashion," in *The Berg Companion to Fashion*, ed. Valerie Steele (New York: Berg, 2010), 121.

14. Elizabeth Anne McCauley, "The Carte de Visite and Portrait Painting during the Second Empire," in *A.A.E. Disdéri and the Carte de Visite Portrait Photograph* (New Haven: Yale University Press, 1985), 149.
15. Nadar, "Salon de 1855. IV. M. Ingres," *Le Figaro*, no. 77 (September 16, 1855), 5. As translated in Heather McPherson, *The Modern Portrait in Nineteenth-Century France* (Cambridge: Cambridge University Press, 2001), 4.
16. Pierre Apraxine et al., *"La Divine Comtesse": Photographs of the Countess de Castiglione* (New Haven: Yale University Press, 2000).
17. Elizabeth Anne McCauley, "Photography, Fashion, and the Cult of Appearances," in *Impressionism, Fashion & Modernity*, ed. Gloria Groom (New Haven: Yale University Press, 2012).
18. For more on the advent of photography in fashion magazines, see Gaudriault, *La gravure de mode féminine en France*, 31–3, 101.
19. For more, see Gloria Groom, *Impressionism, Fashion & Modernity* (New Haven: Yale University Press, 2012).
20. Justine De Young, "Fashion and Intimate Portraits," in *Impressionism, Fashion & Modernity*, ed. Gloria Groom (New Haven: Yale University Press, 2012).
21. As translated in McCauley, "Photography, Fashion, and the Cult of Appearances," 206.
22. Harold Hutchison, *The Poster: An Illustrated History from 1860* (New York: Viking Press, 1968), 11.
23. H. Hazel Hahn, *Scenes of Parisian Modernity: Culture and Consumption in the Nineteenth Century* (New York: Palgrave Macmillan, 2009), 158.
24. Ibid., 155.
25. Ruth Iskin, *Modern Women and Parisian Consumer Culture in Impressionist Painting* (Cambridge: Cambridge University Press, 2007), 17.
26. Robert Herbert, "Seurat and Jules Chéret," *The Art Bulletin* 40, no. 2 (June 1958): 156–8.
27. Iskin, *Modern Women and Parisian Consumer Culture in Impressionist Painting*, 123. Iskin discusses the image in comparison to Caillebotte's 1877 *Paris Street: Rainy Day.*
28. Daniel Imbert, "Le monument des frères Morice, place de la République," in *Quand Paris dansait avec Marianne, 1879–1889* (Paris: Musée du Petit Palais, 1989), 32.
29. Paul Greenhalgh, *Art Nouveau, 1890–1914* (New York: Harry N. Abrams, 2000), 37.
30. Iskin, *Modern Women and Parisian Consumer Culture in Impressionist Painting*, 217. That said, I've been unable to find any period sources that confirm this idea commonly repeated by scholars.
31. Maurice Rheims, *19th Century Sculpture*, trans. Robert E. Wolf (New York: H.N. Abrams, 1977), 249.
32. James Holderbaum, "Portrait Sculpture," in *The Romantics to Rodin: French Nineteenth-Century Sculpture from North American Collections*, eds Peter Fusco and H. W. Janson (Los Angeles: Los Angeles County Museum of Art, 1980), 43.
33. Michelle Tolini Finamore, *Hollywood Before Glamour: Fashion in American Silent Film* (New York: Palgrave Macmillan, 2013), 80.
34. Caroline Evans, *The Mechanical Smile: Modernism and the First Fashion Shows in France and America, 1900–1929* (New Haven: Yale University Press, 2013), 32.
35. Ibid., 30.
36. Caroline Evans, "The Walkies: Early French Fashion Shows as a Cinema of Attractions," in *Fashion in Film*, ed. Adrienne Munich (Bloomington: Indiana University Press, 2011), 113.
37. Finamore, *Hollywood Before Glamour*, 77.
38. Ibid., 79.
39. Evans, *The Mechanical Smile*, 66.
40. Finamore, *Hollywood Before Glamour*, 77.
41. Nancy Hall-Duncan, *The History of Fashion Photography* (New York: Alpine Book Co., 1979), 26.

42. Mackrell, *An Illustrated History of Fashion*, 158.
43. Ibid., 158–9.
44. Ibid., 155.
45. Henry Bidou, “Le Bon ton,” *Gazette du Bon Ton* 1, no. 1 (November 1912): 4.
46. Evans, “The Walkies: Early French Fashion Shows as a Cinema of Attractions,” 110.
47. Ibid., 112.
48. Finamore, *Hollywood Before Glamour*, 36.
49. “Dress and the Picture,” *Moving Picture World* 7, no. 2 (July 9, 1910): 74.
50. William Lord Wright, “Dame Fashion and the Movies,” *Motion Picture Magazine* (September 1914): 107, 108.
51. Finamore, *Hollywood Before Glamour*, 46.
52. Ibid., 63.
53. Ibid., 62.
54. Randy Bryan Bigham, *Lucile, Her Life by Design: Sex, Style, and the Fusion of Theatre and Couture* (San Francisco: MacEvie Press Group, 2012), 177–85.
55. “A Model of the ‘Movies’,” *Cosmopolitan* LVII, no. 2 (July 1914): 262–3.
56. Finamore, *Hollywood Before Glamour*, 93–4.
57. “The Perils of Pauline,” *Motography* XI, no. 7 (April 4, 1914): 6.
58. Wright, “Dame Fashion and the Movies,” 110.

Chapter 9

1. Johann Wolfgang von Goethe, *The Sorrows of Young Werther and Novella*, trans. Elizabeth Mayer and Louise Brogan (New York: The Modern Library, 1993), 106.
2. David P. Phillips, “The Influence of Suggestion on Suicide: Substantive and Theoretical Implications of the Werther Effect,” *American Sociological Review* 39, no. 3 (1974): 340–54.
3. Bruce Duncan, *Goethe’s* Werther *and the Critics* (Rochester: Camden House, 2005), 1.
4. Martin Puchner et al, *The Norton Anthology of World Literature, Volume E* (New York: Norton, 2012), 99.
5. Catriona MacLeod, introduction to *The Sorrows of Young Werther*, by Johann Wolfgang von Goethe (New York: Barnes and Noble Classics, 2005), NOOK edition.
6. Ibid.
7. Jane Austen, *Northanger Abbey*, eds Barbara M. Benedict and Deirdre Le Faye (Cambridge: Cambridge University Press, 2006), 12.
8. Ibid., 13.
9. Ibid., 36–7.
10. Ibid., 222.
11. Charlotte Brontë, *Jane Eyre*, ed. Margaret Smith (Oxford: Oxford University Press, 2000), 268.
12. Catherine A. Milton, “A Heterogeneous Thing: Transvestism and Hybridity in *Jane Eyre*,” in *Styling Texts: Dress and Fashion in Literature*, eds Cynthia Kuhn et. al. (Youngstown: Cambria, 2007), 198.
13. Brontë, *Jane Eyre*, 269.
14. In his discussion of “conspicuous consumption” Thorstein Veblen posited that one function of luxurious dress on a wife was to signal her husband’s wealth and power. See Thorstein Veblen, *The Theory of the Leisure Class: An Economic Study of Institutions* (New York: The Macmillan Co., 1953).
15. See Edward W. Saïd’s critique of nineteenth-century Western appropriations and constructions of the “Orient,” in *Orientalism* (New York: Pantheon Books, 1978).
16. Bertha is the character to which Sandra M. Gilbert and Susan Gubar refer in the title of *The Madwoman in the Attic*, their pioneering feminist reading of women writers and Victorian

literature. See *The Madwoman in the Attic: The Woman Writer and the Nineteenth-Century Literary Imagination* (New Haven: Yale University Press, 1979).
17. Milton, "A Heterogeneous Thing," 202.
18. Antonia Finnane, "Yangzhou's 'Mondernity': Fashion and Consumption in the Early Nineteenth Century," *positions* 11, no. 2 (2003): 414.
19. Several English versions for this title exist. Finnane uses the literal translation "*Dreams of Wind and Moon*." Purely for convenience I adopt here the title of the most recent full translation of the text: Patrick Hanan (trans.), *Courtesans and Opium: Romantic Illusions of the Fool of Yangzhou* (New York: Columbia University Press, 2009).
20. Finnane, "Yangzhou's 'Mondernity'," 412.
21. Hanan, *Courtesans*, 2.
22. Ibid., 72–3.
23. Ibid., 2.
24. Finnane, "Yangzhou's 'Mondernity'," 416. See also William T. Rowe, *China's Last Empire: The Great Qing* (Cambridge, MA: Harvard University Press, 2010), 84.
25. See Kristina Kleutghen, "Chinese Occidenterie: The Diversity of 'Western' Objects in Eighteenth-Century China," *Eighteenth-Century Studies* 47, no. 2 (2014): 118.
26. Cited in Finnane, "Yangzhou's 'Mondernity'," 412.
27. Finnane, "Yangzhou's 'Mondernity'," 413; Rowe, *China's Last Empire*, 84.
28. Paola Zamperini, "Clothes that Matter: Fashioning Modernity in Late Qing Novels," *Fashion Theory* 5, no. 2 (2001): 201.
29. Honoré de Balzac, *Père Goriot*, trans. Burton Raffel, ed. Peter Brooks (New York: Norton, 1994), 118.
30. Ibid., 91.
31. See Ulrich Lehmann, *Tigersprung: Fashion in Modernity* (Cambridge: MIT Press, 2000) and Valerie Steele, *Paris Fashion: A Cultural History* (Oxford: Berg, 1998).
32. Jonathan Mayne (ed.), *Art in Paris 1845–1862: Salons and Other Exhibitions Reviewed by Charles Baudelaire*, trans. Jonathan Mayne (New York: Phaidon, 1965), 118.
33. Balzac, *Père Goriot*, 389.
34. Ibid., 217.
35. Lest the case for similarities be overstated, it is important to note that Zamperini is also somewhat reluctant to ascribe the term "flâneur" to nineteenth-century China because, she persuasively submits, the French word might be "too site-specific, and does not include all the nuances" of Qing fictional masculinities. Zamperini, "Clothes that Matter," 210, n. 27.
36. Patrick Hanan, "Fengyue Meng and the Courtesan Novel," *Harvard Journal of Asiatic Studies* 58, no. 2 (1998): 349.
37. Ibid.
38. Ibid., 110.
39. Talia Schaffer, "Fashioning Aestheticism by Aestheticizing Fashion: Wilde, Beerbohm, and The Male Aesthetes' Sartorial Codes," *Victorian Literature and Culture* 28, no. 1 (2000): 39.
40. Ibid.
41. Ibid., 42.
42. Ibid.
43. Gustave Flaubert, *Madame Bovary*, trans. Eleanor Marx Aveling and Paul de Man, ed. Margaret Cohen (New York: Norton, 2005), 223.
44. Nathaniel Hawthorne, *The Scarlet Letter*, ed. Brian Harding (Oxford: Oxford University Press, 2007), 43–4.
45. Ibid., 43.
46. Ibid., 44–5.
47. The subject of empires failing by way of social and political revolutions and instances of decolonization in this period is too vast a topic to be discussed here meaningfully. We will

simply note that such global instabilities were great in number, variety and impact during the long nineteenth century.

48. Francine Masiello, introduction to *Dreams and Realities: Selected Fiction of Juana Manuela Gorriti*, trans. Sergio Wiseman (Oxford: Oxford University Press, 2003), xv.
49. Mary G. Berg, "Juana Manuela Gorriti," in *Spanish American Women Writers: A Bio-Bibliographic Sourcebook*, ed. Diane E. Marting (Westport: Greenwood Press, 1990), 226–7.
50. Regina A. Root, "Searching for the *Oasis in Life*: Fashion and the Question of Female Emancipation in Late Nineteenth-Century Argentina," *The Americas* 60, no. 3 (2004), 384.
51. Masiello, *Dreams and Realities*, xxiii.
52. Susan Hiner, *Accessories to Modernity: Fashion and the Feminine in Nineteenth-Century France* (Philadelphia: University of Pennsylvania Press, 2010), 1.
53. Juana Manuela Gorriti, "The Black Glove," in *Dreams and Realities: Selected Fiction of Juana Manuela Gorriti*, trans. Sergio Wiseman (Oxford: Oxford University Press, 2003), 107.
54. Ibid., 125.
55. Ibid., 127.
56. Ibid.
57. Masiello, *Dreams and Realities*, xxxiii.
58. White was adopted by the Unitarians while the Federalists were associated with the color red. Gorriti would have been aware of the famous book *Facundo* (1845) by Domingo Sarmiento, future president of Argentina, in which Sarmiento writes that the white stripes of the Argentine flag symbolize peace. I am grateful to Ana Sabau Fernandez for these references.
59. Hiner, *Accessories to Modernity*, 173.
60. Hiner, *Accessories to Modernity*, 244, n. 67. Also see Mary Lydon, "Pli Selon Pli: Proust and Fortuny," *Romanic Review* 82, no. 4 (1990): 438–9.
61. Cited in Adam Geczy, *Fashion and Orientalism: Dress, Textiles, and Culture from the 17th to the 21st Century* (London: Bloomsbury, 2013), 150.
62. The last word of the title in Proust's final volume, *Le Temps Retrouvé*, means "rediscovered" or "regained."

参考文献

Abelson, E. (1989), *When Ladies Go A-Thieving: Middle-Class Shoplifters in the Victorian Department Store*, New York and Oxford: Oxford University Press.

Achille Devéria: Temoin du romantisme parisien, 1800–1857 (1985), Paris: Musée Renan-Scheffer.

Ackermann, R. (March 1809), *The Repository of Arts, Literature, Commerce, Manufactures, Fashion and Politics* 1.

Acton, W. (1857), *Prostitution Considered in its Moral, Social and Sanitary Aspects in London and Other Large Cities and Garrison Towns with Proposals for the Control and Prevention of its Attendant Evils*, London: John Churchill & Sons.

Adams, J. (2013), "Dandyism and late Victorian masculinity," in K. Powell and P. Raby (eds), *Oscar Wilde in Context,* Cambridge: Cambridge University Press.

Adburgham, A. (1972), *Women in Print: Writing Women and Women's Magazines from the Restoration to the Accession of Victoria*. London: Allen & Unwin.

—— (1981), *Shops and Shopping 1800–1914: Where and in What Manner the Well-Dressed Englishwoman Bought Her Clothes*, London: Allen & Unwin.

Allman, J. (2004), "Fashioning Africa: Power and the Politics of Dress," in J. Allman (ed.), *Fashioning Africa: Power and the Politics of Dress*, Bloomington: Indiana University Press.

Amann, E. (2015), *Dandyism in the Age of Revolution: The Art of the Cut*, Chicago and London: University of Chicago Press.

American Brides: Inspiration and Ingenuity (2014), exhibition, Denton, TX: Greater Denton Arts Council.

Amies, H. (1994), *The Englishman's Suit*, London: Quartet Books.

Anderson, P. (1996), *When Passion Reigned: Sex and the Victorians*, New York: Basic Books.

Anquetil, J., and P. Ballesteros (1995), *Silk*. Paris: Flammarion.

Apraxine, P., X. Demange, F. Heilbrun, and M. Falzone del Barbarò (2000), *"La Divine Comtesse": Photographs of the Countess de Castiglione*, New Haven: Yale University Press.

Armitage, G. (1938), "A History of Cockhedge Mill, Warrington," unpublished ms., Warrington Library Archive and Local Studies Collection.

Arnold, R. (2009), *Fashion: A Very Short Introduction*, New York: Oxford.

Arthur, L. (1999), *Religion, Dress, and the Body*, Oxford and New York: Berg.

—— (2000), *Undressing Religion: Commitment and Conversion from a Cross-Cultural Perspective*, Oxford and New York: Berg.

Ash, S. (2008), "Heroin Baby: Barnardo's, Benevolence, and Shame," *Journal of Communication Inquiry* 32, no. 2: 179–200.

Ashmore, S. (2012), *Muslin*, London: V&A Publishing.

Austen, J. (1932), "Letter from Jane Austen to Cassandra Elizabeth Austen, January 25, 1801," in R. Chapman (ed.), *Jane Austen's Letters to Her Sister Cassandra and Others, Vol. 1: 1796–1809*, Oxford: Clarendon Press.

—— (2006), *Northanger Abbey*, B. Benedict and D. le Faye (eds), Cambridge: Cambridge University Press.

Baizerman, S., J. Eicher, and C. Cerny (2008), "Eurocentrism in the Study of Ethnic Dress," in J. Eicher, S. Evenson, and H. Lutz (eds), *The Visible Self: Global Perspectives on Dress, Culture, and Society*, New York: Fairchild.

Balzac, H. (1994), *Père Goriot*, trans. B. Raffel and ed. P. Brooks, New York: Norton.

Banner, L. (1983), *American Beauty*, New York: Knopf, 1983.

Banton, M. (1998), *Racial Theories*, Cambridge: Cambridge University Press.

Baudelaire, C. (1956), "Salon of 1846," in J. Mayne (ed.), *The Mirror of Art: Critical Studies by Charles Baudelaire*, New York: Doubleday Anchor Books.

—— (1962), *Curiosités esthétiques, L'Art romantiques, et autres Oeuvres critiques de Baudelaire*, Paris: Éditions Garnier Frères.

—— (1964), *The Painter of Modern Life and Other Essays*, trans. and ed. J. Mayne, London: Phaidon Press.

Baxter, D. (2009), "*Grisettes, Cocottes,* and *Bohèmes:* Fashion and Fiction in the 1820s," in P. McNeil, V. Karaminas, and C. Cole (eds), *Fashion in Fiction: Text and Clothing in Literature, Film, and Television*, Oxford: Berg.

Becker, A. (2013), "Walker's Mourning Ensemble: Mourning Practices and Local Culture in Late Nineteenth-Century Aberdeen, Mississippi," unpublished ms.

Beetham, M. (1996), *A Magazine of Her Own? Domesticity and Desire on the Woman's Magazine, 1800–1914*, New York: Routledge.

Belchem, J. (1996), *Popular Radicalism in Nineteenth-Century Britain*, Basingstoke: Macmillan.

Belenky, M. (November 2012), "Transitory Tales: Omnibus in Nineteenth-Century Paris," *Dix-Neuf* 16, no. 3: 283–303.

Benedict, R. (2003), "Dress," in K. Johnson, S. Torntore, and J. Eicher (eds), *Fashion Foundations: Early Writings on Fashion and Dress*, Oxford: Berg.

Benjamin, W. (1999), *The Arcades Project*, trans. Howard Eiland and Kevin McLaughlin, Cambridge, MA and London: Belknap Press of Harvard University Press.

Berg, M. (1990), "Juana Manuela Gorriti," in D. Marting (ed.), *Spanish American Women Writers: A Bio-Bibliographic Sourcebook*, Westport: Greenwood Press.

Bernheimer, C. (1989), *Figures of Ill Repute: Representing Prostitution in Nineteenth-Century France*, Cambridge, MA: Harvard University Press.

Bhabha, H. (1994), *The Location of Culture*, London: Routledge.

Bhatia, N. (September 2003), "Fashioning Women in Colonial India: The Political Utility of Clothes in Colonial India," *Fashion Theory* 7, no. 3–4: 327–44.

Bidou, H. (November 1912), "Le Bon ton," *Gazette du Bon Ton* 1, no. 1: 4.

Bigham, R. (2012), *Lucile, Her Life by Design: Sex, Style, and the Fusion of Theatre and Couture*, San Francisco: MacEvie Press Group.

Blaszczyk, R. (2013), "The Hidden Spaces of Fashion Production," in S. Black, A. de la Haye, A. Rocamora, R. Root, and H. Thomas (eds), *The Handbook of Fashion Studies*, New York: Bloomsbury.

Blaug, M. (June 1963), "The Myth of the Old Poor Law and the Making of the New," *The Journal of Economic History* 23, no. 2: 151–84.

Bliss, S. (2003), "The Significance of Clothes," in K. Johnson, S. Torntore, and J. Eicher (eds), *Fashion Foundations: Early Writings on Fashion and Dress*, Oxford: Berg.

Bloomer, A.J. (1994), *Hear Me Patiently: The Reform Speeches of Amelia Jenks Bloomer*, ed. A. Coon, Westport, CT: Greenwood Press.

Bloomer, D. (1895), *Life and Writings of Amelia Bloomer*, Boston: Arena Publishing Company.

Bohleke, K. (2010), "Americanizing French Fashion Plates: *Godey's* and *Peterson's* Cultural and Socio-Economic Translation of *Les Modes Parisiennes*," *American Periodicals: A Journey of History, Criticism, and Bibliography* 20, no. 2: 120–55.

Bolt, C. (1971), *Victorian Attitudes to Race*, London: Routledge & Kegan Paul.

Bourke, J. (1996), "The Great Male Renunciation: Men's dress reform in interwar Britain," *Journal of Design History* 9, no. 1: 23–33.

Bowlby, R. (1985), *Just Looking: Consumer Culture in Dreiser, Gissing, and Zola*, New York: Methuen.

Brevik-Zender, H. (May 2014), "Interstitial Narratives: Rethinking Feminine Spaces of Modernity in Nineteenth-Century French Fashion Plates," *Nineteenth-Century Contexts* 36, no. 2: 91–123.

Breward, C. (1992), "Images of Desire: The Construction of the Feminine Consumer in Women's Fashion Journals, 1875–1890," Master's thesis: Royal College of Art.

—— (1995), *The Culture of Fashion*, Manchester: Manchester University Press.

—— (1999a) *The Hidden Consumer: Masculinities, Fashion, and City Life, 1860–1914*, Manchester: Manchester University Press.

—— (1999b), "Renouncing consumption: Men, fashion and luxury, 1870–1914," in A. de la Haye and E. Wilson (eds), *Defining Dress: Dress as Object, Meaning, and Identity*, Manchester: Manchester University Press.

—— (2000), "The Dandy Laid Bare: Embodying practices and fashion for men," in S. Bruzzi and P. Gibson (eds), *Fashion Cultures: Theories, Explorations, and Analysis*, London: Routledge.

—— (2003), *Fashion*, Oxford: Oxford University Press.

Brontë, C. (2000), *Jane Eyre*, ed. M. Smith, Oxford: Oxford University Press.

Bruna, D. (2015), *Fashioning the Body: An Intimate History of the Silhouette*, New Haven and London: Yale University Press for the Bard Graduate Center.

Buck, A. (March 1968), "The Trap Re-Baited: Mourning Dress 1860–1890," *Costume* 2, no. 1: 32–7.

Buck-Morss, S. (Fall 1986), "The Flâneur, the Sandwichman, and the Whore: The Politics of Loitering," *New German Critique* 13, no. 39: 99–139.

Burberry, T. (1888), "BP 17,928 Compound fabrics." In Patent Office. 1896. *Patents for Inventions: Abridgments of Specifications: Class 142, Weaving and Woven Fabrics, 1884–88*, London: HMSO.

Burberry, T. and F. Unwin (1897), "BP 4065." In Patent Office. 1903. *Patents for Inventions: Abridgments of Specifications: Class 142, Weaving and Woven Fabrics, 1897–1900*, London: HMSO.

Burberrys (1910), *Burberry for Ladies*, London, Paris, and Basingstoke: Burberrys.

Burnett, J. (1994a), *Destiny Obscure: Autobiographies of Childhood, Education, and Family from the 1820s to the 1920s*, London: Routledge.

—— (1994b), *Useful Toil: Autobiographies of Working People from the 1820s to the 1920s*, London: Routledge.

Burrows, A., and I. Schumacher ([1979] 1990), *Portraits of the Insane: The Case of Dr. Diamond*, London and New York: Quarto Books.

Buss, C. (1997), *Silk and Colour*, Como: Ratti.

Butler, J. (1990), *Gender Trouble: Feminism and the Subversion of Identity*, New York: Routledge.

Calloway, H. (1992), "Dressing for Dinner in the Bush: Rituals of Self-Definition and British Imperial Authority," in R. Barnes and J. Eicher (eds), *Dress and Gender: Making and Meaning in Cultural Contexts*, Oxford: Berg.

Carey, H. (November 1862), "Woman in Daily Life: or Shadows on Every Hill-Side," *The Rose, the Shamrock, and the Thistle* 2: 81.
Carré, R. (1987), "Les Couturières à La Recherche d'un Statut Social," *Gavroche: Revue d'Histoire Populaire* 36: 5–8.
"Caution to Parents," (October 28, 1842), *Lincolnshire Chronicle*: 3.
Census of England and Wales, 1901. General Report with Appendices, London: HMSO, 1904.
Census of Great Britain, 1851. Population Tables. II. Ages, Civil Condition, Occupations, and Birth-place of the People: With the Numbers and Ages of the Blind, the Deaf-and-Dumb, and the Inmates of Workhouses, Prisons, Lunatic Asylums, and Hospitals, Vol. I, London: HMSO, 1854.
"A Chapter on Shawls," (1850), *Harper's New Monthly Magazine* 2, no. 7: 39–41.
Chase, M. (2007), *Chartism: A New History*, Manchester: Manchester University Press.
Chaudhuri, N. (1992), "Shawls, Jewelry, Curry, and Rice in Victorian Britain," in N. Chaudhuri and M. Strobel (eds), *Western Women and Imperialism: Complicity and Resistance*, Bloomington: Indiana University Press.
Cheang, S. (2008), "Roots: Hair and Race," in G. Biddle-Perry and S. Cheang (eds), *Hair: Styling, Culture, and Fashion*, Oxford: Berg.
Cherry, D., and G. Pollock. (1988), "Woman as Sign in Pre-Raphaelite Literature: The Representations of Elizabeth Siddal," in G. Pollock (ed.), *Vision and Difference: Femininity, Feminism, and the Histories of Art*, London and New York: Routledge.
Clayson, H. (1991), *Painted Love: Prostitution in French Art of the Impressionist Era*, New Haven and London: Yale University Press.
Clayton, V. (1987), "Clothing and the Temporal Kingdom: Mormon Clothing Practices, 1847–1887," Ph.D. diss.: Purdue University.
Coffin, J. (1996), *The Politics of Women's Work: The Paris Garment Trades, 1750–1915*, Princeton: Princeton University Press.
Cohen, S. (2012), "What is a Kashmir Shawl?" in S. Cohen, R. Crill, M. Lévi-Strauss, and J. Spurr (eds), *Kashmir Shawls: The Tapi Collection*, Mumbai: The Shoestring Publisher.
Cohn, B. (1983), "Representing Authority in Victorian India," in E. Hobsbawm and T. Ranger (eds), *The Invention of Tradition*, Cambridge: Cambridge University Press.
—— (1996), *Colonialism and Its Forms of Knowledge: The British in India*, Princeton: Princeton University Press.
Coleman, D. (1969), *Courtaulds: An Economic and Social History*, Oxford: Oxford University Press.
Coleman, E. (1989), *The Opulent Era: Fashions of Worth, Doucet, and Pingat*, Brooklyn: The Brooklyn Museum.
Collins, W. (1994), *The Moonstone*, London: Penguin.
Commissioners and Trustees for Fisheries, Manufactures, and Improvements in Scotland (May 7, 1794), "Premiums, on Various Articles of Scotch Manufacture," *Caledonian Mercury*: 4.
Coon, K. (2010), "The Sisters of Charity in Nineteenth-Century America: Civil War Nurses and Philanthropic Pioneers," Master's thesis: Indiana University.
Corbin, A. ([1978] (1990), *Women for Hire: Prostitution and Sexuality in France after 1850*, trans. A. Sheridan, Cambridge, MA: Harvard University Press.
Cornell, S., and D. Hartmann (2007), *Ethnicity and Race: Making Identities in a Changing World*, Thousand Oaks, CA: Sage.
The Cornishman (October 17, 1889).
Courtesans and Opium: Romantic Illusions of the Fool of Yangzhou (2009), trans. P. Hanan, New York: Columbia University Press.

Cowper, C. (January 9, 1915), "Colour as an Influence," *The Academy and Literature*: 23–4.
Craik, J. (1993), *The Face of Fashion: Cultural Studies in Fashion*, London: Routledge.
—— (2005), *Uniforms Exposed: From Conformity to Transgression*, Oxford: Berg.
Crane, D. (2000), *Fashion and Its Social Agendas*, Chicago: University of Chicago Press.
Crill, R. (1998), "Mashru in India," in *Indian Ikat Textiles*, London: V&A Publications.
—— (2010), "The Golden Age of the Indian Textile Trade," in C. Breward, P. Crang, and R. Crill (eds), *British Asian Style: Fashion and Textiles/Past and Present*, London: V&A Publishing.
—— (2012), "Embroidery in Kashmir Shawls," in S. Cohen, R. Krill, M. Lévi-Strauss, and J. Spurr (eds), *Kashmir Shawls: The Tapi Collection*, Mumbai: The Shoestring Publisher.
Crowston, C. (2001), *Fabricating Women: The Seamstresses of Old Regime France, 1675–1791*, Durham, NC: Duke University Press.
Cunningham, P. (2003), *Reforming Women's Fashion, 1850–1920*, Kent, OH: Kent State University Press.
Cunnington, C. (1937), *English Women's Clothing in the Nineteenth Century*, London: Faber & Faber.
Cunnington, P. and C. Lucas (1972), *Costumes for Births, Marriages, and Deaths*, London: A.&C. Black.
Curl, J. (2000), "Funerals, Ephemera, and Mourning," in *The Victorian Celebration of Death*, Thrupp: Sutton.
Cusack, P. (January 16, 1813), Classified advertisement, *Norfolk Chronicle*: 1.
Darwin, C. (1871), *The Descent of Man*, London: John Murray.
David, A. (2014), *Fashion Victims: The Pleasures and Perils of Dress in the Nineteenth Century*, Toronto: The Bata Shoe Museum.
—— (2015), *Fashion Victims: The Dangers of Dress Past and Present*, New York: Bloomsbury Publishing.
Davidoff, L. and C. Hall (1987), *Family Fortunes: Men and Women of the English Middle Classes*, London: Hutchinson.
Davidson, D. (Spring 2005), "Making Society 'Legible': People-Watching in Paris after the Revolution," *French Historical Studies* 28, no. 2: 265–96.
Davin, A. (1996), *Growing Up Poor: Home, School, and Street in London, 1870–1914*, London: Rivers Oram.
Davis, F. (1992), *Fashion, Culture, and Identity*, Chicago: University of Chicago Press.
Desprez, E. (1832), *Paris, Ou Le Livre Des Cent-Et-Un*, Paris: Librairie Ladvocat.
Dickens, C. (1852), "The Great Yorkshire Llama," *Household Words* 6: 250–3.
—— (1854), "A Manchester Warehouse," *Household Words* 9: 268–72.
Digby, A. (1982), *The Poor Law in Nineteenth-Century England and Wales*, London: The Historical Association.
Doughty, R. (1975), *Feather Fashions and Bird Preservation: A Study in Nature Protection*, Berkeley: University of California Press.
"Dress and the Picture," (July 9, 1910), *Moving Picture World* 7, no. 2: 74.
Driver, F., and S. Ashmore (2010), "The Mobile Museum: Collecting and Circulating Indian Textiles in Victorian Britain," *Victorian Studies* 52, no. 3: 353–85.
Ducrot, I. (2008), *Text on Textile*, Lewes: Sylph Editions.
Duncan, B. (2005), *Goethe's* Werther *and the Critics*, Rochester, NY: Camden House.
Duncan, C. (1976), *The Pursuit of Pleasure: The Rococo Revival in French Romantic Art*, New York and London: Garland.
Dwyer-McNulty, S. (2014), *Common Threads: A Cultural History of Clothing in American Catholicism*, Chapel Hill: University of North Carolina Press.

Eden, E. (1859), *False and True*, London.
Ehrman, E. (2014), *The Wedding Dress: 300 Years of Bridal Fashion*, London: V&A Publishing.
Eicher, J., and B. Sumberg (1995), "World Fashion, Ethnic and National Dress," in J. Eicher (ed.), *Dress and Ethnicity: Change Across Space and Time*, Oxford: Berg.
Ellington, G. (1869), *The Women of New York, or the Under-World of the Great City*, New York: The New York Book Company.
Ellis, H. (February 1910), "An Anatomical Vindication of the Straight Front Corset," *Current Literature* 48: 172–4.
Ellman, E. (1912), *Recollections of a Sussex Parson*, London: Skeffington & Son.
Emery, J. (2014), *A History of the Paper Pattern Industry: The Home Dressmaking Fashion Revolution*, London: Bloomsbury.
Engels, F. ([1845] 1987), *The Condition of the Working Class In England*, London: Penguin].
Entwistle, J. (2000), *The Fashioned Body: Fashion, Dress, and Modern Social Theory*, Cambridge: Polity Press.
"Epitome of News—Foreign and Domestic," (September 5, 1857), *Illustrated London News*: 254.
The Etiquette of Courtship and Matrimony: With a Complete Guide to the Forms of a Wedding (1852), London: David Bogue.
Evans, C. (2011), "The Walkies: Early French Fashion Shows as a Cinema of Attractions," in A. Munich (ed.), *Fashion in Film*, Bloomington: Indiana University Press.
—— (2013), *The Mechanical Smile: Modernism and the First Fashion Shows in France and America, 1900–1929*, New Haven: Yale University Press.
Evans, E. (1983a), *The Forging of the Modern State: Early Industrial Britain 1783–1870*, London: Longman Press.
—— (1983b), *The Great Reform Act of 1832*, London: Methuen.
Every Woman's Encyclopaedia (1910–11), London: Amalgamated Press.
Fields, J. (2007), *An Intimate Affair: Women, Lingerie, and Sexuality*, Berkeley: University of California Press.
The Fifth Annual Report of the Ladies' Benevolent Society, Liverpool (1815), Liverpool.
Fillin-Yeh, S. (2001), "Introduction: New Strategies for a Theory of Dandies," in *Dandies: Fashion and Fineness in Art and Culture*, New York: New York University Press.
Finamore, M. (2013), *Hollywood Before Glamour: Fashion in American Silent Film*, New York: Palgrave Macmillan.
Finnane, A. (April 1996), "What Should Chinese Women Wear? A National Problem," *Modern China* 22, no. 2: 99–131.
—— (2003), "Yangzhou's 'Mondernity': Fashion and Consumption in the Early Nineteenth Century." *Positions* 11, no. 2: 395–425.
—— (2007), *Changing Clothes in China: Fashion, History, Nation*, London: Hurst.
Fischer, G. (1999), "The Obedient and Disobedient Daughters of the Church: Strangite Mormon Dress as a Mode of Control," in L. Arthur and G. Lazaridis (eds), *Religion, Dress, and the Body*, Oxford: Berg.
—— (2001), *Power and Pantaloons: A Nineteenth-Century Dress Reform in the United States*, Kent, OH: Kent State University Press.
Flagollé, A. (1994), "The Demystification of Dr. Hugh Welch Diamond," Ph.D. diss.: University of New Mexico.
Flood, C., and S. Grant (2014), *Style and Satire: Fashion in Print, 1777–1927*, London: V&A Publishing.
Flower, W., and R. Lydekker (1891), *An introduction to the study of mammals living and extinct*, London: A.&C. Black.

Flügel, J. (1930), *The Psychology of Clothes*, London: Hogarth Press.
Foster, H. (1997), *New Raiments of Self: African American Clothing in the Antebellum South*, Oxford: Berg.
Foster, V. (1992), *A Visual History of Costume: The Nineteenth Century*, London: Batsford.
Foster and Co. (June 13, 1811), "Presents from India," *Morning Chronicle*: 1.
Fournel, V. (1888), *Le cris de Paris: Types et physiognomies d'autrefois*, Paris: Firmin-Didot.
Fox and Co. (August 26, 1812), Classified advertisement, *Morning Chronicle*: 1.
—— (December 18, 1823), Classified advertisement, *Morning Post*: 1.
—— (1839), Advertisement, in J. Stephens, *The Land of Promise being an authentic and impartial history of the rise and progress of the new British province of South Australia . . .*, London: Smith, Elder & Co.
Foucault, M. (1979), *Discipline and Punish: The Birth of the Prison*, trans. A. Sheridan, New York: Vintage Books.
—— (1990), *The History of Sexuality Volume I: An Introduction*, trans. R. Hurley, New York: Vintage Books.
Francks, P. (June 2015), "Was Fashion a European Invention? The Kimono and Economic Development in Japan," *Fashion Theory* 19, no. 3: 331–62.
Freud, S. (1961), "Fetishism," in *The Complete Psychological Works of Sigmund Freud* XXI, trans. J. Strachey, London: Hogarth and the Institute of Psychoanalysis.
—— (2003), *Three Contributions to the Theory of Sex*, trans. A. Brill, Auckland: The Floating Press.
Friedman, D. (2014), *Wilde in America: Oscar Wilde and the Invention of Modern Celebrity*, New York: W.W. Norton.
Furbank, P. and A. Cain (eds), (2004), *Mallarmé on Fashion: A Translation of the Fashion Magazine, La Dernière Mode, with Commentary*, trans. P. Furbank and A. Cain, Oxford and New York: Berg.
Garelick, R. (1998), *Rising Star: Dandyism, Gender, and Performance in the Fin De Siècle*, Princeton: Princeton University Press.
—— (2014), *Mademoiselle: Coco Chanel and the Pulse of History,* New York: Random House.
Gaudriault, R. (1983), *La gravure de mode féminine en France*, Paris: Éditions de l'Amateur.
Geczy, A. (2013), *Fashion and Orientalism: Dress, Textiles, and Culture from the Seventeenth to the Twenty-First Century*, London: Bloomsbury.
Gentleman's Magazine of Fashions (June 3, 1828), "A Riding Frock Coat," *Dublin Morning Register*: 3.
—— (September 30, 1831), "Gentlemen's Fashions," *Morning Post*: 4.
Gibson, R. (1989), *A Social History of French Catholicism, 1789–1914,* London: Routledge.
Gilbert S., and S. Gubar (1979), *The Madwoman in the Attic: The Woman Writer and the Nineteenth-Century Literary Imagination*, New Haven: Yale University Press.
Gilchrist and Co. (March 18, 1799), "Elegant Furniture, Calicoes, and Carpets," *Caledonian Mercury*: 1.
Gilman, S. (ed.) (1976), *The Face of Madness: Hugh W. Diamond and the Origin of Psychiatric Photography*, Seacaucus, NJ: Citadel Press.
Giusberti, F. (2006), "The Riddle of Secrecy," in M. Corcy, C. Douyère-Demeulenaere, and L. Hilaire-Pérez (eds), *Les Archives de l'Invention: Écrits, Objects et Images de l'Activité Inventive*, Toulouse: CNRS-Université de Toulouse-Le Mirail.
Goethe, J. (1993), *The Sorrows of Young Werther and Novella*, trans. E. Mayer and L. Brogan, New York: The Modern Library, 1993.

Gordon, S. (March 2003), "The Mormon Question: Polygamy and Constitutional Conflict in Nineteenth-Century America," *Journal of Supreme Court History* 28, no. 1: 14–29.
Gorriti, J. (2003), "The Black Glove," in *Dreams and Realities: Selected Fiction of Juana Manuela Gorriti*, trans. S. Wiseman, Oxford: Oxford University Press.
Gould, S. (1997), *The Mismeasure of Man*, London: Penguin Books.
Green, N. (1997), *Ready-to-Wear and Ready to Work: A Century of Industry and Immigrants in Paris and New York*, Durham, NC: Duke University Press.
Groom, G. (2012), *Impressionism, Fashion, and Modernity*, New Haven: Yale University Press.
Hahn, H. (June 2005), "Fashion Discourses in Fashion Magazines and Madame de Girardin's *Lettres parisiennes* in July-Monarchy France (1830–48)," *Fashion Theory* 9, no. 2: 205–27.
—— (2009), *Scenes of Parisian Modernity: Culture and Consumption in the Nineteenth Century*, New York: Palgrave MacMillan.
Hall, C. and S.O. Rose. (2006), *At Home with the Empire: Metropolitan Culture and the Imperial World*, Cambridge: Cambridge University Press.
Hall-Duncan, N. (1979), *The History of Fashion Photography*, New York: Alpine Book Co.
Hamlett, J., and L. Hoskins (2013), "Comfort in Small Things? Clothing, Control, and Agency in County Lunatic Asylums in Nineteenth- and Early Twentieth-Century England," *Journal of Victorian Culture* 18, no. 1: 93–114.
Hanan, P. (1998), "Fengyue Meng and the Courtesan Novel," *Harvard Journal of Asiatic Studies* 58, no. 2: 345–72.
Hannerz, U. (1996), *Transnational Connections: Culture, People, Places*, London: Routledge.
Harris, J. (1994), *Private Lives, Public Spirit: Britain 1870–1914*, London: Penguin.
Harsin, J. (1985), *Policing Prostitution in Paris in the Nineteenth Century*, Princeton: Princeton University Press.
"Hasbrouck, Lydia Sayer," (1971), in E. James (ed.), *Notable American Women, 1607–1950*, Cambridge, MA: Belknap Press of Harvard University Press.
Haweis, M. (1878), *The Art of Beauty*, New York: Harper and Brothers.
Hawthorne, N. (2007), *The Scarlet Letter*, ed. B. Harding, Oxford: Oxford University Press.
H.B. (April 1, 1881), "The Adulteration of Dress Materials," *The Ladies' Treasury*: 209–10.
Herbert, R. (June 1958), "Seurat and Jules Chéret," *The Art Bulletin* 40, no. 2: 156–8.
Higgs, E. (1986), "Domestic Service and Household production," in A. John (ed.), *Unequal Opportunities: Women's Employment in England, 1800–1918*, Oxford: Basil Blackwell.
Higonnet, A. (1995), "Real Fashion: Clothes Unmake the Working Woman," in M. Cohen and C. Prendergast (eds), *Spectacles of Realism: Gender, Body, Genre*, Minneapolis: University of Minnesota Press.
Hill, D. (2011), *American Menswear: From the Civil War to the Twenty-First Century*, Lubbock: Texas Tech University Press.
Hill, G. (February 16, 1802), "Cheap Days Commence this and Eight following Days, at George Hill's, No. 82 Oxford-Street," *Morning Post*: 1.
Hilton, B. (1988), *The Age of Atonement: The Influence of Evangelicalism on Social and Economic Thought, 1795–1865*, Oxford: Clarendon.
Hinckley, C. (1852), "Calico-Printin," *Godey's Magazine and Lady's Book* 45: 121.
Hiner, S. (2010), *Accessories to Modernity: Fashion and the Feminine in Nineteenth-Century France*, Philadelphia: University of Pennsylvania Press.
—— (2012), "Monsieur Calicot: French Masculinity between Commerce and Honor," *West 86th: A Journal of Decorative Arts, Design, and Material Culture* 19, no. 1: 32–60.
—— (2013), "Becoming (M)other: Reflectivity in *Le Journal des Demoiselles*," *Romance Studies* 31, no. 2: 84–100.

Hobsbawm, E. (1962), *The Age of Revolution, 1789–1848*, Cleveland: World Publishing Co.
—— (1975), *The Age of Capital, 1848–1875*, New York: Scribner.
—— (1983), "Introduction: Inventing Traditions," in E. Hobsbawm and T. Ranger (eds), *The Invention of Tradition*, Cambridge: Cambridge University Press.
—— (1989), *Age of Empire: 1875–1914,* New York: Vintage.
Holderbaum, J. (1980), "Portrait Sculpture," in P. Fusco and H. Janson (eds), *The Romantics to Rodin: French Nineteenth-Century Sculpture from North American Collections*, Los Angeles: Los Angeles County Museum of Art.
Hollander, A. (1978), *Seeing Through Clothes*. New York: Viking Press.
—— (1994), *Sex and Suits*. New York: Alfred A. Knopf.
—— (2007), "When Worth was King," in L. Welters and A. Lillethun (eds), *The Fashion Reader*, New York: Berg.
Home, J. (ed.) ([1889] 1970), *The Letters and Journals of Lady Mary Coke*, Bath: Kingsmead Reprints.
"Hospital Scenes—Heartrending Sights," (January 23, 1863), *Advocate*.
Houlbrook, M. (March 2007), " 'The Man with the Powder Puff' in Interwar London," *The Historical Journal* 50, no. 1: 147–71.
Howard, V. (2000), "American Weddings: Gender, Consumption, and the Business of Brides," Ph.D. diss.: University of Texas.
Huart, L. (1841), *Physiologie de la grisette*, Paris: Aubert.
Hume, L. (2013), *The Religious Life of Dress: Global Fashion and Faith*, London: Bloomsbury.
Hutchison, H. (1968), *The Poster: An Illustrated History from 1860*, New York: Viking Press.
Iarocci, L. (2009), "Dressing Rooms: Women, Fashion, and the Department Store," in J. Potvin (ed.), *The Places and Spaces of Fashion, 1800–2007*, New York and London: Routledge.
Imbert, D. (1989), "Le monument des frères Morice, place de la République," in *Quand Paris dansait avec Marianne, 1879–1889*, Paris: Musée du Petit Palais.
Iskin, R. (2007), *Modern Women and Parisian Consumer Culture in Impressionist Painting*, Cambridge: Cambridge University Press.
Janin, J. ([1840] (1862), *Les français peints par eux-mêmes: Encyclopédie morale du dix-neuvième siècle*, Paris: L. Curmer.
Jenkins, R. (2008), *Rethinking Ethnicity*. London: Sage.
Jenness-Miller, A. (May 1887), "The Reason Why," *Dress* 1: 7.
—— (1894), "Dress Improvement," in M. Eagle (ed.), *The Congress of Women, Held in the Woman's Building, World's Columbian Exposition, Chicago, USA, 1893*, Chicago: Monarch Book Company.
John, A. (1980), *By the Sweat of Their Brow: Women Workers at the Victorian Coal Mines*, London: Croom Helm.
Johnson, D. (2007), "Clothes Make the Empire: British Dress in India," in D. Johnson and H. Foster (eds), *Dress Sense: Emotional and Sensory Experiences of the Body and Clothes*, Oxford: Berg.
Jones, J. (2004), *Sexing la Mode: Gender, Fashion, and Commercial Culture in Old Regime France*, New York: Berg.
Jordanova, L. (1989), *Sexual Visions: Images of Gender in Science and Medicine between the Eighteenth and Twentieth Centuries*, Madison: University of Wisconsin Press.
Journal des Modes (December 9, 1870), "Fashions for December," *Lincolnshire Chronicle*: 3.
A Journeyman Engineer (1867), *Some Habits and Customs of the Working Classes*, London: Tinsley Brothers.
Kaiser, S. (2012), *Fashion and Cultural Studies*, New York: Berg.

Karner, C. (2007), *Ethnicity and Everyday Life,* London: Routledge.
Keenan, W. (2000), "Clothed with Authority: The Rationalization of Marist Dress-Culture," in L. Arthur (ed.), *Undressing Religion*, Oxford and New York: Berg.
Kellogg, J. (1876), *The Evils of Fashionable Dress, and How to Dress Healthfully*, Battle Creek, MI: Office of the Health Reformer.
—— (1891), *The Influence of Dress in Producing the Physical Decadence of American Women, Annual Address Upon Obstetrics and Gynecology*, Battle Creek, MI: Michigan State Medical Society.
King, S. (2000), *Poverty and Welfare in England, 1700–1850*, Manchester: Manchester University Press.
King, S., and C. Payne (May 2002), "The Dress of the Poor," *Textile History* 33, no. 1: 1–8.
Kleinert, A. (2001), *Le "Journal des dames et des modes": ou la conquête de l'Europe féminin, 1797–1839,* Stuttgart: J. Thorbecke.
Kleutghen, K. (2014), "Chinese Occidenterie: The Diversity of 'Western' Objects in Eighteenth-Century China," *Eighteenth-Century Studies* 47, no. 2: 117–35.
Ko, D. (1999), "Jazzing into Modernity: High Heels, Platforms, and Lotus Shoes," in V. Steele and J. Major (eds), *China Chic: East Meets West*, New Haven: Yale University Press.
Koda, H. (2001), *Extreme Beauty: The Body Transformed*, New York: Metropolitan Museum of Art.
Kopp, R. (1997), "Baudelaire: Mode et modernité." *48/14: La revue de Musée d'Orsay* 4: 50–5.
Kortsch, C. (2009), *Dress Culture in Late Victorian Women's Fiction: Literacy, Textiles, and Activism*, Surrey: Ashgate.
Kramer, E. (2013), " 'Not So Japan-Easy' The British Reception of Japanese Dress in the Late Nineteenth Century," *Textile History* 44, no. 1: 3–24.
Kriegel, L. (2001), "Narrating the subcontinent in 1851: India at the Crystal Palace," in L. Purbrick (ed.), *The Great Exhibition of 1851: New Interdisciplinary Essays*, Manchester: Manchester University Press.
Kuchta, D. (1996), "The Making of the Self-Made Man: Class, Clothing, and English Masculinity, 1688–1832," in V. de Grazia and H. Furlough (eds), *The Sex of Things: Gender and Consumption in Historical Perspective,* Berkeley: University of California Press.
—— (2002), *The Three-Piece Suit and Modern Masculinity England, 1550–1850*, Berkeley: University of California Press.
Kuhns, E. (2003), *The Habit: A History of the Clothing of Catholic Nuns*, New York: Doubleday.
Kunzle, D. (Spring 1977), "Dress Reform as Antifeminism: A Response to Helene E. Roberts's 'The Exquisite Slave: The Role of Clothes in the Making of Victorian Women'," *Signs* 2, no. 3: 570–9.
—— (1982), *Fashion and Fetishism: Corsets, Tight Lacing, and other Forms of Body Sculpture*, New York: Rowman and Littlefield.
"Ladies' Fashions," (May 7, 1872), *Royal Cornwall Gazette*: 7.
Lady's Gazette of Fashion (July 1879).
Lambert, M. (1991), *Fashion in Photographs, 1860–1880*, London: Batsford.
Lambertz, J. (1985), "Sexual Harassment in the Nineteenth Century English Cotton Industry," *History Workshop Journal* 19: 29–61.
Lanceley, W. (1925), *From Hall-Boy to House Steward*, London: E. Arnold.
Laqueur, T. (2003), *Making Sex: Body and Gender from the Greeks to Freud*, Cambridge: Harvard University Press.
Lavater, J., and G. della Porta (1818), *The Pocket Lavater, or, The Science of Physiognomy*, New York: C. Wiley & Co.

Lehmann, U. (2000), *Tigersprung: Fashion in Modernity*, Cambridge, MA and London: The MIT Press.

Lemire, B. (1991), *Fashion's Favourite: The Cotton Trade and the Consumer in Britain, 1660–1800*, Oxford: Pasold Research Fund and Oxford University Press.

—— (2005), *The Business of Everyday Life: Gender, Practice, and Social Politics in England, c. 1600–1900*, Manchester: Manchester University Press.

—— (2011), *Cotton*, Oxford: Berg.

Lerner, J. (Spring 2007), "The French Profiled by Themselves: Social Typologies, Advertising Posters, and the Illustrations of Consumer Lifestyles," *Grey Room* 27: 6–35.

Leslie, E. (1873), *Myra's Pink Dress.* London: Sunday School Union.

Levitt, S. (1986), "Manchester Mackintoshes: A History of the Rubberized Garment Trade in Manchester," *Textile History* 17: 51–69.

—— (January 1991), "Cheap Mass-produced Men's Clothing in the Nineteenth and Early Twentieth Centuries," *Textile History* 22, no. 2: 179–92.

Lewis, M., and K. Wigen (1997), *The Myth of Continents: A Critique of Metageography*, Berkeley: University of California Press.

Lightfoot, T. (1926), "History of Broad Oak," unpublished ms.: Accrington Library.

Ling, W. (2007), *Fusionable Cheongsam*, Hong Kong: Hong Kong Arts Centre.

"The Llama or Paco," (April 1, 1869), *The Treasury of Literature and The Ladies' Treasury*: 136–8.

Lloyd, V. (1974), *The Camera and Dr. Barnardo*, London: National Portrait Gallery.

Lyden, A. (2014), *A Royal Passion, Queen Victoria and Photography*, J. Paul Getty Museum.

Lydon, M. (November 1990), "Pli Selon Pli: Proust and Fortuny," *Romanic Review* 82, no. 4: 438–54.

Macalister, R. (1896), *Ecclesiastical Vestments: Their Development and History*, London: E. Stock.

Machado, P. (2009), "Awash in a Sea of Cloth: Gujarat, Africa, and the Western Indian Ocean, 1300–1800," in G. Riello and P. Parthasarathi (eds), *The Spinning World: A Global History of Cotton Textiles, 1200–1850*, Oxford: Oxford University Press.

Mackrell, A. (1997), *An Illustrated History of Fashion: 500 Years of Fashion Illustration*, London: Batsford.

MacLeod, C. (2005), "Introduction," in J. Goethe, *The Sorrows of Young Werther*, New York: Barnes & Noble Classics.

Maidment, B. (May 2002), "101 Things to do with a Fantail Hat: Dustmen, Dirt, and Dandyism, 1820–1860," *Textile History* 33, no. 1: 79–97.

The Management of Servants. A Practical Guide to the Routine of Domestic Service (1880), London: Warne and Co.

de Marly, D. (1986), *Working Dress: A History of Occupational Costume*, London: Batsford.

Martin, R., and H. Koda (1994), *Waist Not: The Migration of the Waist, 1800–1960*, New York: Metropolitan Museum of Art.

Marx, K. (2002), "The Fetishism of the Commodity," in Nicholas Mirzoeff (ed.), *The Visual Culture Reader*, London and New York: Routledge.

Masiello, F. (2003), "Introduction," in *Dreams and Realities: Selected Fiction of Juana Manuela Gorriti*, trans. S. Wiseman, Oxford: Oxford University Press.

Maskiell, M. (Spring 2002), "Consuming Kashmir: Shawls and Empires, 1500–2000," *Journal of World History* 13, no. 1: 27–65.

Mattingly, C. (2002), *Appropriate[ing] Dress: Women's Rhetorical Style in Nineteenth-Century America*, Carbondale: Southern Illinois University Press.

Mayhew, A., and H. Mayhew (1847), *The Greatest Plague of Life: or The Adventures of a Lady in Search of a Good Servant*, Philadelphia: Carey & Hart.

Mayhew, H. (1862), *London Labour and the London Poor, vol. 4, Those Who Will Not Work*, London: Griffin, Bohn & Co.

Mayo, J. (1984), *A History of Ecclesiastical Dress*, London: Batsford.

McBride, T. (1976), *The Domestic Revolution: The Modernisation of Household Service in England and France, 1820–1920*, London: Croom Helm.

—— (Autumn 1978), "A Woman's World: Department Stores and the Evolution of Women's Employment, 1870–1920," *French Historical Studies* 10, no. 4: 664–83.

McCauley, E. (1985), "The Carte de Visite and Portrait Painting during the Second Empire," in *A.A.E. Disdéri and the Carte de Visite Portrait Photograph*, New Haven: Yale University Press.

McCauley, E. (2012), "Photography, Fashion, and the Cult of Appearances," in G. Groom (ed.), *Impressionism, Fashion, and Modernity*, New Haven: Yale University Press.

McClintock, A. (1995), *Imperial Leather: Race, Gender, and Sexuality in the Colonial Conquest*, New York: Routledge.

McNeil, P. (2010), "Caricature and Fashion," in V. Steele (ed.), *The Berg Companion to Fashion*, edited by. New York: Berg.

McPherson, H. (2001), *The Modern Portrait in Nineteenth-Century France*, Cambridge: Cambridge University Press.

Mercier, L. (1782), *Tableau de Paris*, Nouv. éd., corr. & augm. Amsterdam.

Miller, H. (1876), *The Scarcity of Domestic Servants; The Cause and Remedy. With a Short Outline of the Law Relating to Master and Domestic Servant*, London.

Miller, L. (2007), "Perfect Harmony: Textile Manufacturers and Haute Couture, 1947–57," in C. Wilcox (ed.), *The Golden Age of Couture: Paris and London, 1947–1957*, London: V&A Publishing.

Miller, M. (1981), *The Bon Marché: Bourgeois Culture and the Department Store, 1869–1920*, Princeton: Princeton University Press.

Miller, M. (2009), *Slaves to Fashion: Black Dandyism and the Styling of Black Diasporic Identity*, Durham, NC: Duke University Press.

Milnrow (pseud.) (September 15, 1925), "Coloured stripe designing–II," *The Textile Manufacturer*: 295–6.

Milton, C. (2007), "A Heterogeneous Thing: Transvestism and Hybridity in *Jane Eyre*," in C. Kuhn and C. Carlson (eds), *Styling Texts: Dress and Fashion in Literature*, Youngstown: Cambria.

"A Model of the 'Movies'," (July 1914), *Cosmopolitan* LVII, no. 2: 262–3.

Moers, E. (1960), *The Dandy: Brummell to Beerbohm*, London: Secker & Warburg.

Montgomery, F. (1984), *Textiles in America 1650–1870*, New York: W.W. Norton.

Morris, J. (1979), *Pax Britannica: The Climax of Empire*, London: Penguin.

Musée Carnavalet (2002), *L'Art de la Soie: Prelle, 1752–2002*, Paris: Paris Musées.

The Mystery of Love, Courtship, and Marriage Explained (1890), New York: Wehman Bros.

Nadar (September 16, 1855), "Salon de 1855. IV. M. Ingres," *Le Figaro* 77: 5.

Nead, L. (1988), *Myths of Sexuality: Representations of Women in Victorian Britain*, Oxford: Basil Blackwell.

—— (2000), *Victorian Babylon: People, Streets, and Images in Nineteenth-Century London*, New Haven and London: Yale University Press.

—— (2013), "The Layering of Pleasure: Women, Fashionable Dress, and Visual Culture in the mid-Nineteenth Century," *Nineteenth-Century Contexts* 35, no. 5: 489–509.

Nemnich, P. ([1800] (2010), *Beschreibung einer in Sommer 1799 von Hamburg nach und durch England geschehenen Reise*, Whitefish, MT: Kessinger Publishing LLC.
The New Female Instructor. Or, Young Woman's Guide to Domestic Happiness; Being an Epitome of all the Acquirements Necessary to Form the Female Character, in Every Class of Life: With Examples of Illustrious Women, etc. (1824), London: Thomas Kelly.
"New Styles and Coming Fashions," (June 20, 1870), *Western Daily Press*: 4.
Nichols, M. (August 1851a), "A Lecture on Woman's Dress," *The Water-Cure Journal*: 35.
—— (August 1851b), "The New Costume, and Some Other Matters." *The Water-Cure Journal*: 30.
Nielsen, R. (1979), "The History and Development of Wax-Printed Textiles Intended for West Africa and Zaire," in J. Cordwell and R. Schwartz (eds), *The Fabrics of Culture: The Anthropology of Clothing and Adornment*, The Hague: Mouton Publishers.
Nixon, S. (1997), "Exhibiting Masculinity," in S. Hall (ed.), *Representation: Cultural Representations and Signifying Practices*, Thousand Oaks: Sage.
Nochlin, L. (March 1978), "Lost and Found: Once More the Fallen Woman," *The Art Bulletin* 60, no. 1: 139–53.
North, S. (2007), "From Neoclassicism to the Industrial Revolution 1790–1860," in L. Welters and A. Lillethun (eds), *The Fashion Reader*, New York: Berg.
Oakley, A. (1979), *Sex, Gender, and Society*, London: Temple Smith.
Old Draper (1876), *Reminiscences of an Old Draper*, London: Sampson Low, Marston, Searle & Rivington.
Ortner, S. (1996), *Making Gender: The Politics and Erotics of Culture*, Boston: Beacon Press.
Otway, L. (1861), "Report on the Commerce of Lombardy," in *House of Commons (2757) Further Correspondence relating to the Affairs of Italy* LXIII: 189–96.
Parent-Duchâtelet, A. (1857), *De la prostitution dans la ville de Paris*, Paris: J.-B. Ballière et fils.
—— (1981), *La Prostitution à Paris au XIXe siècle*, ed. A. Corbin, Paris: Éditions du Seuil.
Pearl, S. (2010), *About Faces: Physiognomy in Nineteenth-Century Britain*, Cambridge, MA: Harvard University Press.
Peled, M. (2005), *China Blue*, documentary film. 2005, available online: http://www.argotpictures.com/ChinaBlue.html
Penner, B. (Spring 2004), "A Vision of Love and Luxury, the Commercialization of Nineteenth-Century American Weddings," *Winterthur Portfolio* 39, no. 1: 1–20.
Pepys, S. (1970–83), *The Diary of Samuel Pepys: A New and Complete Transcription*, eds R. Latham and W. Matthews, London: G. Bell.
Percival, M. (1999), *The Appearance of Character: Physiognomy and Facial Expression in Eighteenth-Century France*, Leeds, Modern Humanities Research Association.
—— (March 2003), "Johann Caspar Lavater: Physiognomy and Connoisseurship," *British Journal for Eighteenth-Century Studies* 26, no. 1: 77–90.
Percival M. and G. Tytler (eds) (2005), *Physiognomy in Profile: Lavater's Effect on European Culture*, Newark, DE: University of Delaware Press.
"The Perils of Pauline," (April 4, 1914), *Motography* 11, no. 7: 6.
Perkin, W. (October 1912), "The Permanent Fireproofing of Cotton Goods," *Popular Science Monthly* 81: 397–408.
Perrot, P. (1994), *Fashioning the Bourgeoisie: A History of Clothing in the Nineteenth Century*, trans. R. Bienvenu, Princeton: Princeton University Press.
Phegley, J. (2012), *Courtship and Marriage in Victorian England*, Santa Barbara, CA: Praeger.
Phillips, D. (1974), "The Influence of Suggestion on Suicide: Substantive and Theoretical Implications of the Werther Effect," *American Sociological Review* 39, no. 3: 340–54.

Pickering, P. (August 1986), "Class Without Words: Symbolic Communication in the Chartist Movement," *Past and Present* 112: 144–162.

Picton, J. (2004), "What to Wear in West Africa: Textile Design, Dress and Self-Representation," in C. Tulloch (ed.), *Black Style*, London: V&A Publishing.

Pinney, C. (1997), *Camera Indica: The Social Life of Photographs*, London: Reaktion Books.

Place, F. (1972), *The Autobiography of Francis Place (1771–1854)*, ed. M. Thale, Cambridge: Cambridge University Press.

Plunkett, J. (2003), *Queen Victoria: First Media Monarch*, Oxford: Oxford University Press.

"Poiret, Creator of Fashions, Here," (September 21, 1913), *The New York Times*.

Pope, D. (1981), *Life in Nelson's Navy*, London: Allen & Unwin.

Potter, E. (July 14, 1852), "Calico Printing as an Art Manufacture," *Manchester Guardian*: 3.

—— (1852), *Calico Printing as an Art Manufacture: a lecture read before the Society of Arts, 22 April 1852*, London: John Chapman.

Prochaska, F. (1980), *Women and Philanthropy in Nineteenth-Century England*, Oxford: Clarendon Press.

—— (1989), "A Mother's Country: Mothers' Meetings and Family Welfare in Britain, 1850–1950," *History* 74, no. 242: 379–99.

—— (1990), "Philanthropy," in F. Thompson (ed.), *The Cambridge Social History of Britain, 1750–1950, Volume III: Social Agencies and Institutions*, Cambridge: Cambridge University Press.

Puchner, M., et al. (2012), *The Norton Anthology of World Literature, Volume E*, New York: Norton.

Rabine, L. (2002), *The Global Circulation of African Fashion*, Oxford: Berg.

Racinet, A. (1888), *Le costume historique*, Paris: Firmin-Didot et Cie.

Rappaport, E. (2000), *Shopping for Pleasure: Women in the Making of London's West End*, Princeton: Princeton University Press.

Rasche, A. and G. Wolter (eds), *Ridikül! Mode in der Karikatur 1600 bis 1900*, Berlin: SMB-DuMont.

Rexford, N. (2000), *Women's Shoes in America, 1795–1930*. Kent, OH: Kent State University Press, 2000.

Rheims, M. (1977), *Nineteenth-Century Sculpture*, trans. R. Wolf, New York: H.N. Abrams.

Ribeiro, A. (1988), *Fashion in the French Revolution*, New York: Holmes & Meier Publishers, Inc.

—— (1999), *Ingres in Fashion: Representations of Dress and Appearance in Ingres's Images of Women*, New Haven and London: Yale University Press.

—— (2003), "Fashion and Whistler," in M. MacDonald (ed.), *Whistler, Women, and Fashion*, New York: Frick Collection; New Haven: in association with Yale University Press, 2003.

Richmond, R. (2013), *Clothing the Poor in Nineteenth-Century England*, Cambridge: Cambridge University Press.

Roach-Higgins, M., and J. Eicher (1992), "Dress and Identity," *Clothing and Textiles Research Journal* 10, no. 4: 1–8.

Roberts, H. (Spring 1977), "The Exquisite Slave: The Role of Clothes in the Making of the Victorian Woman," *Signs* 2, no. 3: 554–69.

Roberts, J. (2010), *Five Gold Rings: A Royal Wedding Souvenir Album from Queen Victoria to Queen Elizabeth II*, London: Royal Collection Publications.

Root, R. (2004), "Searching for the *Oasis in Life*: Fashion and the Question of Female Emancipation in Late Nineteenth-Century Argentina," *The Americas* 60, no. 3: 369–90.

—— (2005), "Fashioning Independence: Gender, Dress, and Social Space in Postcolonial Argentina," in R. Root (ed.), *The Latin American Fashion Reader*, Oxford: Berg.

Ross, E. (1993), *Love and Toil: Motherhood in Outcast London, 1870–1918*, Oxford: Oxford University Press.
Rothstein, N. (1977), “The Introduction of the Jacquard Loom to Great Britain,” in V. Gervers (ed.), *Studies in Textile History*, Toronto: Royal Ontario Museum.
Rousseau, H. (1914), *William Joseph Chaminade, Founder of the Society of Mary*, trans. J. Garvin, Dayton: Brothers of Mary.
Rowe, W. (2010), *China’s Last Empire: The Great Qing*, Cambridge, MA: Harvard University Press.
Rules for the Clothing Club at Stutton (1833), Ipswich.
Saïd, E. (1978), *Orientalism*, New York: Pantheon Books.
St. Jude’s, S. Kensington Parish Magazine 11, (1894), no. 1.
Schaffer, T. (2000), “Fashioning Aestheticism by Aestheticizing Fashion: Wilde, Beerbohm, and The Male Aesthetes’ Sartorial Codes,” *Victorian Literature and Culture* 28, no. 1: 39–54.
Schantz, M. (2008), *Awaiting the Heavenly Country: The Civil War and America’s Culture of Death*, Ithaca and London: Cornell University Press.
Schmidt, L. (1995), *Consumer Rites: The Buying & Selling of American Holidays*, Princeton: Princeton University Press.
Schoeser, M. (2007), *Silk*, New Haven: Yale University Press.
“Selected Patterns for Dress: Calico, Printed by Thomas Hoyle and Sons,” (Nov 1849), *Journal of Design and Manufactures*, 2: 108.
Seligman, K. (1996), *Cutting for All: The Sartorial Arts, Related Crafts, and the Commercial Paper Pattern*, Carbondale: Southern Illinois University Press.
Severa, J. (1995), *Dressed for the Photographer: Ordinary Americans and Fashion, 1840–1900*, Kent, OH: Kent State University Press.
Shannon, B. (Summer 2004), “Refashioning Men: Fashion, Masculinity, and the Cultivation of the Male Consumer in Britain, 1860–1914,” *Victorian Studies* 46, no. 4: 596–630.
—— (2006), *The Cut of His Coat: Men, Dress, and Consumer Culture in Britain, 1860–1914*, Athens: Ohio University Press.
da Silveira, P. (1992), “Les magasins de nouveautés,” in *Au Paradis des dames: nouveautés, modes et confections, 1810–1870*, Paris: Paris Musées.
Silverman, K. (1986), “Fragments of a Fashionable Discourse,” in T. Modleski (ed.), *Studies in Entertainment: Critical Approaches to Mass Culture*, Bloomington: Indiana University Press.
“Skeleton of the Greenland Whale in the Museum of the College of Surgeons,” (February 24, 1866), *Illustrated London News*: 176.
Slade, T. (2009), *Japanese Fashion: A Cultural History*, Oxford: Berg.
Smiles, S. (1861), *Self-Help; With Illustrations of Character and Conduct*, Boston: Tickner & Fields.
Smith, C., and C. Greig (2003), *Women in Pants: Manly Maidens, Cowgirls, and Other Renegades*, New York: Harry N. Abrams, Inc.
Société Industrielle de Mulhouse (1902), *Histoire documentaire de l’Industrie de Mulhouse et de ses environs au XIXe siècle*, 1, Mulhouse: Veuve Bader and Cie.
Solomon-Godeau, A. (1996), “The Other Side of Venus: The Visual Economy of Feminine Display,” in V. de Grazia (ed.), *The Sex of Things: Gender and Consumption in Historical Perspective*, Berkeley: University of California Press.
Sous l’empire des crinolines (2008), Paris: Paris Musées.
“Springfield Bloomer Celebration by a Patient of the Water-Cure,” (October 1851), *The Water-Cure Journal*: 83–4.

Spurr, J. (2012), "The Kashmir Shawl: Style and Markets," in S. Cohen, R. Krill, M. Lévi-Strauss, and J. Spurr (eds), *Kashmir Shawls: The Tapi Collection*, Mumbai: The Shoestring Publisher.

Stallybrass, P. (1998), "Marx's Coat," in P. Spyer (ed.), *Border Fetishisms: Material Objects in Unstable Spaces*, London: Routledge.

Staniland, K., and S. Levey (1983), "Queen Victoria's Wedding Dress and Lace," *Costume: The Journal of the Costume Society* 17: 1–32.

Steele, F., and E. Adam (1892), *Beauty of Form and Grace of Vesture*, New York: Dodd, Mead & Co.

Steele, V. (1985), *Fashion and Eroticism: Ideals of Feminine Beauty from the Victorian Era to the Jazz Age*, New York: Oxford University Press.

—— (1996), *Fetish: Fashion, Sex, and Power*, Oxford: Oxford University Press.

—— (1998), *Paris Fashion: A Cultural History*, New York: Berg.

—— (2001), *The Corset: A Cultural History*, New Haven and London: Yale University Press.

Stemmler, J. (March 1993), "The Physiognomical Portraits of Johann Caspar Lavater," *The Art Bulletin* 75, no. 1: 151–68.

Stoller, R. (1968), *Sex and Gender: On the Development of Masculinity and Femininity*, London: Hogarth Press Institute of Psychoanalysis.

Stratton, J. (1996), *The Desirable Body*, Manchester: Manchester University Press.

Styles, J. (2007), *The Dress of the People: Everyday Fashion in Eighteenth-Century England*, New Haven and London: Yale University Press.

Sullivan, C. (2003), "Classification, Containment, Contamination, and the Courtesan: The Grisette, Lorette, and Demi-Mondaine in Nineteenth-Century French Fiction," Ph.D. diss.: University of Texas at Austin.

Summers, L. (2001), *Bound to Please: A History of the Victorian Corset*, Oxford: Berg

Svedenstierna, E. ([1804] 1973), *Svendenstierna's Tour: Great Britain 1802–3: The Travel Diary of an Industrial Spy*, trans. from the German edition of 1811 by E. Dellow, Newton Abbot: David & Charles.

Swanquill, S. (1833), "The First of September," *The New Monthly Magazine* 39: 52–63.

Sylvanus, N. (2007), "The Fabric of Africanity: Tracing the Global Threads of Authenticity," *Anthropological Theory* 7, no. 2: 201–16.

Tait, W. (1840), *Magdalenism: An Inquiry into its Extent, Causes, and Consequences of Prostitution in Edinburgh*. Edinburgh: P. Rickard.

Tarlo, E. (1996), *Clothing Matters: Dress and Identity in India*, London: Hurst.

Taylor, L. ([1983] 2010), *Mourning Dress: A Costume and Social History*, New York: Routledge.

Tétart-Vittu, F. (1992), "Couture et nouveautés confectionnées," in *Au Paradis des dames: nouveautés, modes et confections, 1810–1870*, Paris: Paris Musées.

Theis, F. (1903), *"Khaki" on Cotton and other textile material*, trans. E. Kayser, London: Heywood & Co.

Theophilus, L. (1998), *Peter Collingwood-Master Weaver*, Colchester: Firstsite.

"Topographical and Commercial History of Manchester," (August 1810), *The Tradesman; or, Commercial Magazine* 5, no. 26: 139–44.

Trilling, J. (2001), *The Language of Ornament*, London: Thames and Hudson.

Trusler, J. (1819), *Trusler's Domestic Management, or the Art of Conducting a Family, with Economy, Frugality & Method*, Bath: T. Smith.

Tseëlon, E. (1997), *The Masque of Femininity: The Presentation of Woman in Everyday Life*, London: Sage.

Tynan, J. (2013), *British Army Uniform and the First World War: Men in Khaki*, Basingstoke: Palgrave Macmillan.
Tytler, G. (1982), *Physiognomy in the European Novel: Faces and Fortunes*, Princeton: Princeton University Press.
Ugolini, L. (2007), *Men and Menswear: Sartorial Consumption in Britain 1880–1939*, Aldershot: Ashgate.
Unruh, A. (2008), "Aspiring to La Vie Galante: Reincarnations of Rococo in Second Empire France," Ph.D. diss.: Institute of Fine Arts at New York University.
Valverde, M. (1989), "The Love of Finery: Fashion and the Fallen Woman in Nineteenth-Century Social Discourse," *Victorian Studies* 32, no. 2: 168–88.
Veblen, T. ([1899] 1953), *The Theory of the Leisure Class: An Economic Study of Institutions*, New York: Macmillan.
Verdier, Y. (1979), *Façons de dire, façons de faire: la laveuse, la couturière, la cuisinière*, Paris: Gallimard.
Vincent, S. (2010), *The Anatomy of Fashion: Dressing the Body from the Renaissance to Today*, London: Bloomsbury Academic.
de Vries, J. (2008), *The Industrious Revolution: Consumer Behavior and the Household Economy, 1650 to the Present*, Cambridge: Cambridge University Press.
Waddell, G. (2004), *How Fashion Works: Couture, Ready-to-Wear, and Mass Production*. Oxford: Blackwell.
Wahl, K. (2013), *Dressed as in a Painting: Women and British Aestheticism in an Age of Reform*, Durham, NH: University of New Hampshire Press.
Wakefield, P. (1800), *Mental Improvement: or, the Beauties and Wonders of Nature and Art*, Dublin: P. Wogan.
Walkowitz, J. (1979), *Prostitution and Victorian Society: Women, Class, and the State*, Cambridge: Cambridge University Pres.
Walton, W. (1841), *A memoir addressed to proprietors of mountains and other waste lands, and agriculturalists of the United Kingdom, on the naturalization of the alpaca*, London: Smith, Elder & Co.
Warner, P. (1986), "Mourning and Memorial Jewelry of the Victorian Age," *Dress* 12: 55–60.
—— (2006), *When the Girls Came Out to Play*, Amherst: University of Massachusetts Press.
Watson, J. (1866), *Textile Manufactures and the Costumes of the People of India*, London: George Edward Eyre & William Spottiswoode for the India Office.
Watson, J., and J. Kaye (1868–75), *The People of India: A Series of Photographic Illustrations with Descriptive Letterpress, of the Races and Tribes of Hindustan*, London: C. Whiting.
Watson, W. (1925), *Advanced Textile Design*, London: Longmans, Green & Co.
White, S. (2012), *Wild Frenchmen and Frenchified Indians: Material Culture and Race in Colonial Louisiana*, Philadelphia: University of Pennsylvania Press.
White, S., and G. White (1998), *Stylin': African American Expressive Culture from Its Beginnings to the Zoot Suit*, Ithaca, NY: Cornell University Press.
Whorton, J. (1982), *Crusaders for Fitness: The History of American Health Reformers*, Princeton: Princeton University Press.
Wilde, O. (February 21, 1882), *Freeman's Journal and Daily Commercial Advertiser*: 7.
Williams, M. (August 1851), "The Bloomer and Weber Dresses: A Glance at their Respective Merits and Advantage," *The Water-Cure Journal*: 33.
Williams, R. (1982), *Dream Worlds: Mass Consumption in Late Nineteenth-Century France*, Berkeley: University of California Press.

Wilson, E. (1987), *Adorned in Dreams: Fashion and Modernity*, Berkeley: University of California Press.

Wilson, K. (2004), *A New Imperial History: Culture, Identity, and Modernity in Britain and the Empire, 1660–1840*, Cambridge: Cambridge University Press.

Wilson, V. (1986), *Chinese Dress*, London: V&A Museum.

Woods, R. (1995), *The Population of Britain in the Nineteenth Century*, Cambridge: Cambridge University Press.

"A Word for the Servant Girl," (November 1, 1883), *The Cornishman*: 6.

Wright, W. (September 1914), "Dame Fashion and the Movies," *Motion Picture Magazine*: 107–8.

Wrigley, P. (2002), *The Politics of Appearances: Representations of Dress in Revolutionary France*, New York: Berg.

de Young, J. (2012), "Fashion and Intimate Portraits," in G. Groom (ed.), *Impressionism, Fashion, and Modernity*, New Haven: Yale University Press.

Zamperini, P. (2001), "Clothes that Matter: Fashioning Modernity in Late Qing Novels," *Fashion Theory* 5, no. 2: 195–214.

Zola, E. ([1883] 1886), *The Ladies' Paradise: A Realistic Novel*, London: Vizetelly & Co.

Zutshi, C. (April 2009), " 'Designed for Eternity': Kashmiri Shawls, Empire, and Cultures of Production and Consumption in Mid-Victorian Britain," *Journal of British Studies* 48, no. 2: 420–40.

图书在版编目(CIP)数据

西方服饰与时尚文化. 帝国时代/(美)丹尼斯·艾米·巴克斯特(Denise Amy Baxter)编;王乃天译. --重庆:重庆大学出版社, 2024.1

(万花筒)

书名原文: A Cultural History of Dress and Fashion in the Age of Empire

ISBN 978-7-5689-4215-7

Ⅰ.①西… Ⅱ.①丹… ②王… Ⅲ.①服饰文化—文化史—研究—西方国家—近代 Ⅳ.①TS941.12-091

中国国家版本馆CIP数据核字(2023)第217120号

西方服饰与时尚文化：帝国时代

XIFANG FUSHI YU SHISHANG WENHUA：DIGUO SHIDAI

[美]丹尼斯·艾米·巴克斯特（Denise Amy Baxter）——编

王乃天——译

策划编辑：张　维

责任编辑：鲁　静

责任校对：王　倩

书籍设计：崔晓晋

责任印制：张　策

重庆大学出版社出版发行

出版人：陈晓阳

社址：（401331）重庆市沙坪坝区大学城西路 21 号

网址：http：//www.cqup.com.cn

印刷：天津图文方嘉印刷有限公司

开本：720mm×1020mm　1/16　印张：23　字数：300 千

2024 年 1 月第 1 版　　2024 年 1 月第 1 次印刷

ISBN 978-7-5689-4215-7　定价：99.00 元

版贸核渝字（2020）第 102 号